本书获重庆市技术预见与制度创新专项一般项目"重庆村镇供水工程有效供给及制度创新研究"（2019jsyj-zgkz-bA0001）和重庆市科协智库项目"乡村振兴农村居民生活供水保障研究"（2020KXKT07）支持

破局之道

农村饮水有效供给制度创新研究

陈敏 著

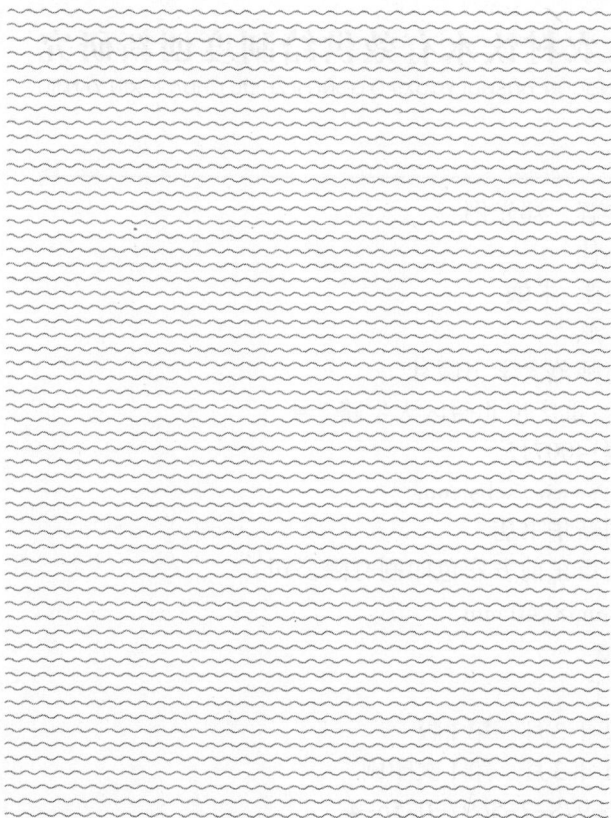

西南师范大学出版社

国家一级出版社 全国百佳图书出版单位

图书在版编目（CIP）数据

破局之道：农村饮水有效供给制度创新研究 / 陈敏
著. —重庆：西南师范大学出版社，2021.3
ISBN 978-7-5697-0756-4

Ⅰ.①破… Ⅱ.①陈… Ⅲ.①农村给水—饮用水—供
给制—研究—中国 Ⅳ.①S277.7

中国版本图书馆 CIP 数据核字（2021）第 042535 号

破局之道：农村饮水有效供给制度创新研究
POJU ZHI DAO: NONGCUN YINSHUI YOUXIAO GONGJI ZHIDU CHUANGXIN YANJIU

陈 敏 著

责任编辑：杜珍辉　郑先俐
责任校对：段小佳
装帧设计：观止堂_未氓
排　　版：李　燕
出版发行：西南师范大学出版社
　　　　　　地址：重庆市北碚区天生路2号
　　　　　　邮编：400715
　　　　　　网址：www.xscbs.com
经　　销：全国新华书店
印　　刷：重庆市正前方彩色印刷有限公司
幅面尺寸：170 mm×240 mm
印　　张：15.25
字　　数：260千
版　　次：2021年3月　第1版
印　　次：2021年3月　第1次印刷
书　　号：ISBN 978-7-5697-0756-4

定　　价：68.00元

前言

农村饮水安全是世界性难题,联合国及世界卫生组织、世界银行等和各个国家都高度重视。我国也不例外:近40年来先后投资1.5万亿元,新建1 100多万处农村饮水工程,覆盖近10亿农村居民。从工程覆盖面看,我国应已全面解决了农村居民饮水问题。但调查和统计显示,情况并不乐观,与国外尤其是诸多发展中国家的情况类似,农村饮水供不应求、供过于求等矛盾处处存在:一方面"有水无人用",农村地区尤其是南方农村存在大量饮水工程被闲置的现象,另一方面"有人无水用"或"有人乱用水"并存,不少农村居民依旧过着喝"望天水"的生活。在这里,有工程覆盖不等于有饮水供给,饮水有供给不等于能有效供给,百姓有饮水需要不等于市场有需求。农村饮水如何走出这种"饮水有供有需但非有效"的困局呢?这是国内外众多专家持久深入研究的课题。

本书紧紧围绕当今国内外尤其是发展中国家农村地区普遍存在的"饮水有供有需但非有效"的困局,主要探析破解困局之道,包括阐明道理、指明路径。主要研究目标有三:一是把握农村饮水供给的变动规律、本质属性、现实需求和阶段性特征;二是明确实现农村饮水有效供给的制度安排及其内在机理;三是揭示制约农村饮水有效供给的具体制度因素及其形成机理,并提出相应的制度创新思路和具体建议。研究思路是借鉴前人的研究成果,从农村饮水的产品属性入手,以实现农村饮水有效供给为目标,以明确农村饮水有效供给制度安排的总体思路和现实条件为切入点,试图通过构建农村饮水市场供给有效性分析模型,对农村饮水市场供给有效性进行检验,对实现农村饮水有效供给的制度创新重要性和制度创新内容进行探究。在此基础上,从农村饮水制度设计冲突、农村饮水供给主体制度落地矛盾、农村饮水融资投入制度困境等维度,分析相关制度的缺陷及其内在机理,并提出相应制度创新的方向和建议,以期更好地调动中央政府和地方政府两方面的积极性,发挥市场和政府两个作用,克服"泛市场化""泛公益化"两种错误认识,进而为构建农村饮水有效供给制度体系提供理论依据。

通过理论分析和实证研究得出的主要结论有:

(1)农村饮水安全在农村公共产品供给中应具有优先保障地位(第3章)。通过追溯农村饮水安全的发展历程,并与其他类似公共产品进行比较分析,可知农村饮水供给具有基础性和致命性(此指无水或水质不过关会产生生命安全问题)、垄断性和群体性、阶段性和反复性、区域性和差异性、资源性和流动性等本质属性,以及公益性和经营性杂糅、规模效益和规模不经济并存、基本需求和非基本需求混合、建设不标准和运行不规范叠加、社会供给和自我供给交叉、供过于求与供不应求交织等阶段性特征,其需求具有刚性强、受众宽、空间大等特点,在农村所有公共产品供给中具有优先地位。

(2)农村饮水安全有效供给制度安排的关键是厘清政府和市场的权责范围并充分发挥两者的作用(第4章)。市场经济条件下实现农村饮水安全有效供给,既要充分发挥市场在资源配置中的决定性作用(百姓饮水中市场需求部分和基本需求的市场有效部分由市场主体按照市场法则进行供给);又要发挥政府在市场失灵的情况下兜底保基本民生的作用,对基本需求中的市场失灵部分,应该由政府兜底保障,政府既不能越位,更不能错位、缺位。

(3)市场失灵是当前农村饮水市场的主体表现(第5章)。通过构建农村饮水有效供给市场分析模型,推导当前1 100多万处农村供水工程可能存在的360种市场供需情形中,只有72种市场有效,这意味着理论上农村饮水市场80%会失灵,为政府参与农村饮水供给提供了理论依据。

(4)改进和创新农村饮水安全有效供给制度体系是政府当前破解农村饮水有效供给难题的有效途径(第6、7、8章)。当前我国农村饮水安全工程大建设时期已经结束,饮水供需面临的主要矛盾和主要任务已发生深刻变化,通过考察搜集到的中央、地方和基层的38个农村饮水制度,发现之前以工程为中心、以投资为中心、以管理为中心的农村饮水制度难以适应新矛盾、新任务,需要与时俱进地进行改进和创新,通过创新建立分区定性、分段定责、分量计价的农村饮水安全制度体系,包括总供给—总销售制度(CS-CS制度)、阶段水价制度、城乡联动联调水价制度、"双通道"决策制度、专用水票"需求侧"直补制度、内部交叉补贴制度等。释放制度红利、巩固建设成果,既可提高投资效益,又可增进百姓福祉。

本书可能的创新点包括:

(1)提出了农村公共产品和农村饮水安全分区供给理论。按照覆盖范围和缺失危害程度标准,提出了农村公共产品分区(ABCD)设计理论,并发现农村饮水处于A区的优先地位。并按照供需关系和市场原则,对农村公共产品供给市场进行分区,划分了市场和政府在公共产品供给中的职责界限,发现农村饮水刚需部分(acC)在农村公共产品保障中的特殊地位。农村公共产品和农村饮水安全分区供给理论有助于回答"农村饮水是不是公共产品""农村饮水为何需要优先供给""如何厘清市场和政府在供给农村饮水职责方面的界限"等基本问题。

(2)构建了融合"价格控制"和"供求干预"于一体的农村饮水市场分析模型。基于农村饮水分区供给理论,本书构建了农村饮水有效供给市场分析模型,把农村饮水需求分解为基本需求(公益品)和非基本需求(市场产品)两种,进一步厘清政府和市场在农村饮水有效供给中的职责边界。这一研究结论可为在减轻政府负担过程中压实政府责任、在增加企业责任过程中促进企业发展,把原来解决农村饮水问题的"独木桥"路径变成"双通道"提供依据。

(3)基于"卡尔-希克斯标准"构建了农村饮水有效供给制度体系。本书从定性制度、责任制度、融资制度等9个方面，考察了3个层面、38个农村饮水制度的实施效率，剖析了制度失灵的内在机理，并按照"卡尔-希克斯标准"进行制度改进，创新了农村饮水有效供给制度体系，回答了"农民可用多少水、交多少费""政府该尽什么责、补多少钱"等长期困扰农村饮水安全有效供给的基本问题。

目录

CONTENTS

第1章 绪 论

农村公共产品有效供给是转型期完善农村治理的核心（祝志勇，2017），这是许多国家持续发展的经验。但在发展中国家尤其是农村地区，许多公共产品政策不仅没有带来可持续发展，反而给地方带来许多严重问题。著名经济学家、诺贝尔经济学奖获得者埃莉诺·奥斯特罗姆等众多国内外的研究人员认为，不良的制度激励是发展中国家农村基础设施建设不可持续的重要原因。多方研究表明，中国农村基础设施因缺乏维修而难以持续运转的问题大量存在，农村饮水安全工程便是其中表现得最为突出的项目之一。

农村饮水安全是世界级难题，每年死于供水不足导致的相关疾病的有上百万人，为此全球各个国家都十分重视并采取多种措施，联合国也先后将饮水问题列入"千年发展目标"（Millennium Development Goals，简称MDGs）和"可持续发展目标"（Sustainable Development Goals，简称SDGs）之中，提出的目标分别是：到2015年将无法持续获得安全饮用水和基本卫生设施的人口比例减半；为所有人提供水和环境卫生并对其进行可持续管理（目标之一是到2030年，人人普遍和公平获得安全和负担得起的饮用水）。我国已多年在中央一号文件、国务院政府工作报告等中部署农村饮水工作（见表1-1）。现实中解决这一问题最重要的、最有效的途径就是投资兴建大量的农村饮水工程，如中国在近40年内共投入近1.5万亿元兴建农村饮水工程，占同期全国水利总投资 64 661 亿元的 1/5 左右（见图 1-1），部分年份占比接近 1/3（见图 1-2），新建了大大小小的农村饮水工程 1 100 多万处，覆盖了 9.4 亿人口（至 2017 年已解决农村饮水人数超过 10 亿人次，其中包括重复解决部分，见图 1-3、图 1-4），其工程建设跨度时间之长、投入力度之大、覆盖范围之广、涉及群众之多，一般国家难以相比。如此浩大的饮水工程也确实解决了不少问题，统计显示，1998 年以前，我国平均每年有 3 200 多万人和 2 800 多万头大牲畜因干旱出现饮水困难，1998 年以后，随着我国农村水利工程的不断完善，干旱问题得到一定程度的解决，1999—2013 年因旱出现饮水困难的人口数每年均在 2 500 万人以下，2014 年末随着南水北调中线工程通水，北方缺水问题得到缓解，2017 年饮水困难的人口和大牲畜下降到 400 多万人和 500 多万头。

表 1-1　联合国和我国重要文件部署农村饮水工作情况

主体	文件	饮水安排
联合国	千年发展目标	到 2015 年将无法持续获得安全饮用水和基本卫生设施的人口比例减半
	可持续发展目标	为所有人提供水和环境卫生并对其进行可持续管理（目标之一是到 2030 年，人人普遍和公平获得安全和负担得起的饮用水）
中共中央	中央一号文件	2004—2020 年（2012 年没有涉及）都对农村饮水工作做了部署
国务院	政府工作报告	2002—2019 年（2004 年除外）对农村饮水工作做了安排

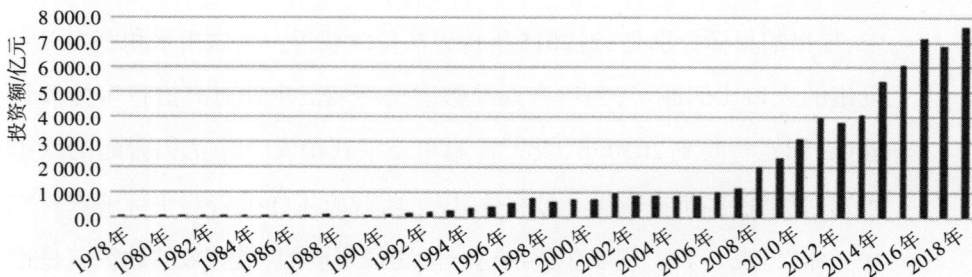

图 1-1　1978—2019 年全国水利建设投资情况

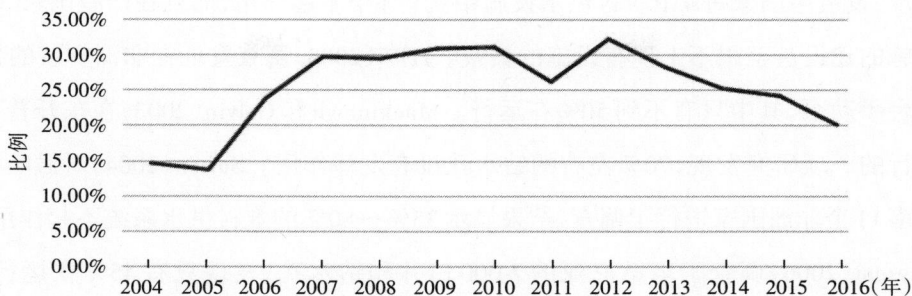

图1-2 2004—2016年我国农村饮水安全投入占水利总投资比例

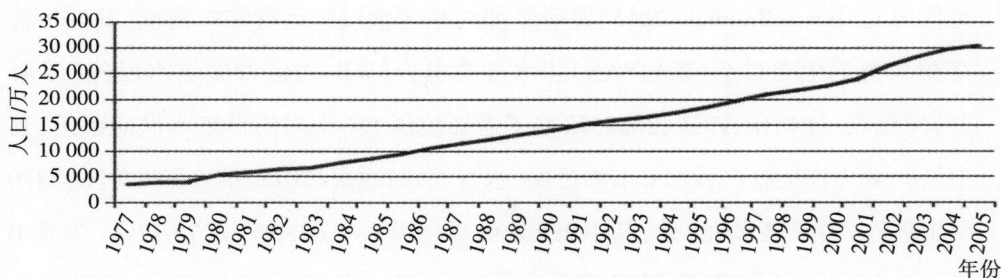

图1-3 1977—2005年我国农村饮水安全累计解决人口

数据来源：中国水利水电出版社《中国水利统计年鉴2016年》

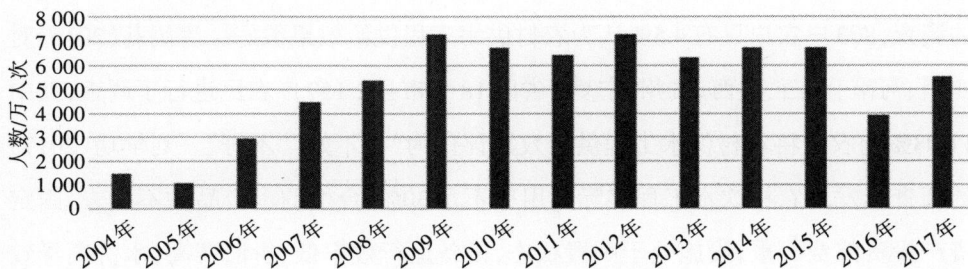

图1-4 2004—2017年我国解决农村饮水安全人数

注：数据来源于2004年至2018年中国水利发展报告，2004年之前累计数为3亿人次，合计为10.0422亿人次。

但现实情况是：在庞大的农村百姓刚需面前，国内外尤其是发展中国家大量新建的农村饮水工程中很多并没有发挥作用。如：Briscoe、de Ferranti(1988)研究发现:发展中国家每4个农村供水设施中就有1个不起作用,而且在一些国家,新设施的建设甚至跟不上现有设施的失效。HTN(2003)调查发现在非洲安装的25万台手动泵,其中只有不到50%在运行。Mackintosh和Colvin(2003)在东开普省进行的一项研究发现,70%左右的钻水孔没有发挥作用。Sutton(2004)对撒哈拉以南11个非洲国家进行了调查,结果显示35%—80%的农村供水系统不起作用。Haysom(2006)调查了坦桑尼亚的7 000口井和钻水孔,发现只有45%在运行。Abebe Tadesse(2012)调查了埃塞俄比亚中部阿达玛地区的农村供水系统,148名受访者只有11.5%认为"运行良好",74.4%认为"有一些问题",8.8%认为"根本不起作用"。Imoro Braimah(2015)调研了加纳东区水设施运行维护情况,发现尽管存在水与卫生委员会(WATSAN)和水务委员会(WBs),但28%供水设施(即41个)没运作。DPHE、JICA(2008)研究了孟加拉国120个村的自来水供应系统,其中只有48%在运行。我国C市物价局、水利局、财政局(2017)抽查了4个区县330个工程点,实际供水305处,其中225处供水利用率不足30%,占73.77%。其中B区141个供水工程平均利用率为16.1%;R区32个供水工程平均利用率为27.11%;L区117个工程平均利用率为25.48%;D县40个工程平均利用率为43.52%。王蕾(2013)对山西、陕西、内蒙古三地进行了农村公共产品农民满意度的调查,803户农户只有4.5%认为农村供水工程供给效果很好。唐娟莉(2016)对四川、河南、山西、陕西、贵州、宁夏6省区18个市县2 157户农民进行了调查,其中11.08%的农户将农村供水工程供给效果评价为"很不好""不好"。刘学功(2017)的调查也发现农村饮水工程实际利用率不足30%,合格的水产品供不出去,固定资产投资浪费严重,设施处于闲置状态,设备运行效率低、折旧费高,水价高导致一些农户用水极少。水利部2019年组织了大规模的暗访核查,涉及全国28个省区市和新疆建设兵团3 109个村、10 454家农户、2 238处饮水工程、889个水源地,发现约一半的农村饮水工程不可持续。用长江水利委员会长江科学院设计评价指标体系对C市13个试点区县农村饮水工程进行了评价,结果只有R、B、Y、L、T等5个区县达到可持续标准,占比38.5%,而其他8个区县的农村饮水工程与可持续运行管理仍有一定的差距。大量农村供水工程建成后就被"抛荒",成了"僵尸"工程,不但农村人口的饮水问题没得到彻底解决,而且还损害了政府在百姓心中的形象,使政府再组织群众的能力减弱,随处可见埃莉诺·奥斯特罗姆提出的"不发达国家农业地区努力发展物质基础设施所带来的有违初衷的不利结果"。张应良(2013)也指出在市场经济条件下,公共产品尤其是农村社区公共产品的运营效率低下的弊端越来越突出。

借鉴埃莉诺·奥斯特罗姆的研究方式和成果,本书拟立足于中国农村实际,探讨"为什么国内外这么多的农村饮水工程无法正常发挥效益,针对农村饮水困局,我们应该做些什么?",在这里,有工程不等于有供给,有供给不等于有效供给,百姓有需要不等于市场有需求,本书所指的有效供给是指能被市场认可的供给,判断的唯一标准是有卖有买、市场供需均衡,只有卖没有买的供给是无效的。为此,本书研究的主要问题是:农村饮水是如何陷入困局的? 应该如何破解困局? 同时回答"农村饮水究竟是不是公共产品? 该由谁来保障供给? 如何供给更有效率? 农村居民可用多少水? 该交多少费? 各级政府应负什么责? 该补多少钱?"等基本问题,在此基础上进行基于农村饮水市场供需均衡的有效供给制度创新。其目的是通过制度创新,破解当前农村饮水市场中广泛出现的"有水无人用"和"有人无水用"、"有人乱用水"并存的问题,彻底解决长期困扰我国农村居民的"如何有水喝""如何喝好水""如何喝放心水"的问题,为破解农村饮水困局讲明道理、指明路径。

1.1 研究背景及问题提出

1.1.1 研究背景

张应良(2004)等认为,农村公共物品的有效供给,是实现统筹城乡、缩小城乡差距、增加农民收入、为农业和农村发展提供基本服务功能和全面建成小康社会的前提,当前创新公共产品供给制度就是要突破传统的以工农分治、城乡二元为基本特征的供给制度,建立起城乡一体化或均等化的供给制度。而农村饮水作为最基本、最核心的公共产品之一,更需要和应该得到有效和高效供给。

一是全面建成小康社会和乡村振兴的宏观政治背景。我国公共产品供给长期只注重城市而忽略农村的二元体制,不仅导致农村公共产品缺失,而且影响农村经济社会发展,为此,国家一再强调要统筹城乡发展,要实现城乡公共服务一体化、均等化,缩小饮水方面的城乡差距尤为重要且任重道远。早在2014年习近平就提出"不能把饮水不安全问题带入小康社会"。2014年至目前,每年的中央一号文件都对农村饮水做出安排,2014年中央一号文件要求提高农村饮水安全工程建设标准,加强水源地水质监测与保护,有条件的地方推进城镇供水管网向农村延伸;当年国务院政府工作报告要求"经过今明两年努力,要让所有农村居民都能喝上干净的水"。2015年中央一号文件要求如期完成"十二五"农村饮水安全工程规划任务,推动农村饮水提质增效以及推进城镇供水管网向农村延伸。2016年中央一号文件要求实施农村饮水安全巩固提升工程,推动城镇供水设施向农村延伸。2017年中央一号文件要求实施农村饮水安全巩固提升工程,开展农村地区枯井、河塘、饮用水等方面安全隐患排查治理工作。2018年中央一号文件明确提出实施农村饮水安全巩固提升工程,促进城乡基本公共服务均等化水平进一步提高。当年中共中央国务院印发的《乡村振兴战略规划(2018—2022年)》要求持续改善农村基础设施条件,在5大类22个乡村振兴战略规划主要指标中对农村饮水提出了明确要求:2020年农村自来水普及率达到83%,2022年达到85%(表1-2)。2019年中央一号文件要求推进农村饮水安全巩固提升工程,加强农村饮用水水源地保护,加快解决农村"吃水难"和饮水不安全问题。2019年4月15日至17日,中共中央总书记、国家主席、中央军委主席习近平在重庆考察,并主持召开解决"两不愁三保障"突出问题座谈会,首次把农村饮水纳入"两不愁三保障"突出问题中,指出"还有大约104万贫困人口饮水安全问题没有解决,全国农村有6 000万人饮水安全需要巩固提升",强调"如果到了2020年这些问题还没有得到较好解决,就会影响脱贫攻坚成色"。水利部为此专门编制了《水利扶贫行动三年

（2018—2020年）实施方案》，要求到2020年全面解决贫困人口饮水安全问题。2020年中央一号文件中明确要求要"提高农村供水保障水平"，"在普遍实现'两不愁'基础上，全面解决'三保障'和饮水安全问题"，要求"全面完成农村饮水安全巩固提升工程任务。统筹布局农村饮水基础设施建设，在人口相对集中的地区推进规模化供水工程建设。有条件的地区将城市管网向农村延伸，推进城乡供水一体化。中央财政加大支持力度，补助中西部地区、原中央苏区农村饮水安全工程维修养护。加强农村饮用水水源保护，做好水质监测"。2020年3月6日，习近平在决战决胜脱贫攻坚座谈会上分析脱贫攻坚面临的困难挑战时再次强调指出"有的地方安全饮水不稳定，还存在季节性缺水"，要求"饮水安全扫尾工程任务上半年都要完成"。2020年8月21日，水利部副部长田学斌在国务院新闻办举行的农村饮水安全脱贫攻坚新闻发布会上宣布：按照现行标准，贫困人口饮水安全问题得到全面解决。这标志着农村饮水大建设时期即将结束，农村饮水工作进入了重要转折期。

二是我国经济社会持续向好发展的背景。改革开放以来，我国经济社会取得长足发展，尤其是近20年来，国内生产总值和人均国内生产总值均增长了10倍左右，国内生产总值从1999年的90 564.4亿元增长到2019年的990 865.1亿元，人均国内生产总值从1999年的7 229元增长到2019年首次突破1万美元，更可喜的是，全国财政收入从1999年的11 444.08亿元增长到2019年的190 390.08亿元，增长了约15.6倍。随着国家财政对农村地区投入不断加强和倾斜，广大农村地区也发生了翻天覆地的变化，农村的生产生活条件和居民的生活水平得到很大提高，这为改善农村饮水现状提供了前所未有的前提条件和经济基础，目前已迎来了发展的历史性拐点。根据发达国家的经验，人均GDP达到1万美元是安全卫生水普及率的转折点，法国、德国、日本等均在此时达到100%，我国已经达到这个标准，结合2020年全面建成惠及十几亿人口的更高水平的小康社会以及提升人民群众生活质量和幸福指数的内在要求，我国任重道远的农村饮水即将迎来前所未有的历史机遇。

表1-2 乡村振兴战略规划主要指标

分类	序号	主要指标	单位	2016年基期值	2020年目标值	2022年目标值	2022年比2016年增加[累计提高百分点]	属性
产业兴旺	1	粮食综合生产力	亿吨	>6	>6	>6	—	约束性
	2	农业科技进步贡献率	%	56.7	60	61.5	[4.8]	预期性
	3	农业劳动生产率	万元/人	3.1	4.7	5.5	2.4	预期性
	4	农产品加工产值与农业总产值比	—	2.2	2.4	2.5	0.3	预期性
	5	休闲农业和乡村旅游接待人数	亿人次	21	28	32	11	预期性
生态宜居	6	畜禽粪污综合利用率	%	60	75	78	[18]	约束性
	7	村庄绿化覆盖率	%	20	30	32	[12]	预期性
	8	对生活垃圾进行处理的村占比	%	65	90	>90	[>25]	预期性
	9	农村卫生厕所普及率	%	80.3	85	>85	[>4.7]	预期性
乡风文明	10	村综合性文化服务中心覆盖率	%	—	95	98	—	预期性
	11	县级及以上文明村和乡镇占比	%	21.2	50	>50	[>28.8]	预期性
	12	农村义务教育学校专任教师本科以上学历比例	%	55.9	65	68	[12.1]	预期性
	13	农村居民教育文化娱乐支出占比	%	10.6	12.6	13.6	[3]	预期性
治理有效	14	村庄规划管理覆盖率	%	—	80	90	—	预期性
	15	建综合服务站的村占比	%	14.3	50	53	[38.7]	预期性
	16	村党组织书记兼任村委会主任的村占比	%	30	35	50	[20]	预期性
	17	有村规民约的村占比	%	98	100	100	[2]	预期性
	18	集体经济强村比重	%	5.3	8	9	[3.7]	预期性
生活富裕	19	农村居民恩格尔系数	%	32.2	30.2	29.2	[-3]	预期性
	20	城乡居民收入比	—	2.72	2.69	2.67	-0.05	预期性
	21	农村自来水普及率	%	79	83	85	[6]	预期性
	22	具备条件的建制村通硬化路比例	%	96.7	100	100	[3.3]	约束性

注:指标体系和规划中非特定称谓的"村"均指村民委员会和涉农居民委员会所辖地域

数据来源:新华社网站(有删改)

三是现行农村饮水有效供给制度缺陷导致市场失灵、供给失效的现实背景。前面讲到,经过近40年努力,我国已投入1.5万亿元在广袤农村新建了1 100多万处农村饮水工程,覆盖10亿多人次,解决了大量农村饮水问题。然而,由于农村供水工程点多量大面广,受众千人以下工程数量众多,达1 098万处,占农村供水工程数99%以上,服务人口占31%,其中不少是农村居民利用水井、水窖、水塘等自我供给,其水量和水质均难以得到保障,尤其是遇到干旱年景,部分地方还发生地方病,给当地百姓生产、生活带来影响,甚至威胁生命安全。水利部组织的大规模暗访统计结果表明,相当多的农村供水工程运行机制不健全,44%的工程不收水费,49%的工程处于不可持续状态,只能低标准简易运行,农村人口和大牲畜因旱缺水问题还大量存在(图1-5)。而另一方面,人民生活水平和质量不断提高,对农村饮水提出了新的更高要求,饮水安全保障已经成了百姓生活质量和幸福指数提升的基础性内容。要创新制度改进广大农村面临的共同难题,化解当前农村饮水工作面临的困境,确实需要在理论上进行创新和突破。

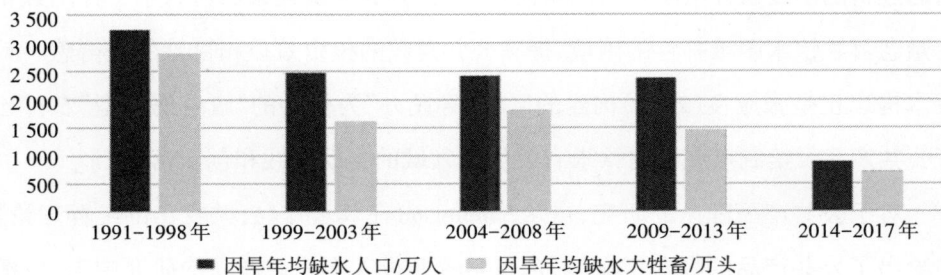

图1-5 1991—2017年我国因旱缺水人口和大牲畜情况

1.1.2 问题提出

制度创新的根本原因是现有制度跟不上发展形势,无法满足发展需要、难以实现潜在利益,甚至阻碍或限制生产力发展,于是倒逼制度创新。本书从市场和政府两个角度对农村饮水供给的有效性进行理性判断,在此基础上考察现有农村饮水制度无法实现潜在利益的根源并进行创新完善,阐述的主要观点是:农村饮水在一定阶段和一定范围内属于农村公共产品,它的有效供给是政府义不容辞的责任(当然解决的办法和途径多种多样,可以借助市场的手段和社会的力量);超过一定范围和一定阶段后,农村饮水属于私人产品,应该充分发挥市场在资源配置中的决定性作用。根据这个分析和认识,通过梳理中国农村饮水制度的变迁历程及发展趋势,提出农村饮水"分区定性、分段定责、分量定价"的新制度设计,实现农村饮水由"准公益品"向"纯公益品+市场产品"转变,从而构建"政府主导保公平,市场主体促效率"的农村饮水"双承包"制度,即政府承包总销售(Contract Sale)、市场承包总供给(Contract Supply)制度(简称:农村饮水安全CS - CS制度),从而变"阶梯水价"为"阶段水价",变"以水养水"为"共同养水",变"独木桥"供给为"双通道"供给,变"需求低限"为"供给高限",变"补低效工程"为"补刚性需求"。一方面可彻底解决人们对农村公共产品的模糊认识,切实厘清政府和市场在农村饮水供给中的权责边界,同时强化政府任务可以分解、手段可以多样但责任不能下放的主体责任意识,把保农村饮水安全放在心上、扛在肩上、抓在手上;另一方面通过新的制度设计实现农村供水流程再造,彻底解决大量农村饮水工程闲置和大量老百姓饮水困难并存的困境,提高公共财政的投资效益和百姓的获得感。其基本构想正是张应良(2013)构建的以"公导民办"为核心的"政府诱导型"农村社区公共产品供给制度在农村饮水有效供给领域的生动实践和创新落地。

对于公共产品理论的研究,自从Samuelson在其著作《公共支出的纯粹理论》中给出了公共产品的经典定义后,众多学者便投入到公共产品的研究中来,包括多位诺贝尔经济学奖获得者,例如保罗·萨缪尔森、詹姆斯·M.布坎南、约瑟夫·E.斯蒂格利茨等,提出了许多可资借鉴的观点,建立了诸多可供参考的模型,这使公共产品理论更为丰富,也充满了争论。在这种情况下,本书依然从农村公共产品有效供给视角,剖析农村饮水供给制度,主要基于农村饮水的独特性和以下考虑:

(1)试图找到农村公共产品除了"非竞争性"和"非排他性"之外的其他基本属性,从而为农村饮水分阶段定性找到依据,为厘清政府和市场在农村饮水中的责任找到边界。一种产品是不是公共产品,既不是"天生"的也不是"纯生"的,更不是"终生"的,既不具有"终身制"也不具有"普世制",应该具有一定的阶段性和阶级性,根据需求决定属性,这不仅与执政理念和意识形态有关,也与一定的发展阶段、区域地域条件和供给能力有关系。如有的产品在一定历史阶段、一定地域里、一定额度范围内属于公共产品,超过一定阶段、一定范围、一定额度之外就是市场产品了。比较明显的如教育,在现代,保障百姓基本权益的义务教育当之无愧属于公共产品,政府有责任和义务提供,而研究生教育、海外访学、私立贵族学校教育等高学历、高消费教育就不属于公共产品。当然,在经济还十分落后、百姓还很贫困的情况下,教育也不属于公共产品,教育只是少数人的特权(比如民国以前)。又如医疗,在现代,保障百姓基本医疗条件的部分属于公共产品,但高层级的保养、疗养、休养、康养等不属于公共产品。这些都为农村饮水分阶段确定属性提供了成功的借鉴和实证。

(2)试图通过梳理中国农村饮水制度变迁历程及发展趋势,构建农村饮水有效供给市场分析框架。与市场化程度高、供需相对均衡的城市供水工程相比较,农村饮水工程数量多,表现纷繁复杂,可谓千姿百态、无奇不有,本书拟比较农村饮水工程与城市供水工程、农村其他基础设施、农村一般公共产品的差异,阐述其独特性,并根据其特征在现有市场供需均衡等相关理论和分析模型基础上,构建农村饮水工程市场供需分析的理论框架,并利用构建的框架分析当前农村饮水市场,在千变万化的农村饮水市场中,找到其带共性的本质特征和带规律性的主要类型。

(3)试图找到农村饮水供需"市场失灵"和"政府失灵"的主要表象和核心根源。现实生活中,农村饮水既有庞大的刚需(农村居民基本用水需要,无弹性、无替代品、无互补品),又有庞大的供给,但两者之间不能形成稳定的供需市场,失灵现象随处可见:"有水大家都乱用"或者"大家都不用"、对供水工程"大家都不管"、对存在的问题"大家都不说"、对水价"大家都不定"或定了"大家都不交"等。本书拟依托构建的理论分析框架,对影响农村供水工程运行的内、外部因素进行系统梳理,并对相应因素的作用进行剖析比较,重点是供给机制、价格机制和治理机制等核心影响因素的影响效应及作用机理,找到造成各种"市场失灵"的主要原因及其根源,为建立稳定的市场供需链接机制提供决策参考。

(4)试图对现行农村饮水制度进行"卡尔多改进",建立起能普遍适用的农村饮水有效供给制度体系,并形成可便捷应用的"决策树"型流程图。农村饮水工程是保障农村饮水安全的基础设施,在一定程度上是农村最基本的公共产品。我国现居住在乡镇、行政村、自然村落里的有6.74亿人,占总人口的50%左右,要全面解决他们的饮水难题困难重重。统计显示,1977—2005年期间,我国以平均每年解决1 000万人的速度推进农村饮水安全工程建设,累计解决饮水困难人口由1977年的3 431万人增长至2005年的30 355万人;2005—2015年,两个农村饮水五年规划全面实施,全国共解决了5.2亿农村居民和4 700多万农村学校师生的饮水安全问题,农村饮水安全问题基本得到解决;2016年后,为进一步提升农村集中供水率、自来水普及率、供水保障率和水质达标率,农村饮水安全保障工作转入巩固提升阶段,截至2018年底,已经完成投资1 000多亿元,农村饮水安全巩固提升受益人口7 800多万人,农村自来水普及率达到81%。这些大大小小的工程有效并充分发挥作用,事关百姓的基本生活,事关工程的投资效益,为此,需根据经济、社会发展的基本规律和经济社会发展的不同阶段、战略目标,结合前面的理性分析,不断创新供给制度,建立农村饮水市场有效治理机制,并形成简单适用的决策树以供决策者决策。

1.2 研究目的及意义

1.2.1 研究目的

本书以全面建成小康社会、城乡统筹协调发展、乡村振兴为时代背景,以农村饮水供给制度创新为研究对象。研究主要基于以下目的:

(1)对我国农村饮水供给制度的演进过程及其政策背景作出说明,从而揭示农村饮水供给制度的变迁历史。通过梳理中国农村饮水制度变迁历程及发展趋势,找到其发展规律。

(2)对我国农村饮水的供给现状、存在问题作出说明,为农村饮水供给制度创新把握方向。

(3)探讨制约和影响我国农村饮水有效供给的主要因素和影响机制,采用理性经济人的假定,构建农村饮水有效供给的理论分析框架。

(4)根据构建的农村饮水有效供给分析框架,厘清政府和市场在农村饮水有效供给中的职责和作用,为政府决策提供理论依据。

(5)创新农村饮水有效供给制度体系,采用卡尔-希克斯标准、运用卡多尔改进方法,构建农村饮水有效供给制度体系,如"分区定性、分段定责、分量定价"制度等,通过制度创新释放制度红利,破解当前现实困惑和实际问题。

1.2.2 研究意义

农村饮水安全问题是名副其实的世界性问题,自1990年以来,约有17亿人口已获得了安全饮用水,然而因经济低迷、资源匮乏、环境变化、管理不善及基础设施投入不足等问题,全球还有8.84亿人仍然没有获得安全饮用水,这些人几乎都来自发展中国家或地区,其中84%生活在农村地区(世界卫生组织,2010年),联合国儿童基金会也报道,在2015年全世界有7.68亿人无法得到安全的饮用水;每6人中就有1人无法满足联合国规定的每人每天20—50升淡水的最低标准(《联合国世界水资源发展报告》,United Nations World Water Development Report,2018)。《联合国2018年世界水发展报告》指出:目前全球有19亿人口生活在水安全无保障的地区,到2050年这个数据可能提高到30亿人口,在水质量方面,全球有18亿人口在使用未经任何处理的饮用水。《联合国2020年世界水发展报告》指出:全球还有22亿人口缺乏安全的饮用水。

饮水不安全带来很多问题,据世界卫生组织统计约有80%的疾病与饮用水有关,发展中国家80%的疾病与不安全饮水直接相关,全球每年有超300万人因饮用不洁水患病死亡,其中近九成是不满5岁的儿童(王爱国,2015)。世界卫生组织也估计,全球平均每年84.2万死于腹泻的人中有36.1万名5岁以下的儿童是因为不安全饮水,每天平均有5 000名儿童死于可预防的与水和卫生相关的疾病,每年造成360万人丧生(Pruss-Ustun,Bos,Gore和Bartram,2008),我国农村通过饮水发生和传播的疾病有50多种(王永胜,2003)。专家在C市农村进行抽样调查,1 268份有效问卷中,35.68%的农户反映出现过涉水性疾病(秦小红、彭莉、张向和等,2013)。

为此,全世界都高度重视农村饮水工作,2000年9月联合国首脑会议上由189个国家签署的《千年发展目标》承诺:"到2015年将无法持续获得安全饮用水和基本卫生设施的人口比例减半。"2015年9月联合国193个成员国通过《可持续发展目标》,这是继《千年发展目标》后指导2015—2030年全球发展工作的纲领,其指出人人享有清洁饮水及用水是我们所希望生活的世界的一个重要组成部分,他们预计到2050年,至少有四分之一的人可能生活在受到周期性或反复缺少淡水影响的国家。可持续发展目标承诺要"为所有人提供水和环境卫生并对其进行可持续管理"。

本书旨在依托中国农村地区的饮水工程,探讨和构建一种能供世界各地使用的农村饮水有效供给分析模型,并提出制度创新的思路:

(1)为农村公共产品科学界定提供新思路。如前所述,一种产品是不是公共产品,不是与生俱来的,尤其是兼具"公益性"和"经营性"的产品,应该分时段、分区域、分数量界定,在一定范围内是公共产品的,超过一定时间限制、区域界限或数量限制以后,可能就不是公共产品了。

(2)为农村饮水有效供给分析提供新框架。以中国农村饮水的现状出发,找到制约农村饮水有效供给的核心制约因素,从而构建新的供给分析框架,为政府决策提供理论武器。

(3)为化解农村饮水工程运行困境提供新路径。依据新的分析框架,找到农村饮水有效供给的基本规律,分析其失效的根本原因,为化解问题找到科学的路径和方法。

(4)为农村饮水工程立项与管理提供新依据。农村饮水工程的立项与管理应该以能有效供给为目的。但如何才能实现有效供给,这是本书研究的主要内容。只有破解了供需双方的制约因素,才能实现农村供水工程的均衡供给和有效供给,才能满足农民的生产生活需要和农村的发展需要。

1.3 研究内容、方法和框架

1.3.1 研究内容

本书是按照"卡尔-希克斯标准"对农村饮水制度进行改进,从农村公共产品供给视角剖析农村饮水的根本属性,构建农村饮水市场分析模型,通过模型推演找到农村饮水的基本类型以及影响农村饮水市场有效供给的关键因素,揭示这些因素对市场有效性的影响机理。为实现研究目的,主要内容设计如下:

第一是分析理论和研究问题的选择。主要借助公共产品理论、农村公共产品供给理论、制度变迁理论等对农村饮水供给的概念、特征、属性进行分析,提出和界定研究的问题。

第二是对现行供给制度的绩效判断。通过对我国农村饮水工程供给制度的变迁梳理,揭示现行制度存在的主要问题以及产生问题的内在机理,从而为农村饮水供给制度创新找到路径。

第三是创新农村饮水供给制度体系。针对目前农村饮水制度存在的主要问题,按照"卡尔-希克斯改进"思路,按照"有为政府+有效市场"原则,创新农村饮水工程有效供给的制度安排,并尝试制作农村饮水有效供给的决策树,为政府高效、科学决策提供参考。

1.3.2 研究方法

(1)制度经济学分析方法。制度分析是新制度经济学的基本视角,本书采用了新制度经济学分析方法,重点通过"卡尔多改进"思路探讨农村饮水供给制度的创新,解释我国现行农村饮水工程供给低效甚至失效、无效的制度根源,揭示农村饮水有效供给的制度逻辑,从而构建农村饮水供需分析框架。

（2）规范研究方法。规范研究方法与实证分析方法相对,与实证研究方法主要解决"是什么"问题不同。本书拟利用规范研究方法对农村饮水市场及其制度进行判断,对其作出好或坏评价,并回答有效的农村饮水市场和制度由哪些构成和为什么等问题,在此基础上重构与当前经济发展和社会转型相匹配的农村饮水供给制度,即对现行农村饮水制度进行卡尔多改进。

（3）案例分析方法。将实例一般化的研究方法是经济研究中比较常用的一种方法(周其仁,1996),其主要手段是在现实中找问题并发现约束条件。它可以突破想象中的经济学的缺陷。全球各国资源禀赋不一,农村饮水问题千差万别,政策五花八门,详细资料难以全面获得,因此应用案例分析方法对分析和论证农村饮水供给制度非常有帮助。

（4）比较分析方法。通过横向比较或纵向比较找到经济事物或经济现象内在的运行规律和发展变化趋势,其目的是为创新制度找到科学依据。本书中,横向比较主要是对不同地区、不同物品的供给状况进行比较,包括城市饮水与农村饮水的比较,农村饮水与农村教育、交通、文化、卫生等的比较;纵向比较主要是分析供给制度前后的变化,从制度变迁中找出制度演变轨迹,分析现行制度缺陷,为提高制度创新的针对性和科学性创造条件。

1.3.3 结构框架

研究共分三部分,注重模型构建、理论推演、宏观数据分析和典型案例剖析。

第一部分包括第1、2章,主要阐述选题背景、文献综述等基本情况。

第二部分包括第3、4、5、6、7、8章,详细阐述研究的主要内容,其中第3章的主要任务是追溯农村饮水安全发展历史,并与其他类似公共物品比较,找到农村饮水安全自有属性和阶段特征,既有利于明确其优先供给的独特地位,又为第4章谋划制度创新整体思路和第5章构建农村饮水市场分析模型奠定基础;第4章结合第3章的分析,重点回答"什么是农村饮水安全有效供给制度创新",第5章是在第3、4章研究结果基础上,构建起融"供需干预"和"价格控制"于一体的农村饮水安全有效供给理论分析框架,利用框架对农村饮水市场有效性进行理性分析,形成农村饮水安全有效供给的区域分布,既为划分政府和市场在农村饮水安全有效供给中的职责和界限提供科学依据,又从市场角度回答"为什么要进行农村饮水安全有效供给制度创新"。第6、7、8章以搜集到的中央、地方和基层38个现行农村饮水安全制度为考察对象,找出其制度失灵的根源,并按照"卡尔-希克斯标准"对农村饮水安全有效供给制度进行"卡尔多改进",主要任务是回答"如何进行农村饮水安全有效供给制度创新"。

第三部分包括第9章,为总结部分,主要阐述研究结果,指出研究存在的缺陷和下步应解决的问题。具体分析框架见图1-6。

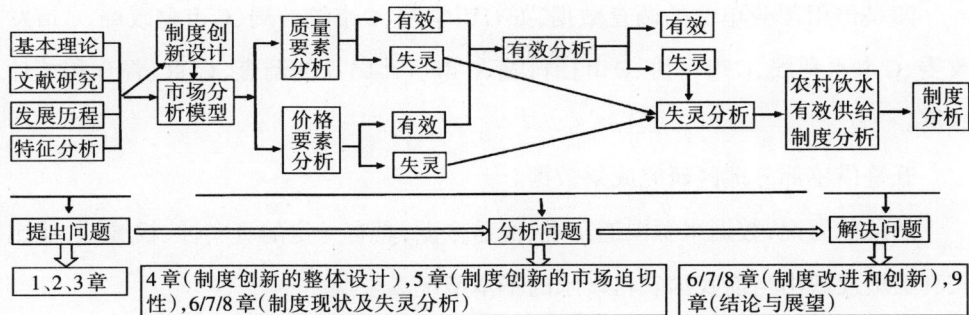

图1-6 农村饮水安全有效供给制度创新研究框架

1.4 数据来源及处理

1.4.1 数据来源

本书研究的数据来自五个方面,包括宏观数据、行业数据、微观抽查数据、典型调查数据等,覆盖国内外,包括我国水资源迥异的南北方和发展差距巨大的东西部,渠道正规、权威有效:

一是宏观数据,主要来自中央历次党代会报告、国务院政府工作报告、中央一号文件。

二是行业数据,主要来自国家各部委,包括但不限于国家统计局、水利部、教育部、国家卫生健康委员会、交通运输部等,部分是已经公开发布的数据,部分是未公开发布的内部数据，获取途径包括查询官网、年鉴、规划、内部报告等。

三是调查数据，来自本人若干次实地调查和问卷调查，范围涉及国内外和市内外，既有对典型工程的走访，也有对百姓的访谈，具体包括对C市农村饮水面上的问卷调查、对C市分区进行典型饮水工程的实地抽样调查、对C市18个深度贫困乡镇饮水工程的实地走访调查、对Y县所有集镇供水工程的典型访谈和问卷调查、对X县Y镇所有村社级供水工程的用水户走访和问卷调查、对四川典型饮水工程的走访调查，对境外包括巴西、阿根廷、新加坡、瑞士等国家的农村饮水工程进行走访调查。

四是借用部分单位的调查数据，如C科学院、C市统计局、C市财政局、C市发改委、C市水利局、C市科协、C市社科院、C市审计局等的调查、核查、督查和统计数据。

五是借鉴部分地区研究成果数据。

从总体上说，数据来源渠道正规、覆盖全面，具有一定的真实性、权威性，能比较真实地反映出当前我国农村饮水的基本情况。

1.4.2 数据处理

主要利用数据对农村饮水进行纵横两个角度的比较分析，既包括绝对数和相对数的比较，也包括同比数和占比数的比较，主要目的：一方面看历史前后发展状况，分析其未来走向和趋势，另一方面从现实比较各地情况，找出其共性问题和个性问题及其制度背景，提高制度创新的针对性和实用性。

1.5 研究重难点及创新

1.5.1 研究重难点

第一，通过梳理中国农村饮水制度变迁历程及发展趋势，构建农村饮水工程市场分析框架。借鉴现有市场供需均衡等相关理论和分析模型，厘清农村饮水工程与城市供水工程、农村其他基础设施、农村一般公共产品的差异，阐述其独特性,并根据其特征构建农村供水工程市场供需分析的理论框架。

第二,当前农村供水工程的主要类型分析。与市场化程度高、供需相对均衡的城市供水工程相比较,农村供水工程数量多,表现纷繁复杂,可谓千姿百态、无奇不有,研究拟利用构建的理论分析框架,在千变万化的农村供水市场中,找到其带共性的本质特征和带规律性的主要类型。

第三,农村饮水"市场失灵"的根源分析。现实生活中农村饮水既有庞大的刚需(农村居民基本用水需求,无弹性、无替代品、无互补品),又有庞大的供给,但两者未形成稳定供需市场,失灵现象随处可见:"有水大家都乱用"或者"大家都不用"、对供水工程"大家都不管"、对存在的问题"大家都不说"、对水价"大家都不定"或定了"大家都不交"等。研究拟依托构建的理论分析框架,对不同类别的供水方式进行推导分析,找到造成各种"市场失灵"的主要原因及其根源。

第四,制约农村饮水市场供需均衡的核心要素分析。依托理论框架,对影响农村供水工程运行的内、外部因素进行系统梳理,并对相应因素的作用进行剖析比较,重点是供给机制、价格机制和治理机制等核心影响因素的影响效应及作用机理。

第五,确保农村饮水市场有效的制度创新研究。根据分析,提出农村饮水分区分段分量供给机制和阶段水价等制度,建立农村饮水市场有效治理机制。

上述这些重点问题也是本书研究的难点问题,构成本书最核心的内容。

1.5.2 可能的创新点

国内外众多专家学者对该问题进行了广泛而深入的研究,提出了许多经典观点,也提供了许多先进的解决办法,值得我们学习和借鉴。本书针对目前农村供水工程大量被闲置等现象,从理论推导、逻辑演绎和实证检验等维度,揭示其存在很多"市场失灵和治理失效"困境的内在逻辑,体现了应用研究的特色。

(1)根据农村公共产品的基本属性,比较分析农村饮水与农村其他基础设施、农村混合产品等的区别,找到农村饮水市场本身具有的独特性,研究农村饮水产品的根本属性,可能在农村公共产品的本质认识上有所创新;

(2)依据农村饮水市场供需的独特关系,利用其核心制约因素,构建农村饮水市场分析模型,可能在分析视角方面有所创新;

(3)依据新的分析模型推导出农村饮水市场的内部逻辑关系,从纷繁复杂、千变万化的市场供需关系中,找到农村饮水市场的基本规律或基本类型,可能在对农村饮水市场的本质认识上有所创新;

(4)按基本类别逐一分析农村饮水市场存在的市场失灵现象,找到其根源并提出有针对性的解决措施,如 CS - CS 制度、分区分段分量供给制度、阶段水价制度、城乡饮水联动联调水价制度等,可能在破解农村饮水目前存在的困境方面有所创新。

具体而言,可能在理论和实践方面有以下创新:

(1)提出了农村饮水和农村其他公共产品分区治理理论。按照覆盖范围和缺失危害程度标准,提出了农村公共产品分区(ABCD)设计,确定了农村饮水的优先地位(A 区)。同时按照供需关系和市场原则,对农村公共产品供给市场进行分区(ABCD),提出农村饮水刚需部分(acC)在农村公共产品保障中的特殊地位。按照市场有效性标准,对农村饮水进行分区(ABCD)分析,重点强化政府在供给无效区域的主体责任。实现农村饮水分区治理有利于在减轻政府负担过程中增加政府责任、在开放供给中增强市场活力。

(2)构建了融"价格控制"和"供求干预"于一体的农村饮水市场分析模型。本书通过分析找到了农村饮水市场存在的基本类型和发展的基本规律,并构建了农村饮水有效供给的市场分析模型,对农村饮水市场可能存在的360种情形逐一进行了全面分析,区分了市场有效和市场失灵情况,为划分农村饮水有效供给中政府和市场的职责边界提供依据,并找到了导致农村饮水市场失灵的主要原因。

(3)对现行农村饮水制度进行全面剖析并进行"卡尔多改进"。本书比较全面地搜集和分析了中央、地方和基层3级共38个现行的农村饮水供给制度,从责任制度、融资制度、分配制度、水价制度、补贴制度等8个方面考察了现行农村饮水制度的效率现状,以及制度主体目标和个人目标的实现情况,为政府决策提出针对性强的可行性建议。避免农村饮水出现其他农村公共产品供给中曾经出现过的各种乱象。同时按照"卡尔-希克斯标准"对现行农村饮水制度进行"卡尔多改进",创新了农村饮水有效供给制度体系,其中包含7个制度,构建起了以CS-CS制度为核心的农村饮水有效供给的创新制度体系。

第2章　研究动态、理论基础和相关概念

本章的主要任务是对要研究的内容、运用的理论进行回顾、辨析和说明，其中研究动态部分主要是回顾研究现状、明确研究方向；理论基础部分阐述主要运用的理论知识，核心在于指出研究在理论方面的边际贡献；相关概念部分主要辨析涉及概念的边界，确定研究的区域。

2.1　研究动态

"多方的消息表明：农村基础设施缺乏维修因而难以持续的问题，也是大量存在的"。(毛寿龙，2000年)国内外众多学者研究成果一致认为，农村供水工程作为农村最重要的基础设施之一，目前运行管理状况不乐观。农村地区供水工程无法持续运行在一定程度上降低了人们生活的质量(杜定良，2017)，为保障农村饮水安全，应更多地关注农村饮水工程的运行管理，确保其良性运行(徐佳、冯平、杨鹏、刘燕，2015)。"国家对饮水的重视促使国内外学者加强了对这一领域的研究"(王蕾、朱玉春，2013)，农村饮水安全工程是近年来国内外研究的一个热点问题，尤其是国家实施农村饮水安全工程以来，随着国家对农村饮水的关注不断增强以及国家财政对农村饮水投入力度不断加大，专家们对这一领域的研究也在不断深化和升华(唐娟莉，2016)。国家各级机构都十分关注关心农村供水工

程,在工程的建设管理运行维护等各个方面,制定出台了大量标准、规范和文件,也发表了不少理论研究成果(包括经验总结和工作建议)。本书梳理了涉及农村饮水有效供给的部分研究成果。

2.1.1 文献综述

2.1.1.1 农村饮水有效供给的发展成效研究

对于农村饮水的极端重要性,研究成果都给予了高度认可——农村饮水事关农村居民的身体健康和正常生活,在农村公共物品中具有优先战略地位。大家都对农村供水工程建设取得的突出成绩给予高度评价,认为基本建成了覆盖全国的农村供水工程体系,如云南省已建成供水工程57.73万处(朱武、何辉,2016),辽宁农村已建成集中供水工程23 243处,集中供水率为76.13%(王明辉、朱辉,2017),"十二五"末新疆生产建设兵团已建成集中供水工程908处,兵团饮水安全工程保障水平得到巨大提升(朱自明、王新梅、陈伟伟,2018),山西36个国定贫困县每个村庄都建有饮水工程,工程覆盖率100%,基本解决了当地农村供水问题(段艳芳,2018),杨云帆(2015)等对1998—2011年5个省101个村公共投资情况进行了调查,指出:"生活用水项目这些对农民生产和生活有重要影响的项目依然在公共投资中占有优先地位。"事实证明,国家财政投入的增加使我国农村长期存在的饮水不安全问题基本得到解决。(张汉松,2017)

研究都高度关注农村饮水存在的问题,截至2016年底,全国农村自来水普及率仅79%,中西部地区仍有1.6亿人口供水来源以浅井为主。(张汉松,2017)杨云帆、张同龙等的调查数据也证实"有30%左右的农户住宅没有通自来水"。他们多居住在经济条件差、建设成本高、自然环境恶劣的地区,水源少、污染重、质量标准偏低、设施缺乏等(钟建华、于澜,2006),对农村居民的身心健康构成威胁,对农村社会的稳定带来严重影响,对农村的经济繁荣带来障碍(陈子年等,2008;张国山、黄喜良,2012)。水利部部长鄂竟平2018年10月11日也证实,农村饮水安全短板仍很突出,全国尚有约380万贫困人口饮水安全亟待解决,80%以上分布在深度贫困地区,解决起来难度大,还有约1 000万人饮用水氟超标。

2.2.1.2 农村饮水有效供给的绩效评价制度研究

农村饮水有效供给的绩效评价主要集中在投资效率、供给效果、用户满意度、群众支付意愿等方面。国内外研究从不同角度出发,采取不用方法得出不同结论,可谓百花齐放、百家争鸣。英国引入水贫困指数评价饮水有效供给的绩效。Sullivan(2002)用水安全程度,包括资源、途径、利用、能力和环境5个指标评价绩效。国内很多专家对此进行了研究。周志霞等(2008)建立了由基本指标、项目实施效果和经济效益、专家评价等4个方面构成的评价体系。胡其昌和王生云(2008)运用因子分析法综合评价了浙江省10个地市农村饮水工程的实施效果。刘利霞等(2009)从水量、水质、供水三方面构建指标体系,采用熵权法与综合评价法,定量化评价了云南省农村饮水安全情况。庄承彬等(2010)构建了农村饮用水安全诊断指标体系,建立了基于云理论的农村饮用水安全单指标评分模型,运用层次分析法对指标因子赋权,对农村饮用水安全作出系统全面的综合诊断。易雯等(2011)结合安全预警体系的一般原理,构建饮用水源水质安全预警监控体系框架。丰景春和戚昌青(2012)运用群决策层次分析法确定了4个成效指标的权重,并建立了农村饮水安全评价模型。杜晓荣等(2013)从公共产品理论、福利经济学、投入产出理论与可持续发展理论出发,探讨了农村饮水安全工程社会绩效、经济绩效和生态绩效的理论根源。农户对农村公共产品的需求因收入差异呈现出不同偏好(朱玉春、王蕾,2014),农户收入越高,对公共产品的需求越大(卫龙宝等,2015),他们多倾向以投资的方式参与公共产品的供给(蔡起华、朱玉春,2015)。

此外,集对分析(卢敏等,2006)、模糊优选模型(尹发能,2006)、模糊数学法(Yilmaz Icaga,2007)、基于欧式贴近度的模糊物元模型(陈鸿起等,2007)、灰色评价法(张春荣,2007)、人工神经网络评价法(Yang等,2007)、投影寻踪理论(童芳等,2008)、主成分分析法(黎明强,2009)、尼梅罗指数评价法(甘霖等,2010)、因子分析法与层次分析法(何寿奎、胡明洋,2014)等方法也被引用到饮水安全评价中。

2.1.1.3 农村饮水有效供给的产品供给制度研究

关于供给,专家们都十分强调政府、市场的有效联合,甚至加上社区,形成"三边治理"模式。农村公共产品供给应该通过"有效市场+有为政府"构建"政府主导、市场基础、第三方推动、农户参与"的多主体参与机制,创新农村公共产品供给主体多元化的制度供给,协调农村公共产品各供给主体之间的利益,优化激励机制设计,改善激励内容,提升农村公共产品供给绩效(严宏、田红宇、祝志勇,2017),张应良、张建峰(2012)也认为:政府主导供给农村公共产品是为了实现社会产出最大化,市场参与供给农村公共产品是为了实现自身效益最大化。政府投资与市场投资具有资产专用性特征,双方有合作的动机与行为,而有效合作是通过第三方来实现的。乡村社区公共产品供给的监管机制的建立,应该是以政府主导主体、市场参与主体为主导力量,同时接纳农民受益主体,三者共同参与,以公共事业监管机构为有效治理的组织载体,通过制度内和制度外的监管机制对乡村社区公共产品供给过程和供给行为进行有效监管,实现约束政府主体和市场主体的动机以及规范政府主体与市场主体的供给行为的目的。李雪松和李林鑫(2011)从产品属性入手建立起政府和私人投资者的博弈关系。很多专家认为供给主体多元化使农村饮水陷入困境,解决的途径就是政府强力介入(李伯华等,2007),而充分引入市场竞争则有助于提高供给效率(于文龙,2011)。专注于农村基础设施可持续发展的诺贝尔经济学奖获得者埃莉诺·奥斯特罗姆,长期跟踪小池塘资源研究,她指出对数量众多的农村小型基础设施,除了靠政府和市场监管之外,还可以采取自治的方式进行管理和维护,效率会更高、效果会更好。她由此提出的自主治理理论,可以有效克服"公地悲剧"、"囚徒困境"和"集体行动的困惑"。(《制度激励和可持续发展》,2000;《公共事物的治理之道》,2012)

2.1.1.4 农村饮水有效供给的产品价格制度研究

水既是一种资源,也是一种商品,推进水价改革,对发挥价格杠杆在水资源优化配置、水需求调节和水污染治理等方面的作用至关重要。(胡继连,2016;刘小勇,2016;刘芳、张红丽,2017)我国水价经历过了三个阶段(王宏烨,2017)或四个阶段(胡继连,2017)的调整。目前我国水资源产品定价机制不够完善,还存在市场化程度低、政府管制过多、产权不清、外部性、私人产品和公共产品交织等问题。(王治,2016)当前农村水价普遍偏低,但提高价格存在两难境地,一方面需要建立反映供求关系和水资源稀缺程度的价格形成机制,但另一方面要考虑农户的承受能力和支付意愿(刘小勇,2016)。研究表明71.5%的农户愿意购买水资源产品。(李伯华等,2008)水价由资源水价、工程水价和环境水价等组成(徐得潜等,2006),与电价存在相关关系,有学者从公益性入手探讨水价问题。国内外专家在研究水价的过程中,也建立了许多水价模型,有全成本定价模型,有基于支付能力、服务成本的定价模型,有非线性定价模型,有考虑用户特征的水价模型,如影子价格模型(詹恩·丁伯根,康特罗维奇)、可计算一般均衡 CGE 模型、成本定价模型、供求定价模型(Tanes,Robert)、社会政治水价模型、承载力水价模型等。余国庆、朱霞、童文旭(2019)根据定价目标,提出了以收入最大化、利润最大化、社会福利最大化、回收全部成本等为目标的定价方法,但操作起来十分烦琐和困难,不利于在农村地区推广和应用。在现实生活中,农村饮水定价有很多种模式,如最低消费模式、平均收费模式、包月交费模式、市场价格模式、同城同价模式、一事一议模式、两部制模式等,有按月、按季、按年收费等多种方式。

2.1.1.5 农村饮水有效供给的工程管护制度研究

对农村供水工程管护落后的现状,研究成果具有空前统一的认识。在市场经济条件下,公共产品尤其是乡村社区公共产品的运营效率低下的弊端越来越突出。(张应良、张建峰,2012)在饮水工程管理方面,我国与世界中等发达国家相比存在明显差距(庚莉萍,2007),其根本原因是使用不当或维护保养跟不上,有人建无人管现象普遍存在,工程长效运行机制需要进一步改革完善(王振华、李青云、陈进,2017)。

造成农村饮水工程管护不好的原因很多,其中最主要的是我国农村人口以散居为主,饮水工程前期投入大、后期收入少,没有规模效益。很多地方执行水价远远低于运行成本,甚至零水价,导致工程管护不严、力量薄弱、权责不明、运行机制不健全、保障率低等,如此恶性循环,很容易导致农村饮水工程设施逐渐闲置最终被废弃(韩国良、蒋淑玲,2017)。对如何改变这种状况,不同专家从不同角度提出了不同的建议(包括机构设置、人员培训、经费保障、技术提高等各个方面)。可通过体制机制的健全完善保障工程可持续良性运行(赵友敏、徐佳,2016)。"先建机制,后建工程"要做好事前控制:一是确保有人管,要完善机构;二是明确产权和责任主体;三是加强饮水工程水价改革;四是建立饮水工程维修管护基金计提制度。(朱武、何辉,2016)政府应制定良好的制度和农户参与管理的准则,营造良好的环境,并通过加强宣传诱导和刺激农户积极参与农村饮水的供给和管理(唐娟莉,2016)。保障供水工程可持续良性运行,首先要保障工程运营收支平衡(赵友敏、徐佳,2016)。

2.1.1.6 农村饮水有效供给的资源利用制度研究

农村水资源管理是一个新课题,研究分析的文献不多,与此相关的水资源管理的文献也不多,但有一些相关论述。比如,夏军等(2018)提出水资源研究分为古代水资源知识积累阶段(1860年以前)、近代水资源研究萌发阶段(1860—1949年)、现代水资源学建立阶段(1949年以后)3个阶段;曹型荣(2010)把水资源开发利用划分为初级阶段、基本平衡阶段、水荒阶段。此外,有些成果对具体区域水资源利用阶段进行分析,如曲耀光等(1995)将我国西北干旱区水资源开发利用划分为地表水开发利用阶段、地表水与地下水联合开发利用阶段、可用水资源的经济利用阶段;朱美玲(2002)把新疆哈巴河流域水资源开发利用分成生态自然平衡、失衡、恶化、恢复和良性发展5个阶段。关于我国水利发展阶段的研究,如王亚华等(2013)把水利发展分成大规模水利建设时期(1949—1977)、水利建设相对停滞期(1978—1987)、水利发展矛盾凸显期(1988—1997)、水利改革发展转型期(1998—2010)4个阶段;左其亭(2015)把建国以来的水利发展划分为工程水利、资源水利、生态水利、智慧水利4个阶段。也有专门对我国改革开放以来水利发展阶段的研究,如陈雷(2008)把1978—2008年水利改革发展历程划分为艰难起步阶段、逐步深入阶段、加快推进阶段,每10年为一个阶段。夏军、左其亭(2018)

系统梳理了1978—2018年我国水资源利用与保护发展过程,也提出了3个阶段的划分思路:开发为主阶段(1978—1999)、综合利用阶段(2000—2012)、保护为主阶段(2013—2018)。具体见表2-1。

表2-1　我国水资源利用与保护发展阶段

时间	阶段及其特征	重要经历(代表事件)
1978—1999年	以水工程建设、水资源开发为主的"开发为主阶段"	1978年党的十一届三中全会,提出了改革开放,以经济建设为中心,开始了大规模的经济建设;80年代完成了全国第一次水资源评价和规划工作。在摸清家底的情况下开始规划水资源的利用,但此次的工作重点仍然是以水资源开发为主;1998年长江、嫩江-松花江发生了历史罕见洪水,暴露出水工程建设是薄弱环节。这期间经济建设飞速发展,但水工程投资少,主要目标是对水资源的开发利用。水工程建设速度远滞后于当时我国经济建设的速度。
2000—2012年	以重视水资源综合利用、实现人水和谐为目标的"综合利用阶段"	2000年前后,水资源可持续利用思想开始应用于水资源开发利用实践;2001年人水和谐思想正式纳入现代治水思想中;2004年中国水周活动主题为"人水和谐";2009—2010年我国出现大范围、多次、严重的水旱灾害,让国人震惊;2011年中央一号文件做出了《中共中央 国务院关于加快水利改革发展的决定》;2012年1月,国务院发布了《国务院关于实行最严格水资源管理制度的意见》,对实行最严格水资源管理制度作出全面部署和具体安排。
2013—2018年	以保护水生态、建设生态文明为目标的"保护为主阶段"	2013年1月水利部印发《水利部关于加快推进水生态文明建设工作的意见》,提出加快推进水生态文明建设的部署;2015年4月,国务院发布了《国务院关于印发水污染防治行动计划的通知》,即"水十条",出重拳解决水污染问题;2017年中共十九大报告中提出"坚持节约资源和保护环境的基本国策,像对待生命一样对待生态环境"。

(来源:中国水科院)

2.1.1.7 农村饮水有效供给的行业标准研究

行业标准是行业内专家的研究成果,虽然其学术性不一定很强,但其在行业内的权威性和执行力较高,对行业发展的影响力远远超过一般的学术研究,因此本书将已颁布实施的行业标准也作为文献纳入研究范畴。近16年来水利部等先后发布了《村镇供水站定岗标准》(水农〔2004〕223号)、《村镇供水工程技术规范》(SL 310-2004,2004年11月11日发布,2005年2月1日实施)、《村镇供水单位资质标准》(SL 308-2004,2004年11月30日发布,2005年2月1日实施)、《农村饮水安全工程实施方案编制规程》(SL 559-2011,2011年9月29日发布,2011年12月29日实施)、《村镇供水工程施工质量验收规范》(SL 688-2013,2013年10月14日发布,2014年1月14日实施)、《村镇供水工程运行管理规程》(SL 689-2013,2013年10月16日发布,2014年1月16日实施)、《农村饮水安全工程水质检测中心建设导则》、《村镇供水工程设计规范》(SL 687-2014,2014年1月13日发布,2014年4月13日实施)、《农村饮水安全工程建设管理办法》、《农村饮水安全评价准则》(T/CHES 18-2018,2018年3月29日发布,2018年6月1日实施)、《美丽乡村建设评价》(GB/T 37072-2018,2018年12月28日发布并实施)等行业标准,分别从农村供水工程的方案编制、设计、技术、施工、验收、运行、机构编制、资质等各个方面,对农村供水工程的运行、管理和维护等方面提出了明确要求,这些标准、规则、规范等成果,都是水利主管部门和行业内外的专家学者结合全国农村供水工程的实际研究出来的。

除此之外,国家发改委、卫计委,水利部、卫生部、财政部等,还陆续推出了《农村饮用水安全卫生评价指标体系》《农村饮水安全巩固提升工作考核办法》《关于加强农村饮水安全工程水质检测能力建设的指导意见》等政策、措施,广西、山东、四川、江苏、安徽、浙江、湖北、陕西、内蒙古、C市等省区市都制定了关于农村饮水安全工程运行管理办法,这些成果从不同角度对推动全国农村人饮工程标准化、规范化建设和持久化运营,具有积极的推动作用。可以这样说,经过20多年的努力(国务院1998年明确由水利行政主管部门全面牵头负责农村饮水工程),涉及农村供水工程的规划、建设、管理的制度基本健全。

2.1.2 研究述评

综上所述,我们不难发现,农村饮水是当前学界研究的热点,不仅面临的问题多、可研究的角度多,而且国内外专家学者和行业人士已研究的成果多,研究体系不断丰富,值得我们继续长期关注和深入研究。从上面的综述分析中不难看出,大量研究并没有解决实际问题,其根源在于其理论研究注重抽象推理,缺乏实践意义,学术研究偏重某个技术,缺乏操作性,政策研究针对一个区域,缺乏推广性,而对农村饮水的独特性和本质属性缺乏科学的分析和全面的认识。对"农村饮水究竟是不是公共产品"缺乏理性的辨析和准确的判断,存在"泛公益性"和"泛市场化"两种错误认识。理论认识上的模糊不清,导致具体行动中犹豫不决,进而出现政府尤其是行业部门决策有偏差、政策有错位、措施有缺陷等问题。农村饮水在"市场失灵"之后,又出现政府干预后的"政府失灵",现实生活中的具体表现为:因为农村饮水因受众分散(尤其是南方地区)、成本超高(尤其是高山地区、干旱地区)、规模无效益(阶梯水价、累进水价)等特性,导致大量饮水工程没有经济效益,以追求经济效益最大化为目标的市场主体不愿参与,而政府在投入大量财政资金新建了大量饮水工程之后,又认为农村饮水产品是稀缺资源,应充分发挥市场在资源配置中的决定性作用,拱手将财政投资新建的饮水工程推向市场,让供需双方按照市场规律进行市场交易。"两只手"相互推诿,导致"市场""市长"职责越位错位缺位并存,于是,一方面大量刚需无法得到满足,另一方面大量供给工程被废弃,供大于求、供不应求等供需失衡现象成常态,大量"僵尸厂"和大量"缺水户"并存,"双失灵现象"比比皆是、随处可见。

2.2 基础理论

研究农村饮水有效供给主要涉及制度经济学理论、公共产品理论以及马斯洛需求层次理论等。

2.2.1 制度经济学理论

制度对经济社会发展具有极其重要的作用,有效的制度供给可以为农村饮水有效供给提供制度保障,从而规范各个环节。在一定程度上,制度就是一系列规则网络,包括正式约束和非正式约束的,它的主要功能是约束人们的行为,减少交易成本,解决人类所面临的合作问题,为组织有效运行创造条件。制度创新是制度变迁的重要形式,科斯按照成本—收益原理提出了制度变迁的一般原则:只有当制度变迁的收益大于变迁成本时,才可能产生有效的制度变迁。在新制度主义学者看来,制度有六大功能:降低交易成本、为实现合作创造条件、提供人们关于行动的信息、为个人选择提供激励系统、约束主体的机会主义行为、实现外部效益内在化。由此可见制度是决定经济效率和社会进步的重要因素。但传统公共产品供给不注重效率,而制度安排必须重视供给的经济效率,因此从制度创新与制度变迁的角度研究公共产品的供给也是为了提高公共产品的供给效率。

对于制度效率,罗必良、凌莎(2014)认为它总是针对制度目标而言的,评价制度效率必须和制度目标相联系,包括居于主导地位的主导集团的、代表多数人的主流目标和其他参与主体的个人目标。具体评价可从两个方面进行:一是静态效率。福利经济学把帕累托效率作为衡量资源配置效率的标准,认为只要某项改进能够在至少不损害一部分人福利的情况下改善另一部分人的福利就是有效率的。"一致性同意"尽管能够满足这样的标准,但达成一致同意的高昂的交易成本使其难以成为现实。通常采用的是"卡尔–希克斯标准",即如果某项改进损害了一部分人的福利同时又增加了另一部分人的福利,只要福利的增进大于损失,即整个社会净福利增加大于零,就可以认为该项改进是有效率的。二是动态效率。由于制度变迁及其制度选择可以被视为一个动态交易过程,如果主流目标能够实现,而个人目标受到损伤,由此引发的交易费用必然会反过来降低"卡尔–希克斯效率"。因此,一项好的制度安排应该是激励兼容的,既能维护主流目标又能调动其他参与主体生产性努力,从而形成交易成本最小化的制度响应。

本书对制度经济学理论的边际贡献是:通过对现行农村饮水制度的"卡尔多改进",形成了"农村饮水有效供给制度体系",其中包含7项制度创新,这为农村其他公共产品供给制度创新提供了一种思维方式,为构建闭环制度体系开辟了一条新的路径。

2.2.2 公共产品理论

公共品(Public Goods)是与私人产品(Private Goods)相对而言的,定义很多,比较经典的如"公共产品是指不论个人是否愿意购买,都能使整个社会每一成员获得的物品"(保罗·A.萨缪尔森,1999);奥尔森在《集体行动的逻辑》中指出:"任何物品,如果一个集团 $X_1,\cdots,X_i,\cdots,X_n$ 中的任何个人 X_i 能够消费它,它就不能不被那一个集团中的其他人消费"[①],则该产品是公共产品或者称之为集体产品。布坎南(1993,2002)指出"任何集团或社团因为任何原因通过集体组织提供的商品或服务,都将定义为公共产品"。由此可知,公共产品不具有消费排他性的物品,增加一个消费者的边际消费成本为0元,这意味着公共产品应由政府提供。

农村公共产品区别于城市公共产品和农村私人产品,是指农村地区事关"三农"生产、生活所需要的公共产品或服务。它属于公共产品的范畴,应具备公共产品具有的非竞争性和非排他性,但特别指出的是:随着社会技术进步和对资源利用程度的变化,农村公共产品与农村私人产品间还可能存在一定的转化和进化。

本书研究的农村饮水在一定程度和阶段属于农村公共产品。按性质可以把农村公共产品分为纯公共产品和准公共产品。具备完全的非竞争性和非排他性的农村公共产品为纯公共产品,如治安、稳定、气候、安全等。准公共产品是指具有一定程度的非竞争性和非排他性或只具备其中一个属性的公共产品,如义务教育、公共交通、公共卫生、疫情防控等。从严格意义上说,很多农村公共产品都属于准公共产品。

现代国家要求政府的主要职责是为社会提供公共物品和公共服务。各级政府所掌握的财政收入,应当有相当的数量和比重用在公共物品的供给上,特别是农村公共物品的供给,直接关系到农业和农村经济的发展以及广大农民群众的切身利益,更应给予重视。由于我国公共物品供给长期向城镇倾斜、农村公共物品供给严重不足的现实,在乡村振兴背景下加大农村公共物品供给的财政支持显得极为重要和迫切。实现农村公共物品有效供给的制度创新和模式选择就是本书研究的核心问题。

本书对公共产品理论的边际贡献可能在:首次提出了公共产品不是天生的,

---

① 曼瑟尔·奥尔森.集体行动的逻辑[M].陈郁,郭宇峰,李崇新,译.上海:格致出版社;上海人民出版社,2014:11.

具有一定的阶级性和阶段性,核心要义是某些产品可能在一定时期、一定地域范围内是公共产品,但超出一定时空限制就不再属于公共产品了。其次提出公共产品也不是"纯生"的,在一定的数量范围内是公共产品,超过数量后性质就会发生变化,如教育,在义务教育阶段属于公共产品,应该由政府提供,而义务教育阶段也会随着经济社会的发展而变化,从六年制到九年制,可能到十二年制。这为农村饮水分区分段分量供给制度创新提供了理论基础。

2.2.3 马斯诺需求层次理论

美国著名社会心理学家亚伯拉罕·马斯洛(Abraham H. Maslow)提出了著名的需求层次理论(Maslow's Hierarchy of Needs)(见图2-1),认为人类具有一些先天需求,越是低级的需求就越基本,越与动物相似;越是高级的需求就越为人类所特有。这些需求都按先后顺序出现,当一个人满足了较低的需要后才能出现较高的需要,即出现层次需要。在他看来,呼吸、水、食物、睡眠等属于第一层次生理上的需求,如果这些需要(除性以外)任何一项得不到满足,个人的生理机能就无法正常运转,人类的生命就会因此受到威胁。从这个意义上讲,生理需要是最强烈的不可避免的最底层需要,是推动人们行动的首要动力,只有这些最基本的需要得到满足以维持生存所需后,其他的需要才能成为新的激励因素。当一个人为生理需要所控制时,其他一切需要均退居次要地位。

图2-1　马斯洛需求层次理论(来源:百度百科)

本书对这一理论的边际贡献在于,根据需求的覆盖范围和缺失危害程度,对需求进行分区,其中:全覆盖和缺失危害大的,如农村饮水覆盖全体居民、缺失会致命,就划入A区优先保障供给,而如农村交通只覆盖有车族、缺失不会致命,则划入其他区域进行保障,为确定农村饮水在农村公共产品供给中的优先地位提供理论基础。

2.3 相关概念

2.3.1 制度变迁与制度创新

制度变迁是指制度创立、变更及随着时间变化而被打破的方式(诺思,1994,2000),是制度的替代、转换与交易过程,是一种更有效益的制度产生过程(卢现祥,2003)。新制度经济学认为,制度变迁是一种更高效率的制度对低效率制度的替代过程,同时,制度非均衡是制度变迁的前提条件。在制度变迁理论中,以诺思模型最为典型。制度在公共产品范畴存在需要与供给的矛盾,制度变迁也可以用"需求—供给"模型来进行分析。(林毅夫,1994,2000)同时,制度总是为了实现不同目标而设计的,"成本—收益"的核算方式依然是衡量制度变迁效率的分析范式。(罗必良、凌莎,2014)

制度创新是指在人们现有的生产和生活环境条件下,通过创设新的、更能有效激励人们行为的制度、规范体系来实现社会的持续发展和变革的创新。所有创新活动都有赖于制度创新的积淀和持续激励,通过制度创新得以固化,并以制度化的方式持续发挥着自己的作用,这是制度创新的积极意义所在。其核心内容是支配人们行为和相互关系的规则的变更,是组织与其外部环境相互关系的变更,其直接结果是激发人们的创造性和积极性,促使不断创造新的知识和社会资源的合理配置及社会财富源源不断地涌现,最终推动社会的进步。

因此可以说,制度创新是制度变迁的重要组成部分,一个制度变迁过程实质就是若干个制度创新的集合。本书是在追溯农村饮水安全制度变迁中立足现实创新现行农村饮水安全有效供给制度体系,应该是农村饮水安全制度变迁的一个非常重要的节点。

2.3.2 农村公共产品和农村基础设施

农村基础设施是为"三农"生产、生活提供服务的公共服务设施的总称。它们是农村事业发展的基础、农村经济系统的重要组成部分。按服务对象分4大类:农业生产性基础设施主要指现代化农业基地及农田水利;农业生活性基础设施主要指农村饮水、沼气、道路、电力等设施;生态环境建设类基础设施主要指天然林、防护林、自然保护区、湿地保护区、退耕还林区等;农村社会发展基础设施主要指农村义务教育、医疗卫生、文化事业等设施。

农村公共产品在前面已有论述。由此可见,农村公共产品与农村基础设施是两个不同的概念范畴,农村公共产品不能完全等同于农村基础设施。但值得注意的是:农村公共产品和农村基础设施有很多交叉重叠的地方,很多农村公共产品就是农村基础设施,很多农村基础设施也是农村公共产品。

2.3.3 农村饮水工程和农村饮水安全工程

水是人体的重要组成部分,也是新陈代谢的必要媒介,所以它是人的生命之源。人体每天消耗的水分中,约有一半需要直接喝饮用水来补充,成人每天大约需要补充水分1 200毫升。饮用水是指取自自然界天然水体,能够直接饮用或经过净化处理并达到饮用标准的水。饮用水具备以下几个特征:第一,质量上有严格标准,应符合《生活饮用水卫生标准》(GB 5749-2006)。第二,具有多种形式,既包括山泉水、自备井水、江河水、湖库水等,也包括经过处理的矿泉水、纯净水,如瓶装水、桶装水、管道直饮水以及经过煮沸的自来水等。第三,具有不同概念。饮用水根据其对人体的生理功能所发挥的作用不同,具有不同概念,如安全水、健康水、功能水等,反映了人们对饮用水质量的不同要求。随着人民生活水平的不断提高,人类对饮用水的质量要求相应逐渐提高。

"农村饮水"是"农村供水与农村居民饮水"的简称。在本书中使用"农村饮水"概念,体现农村供水中以人为本的思想。农村饮水工作是指通过采取各种工程措施和非工程措施,将地表水、地下水或雨水等源水进行处理并达到饮用水标准,供农民饮用的一项工作或事业。

农村饮水安全是指广大的农村居民能够获得经济上负担得起、水质符合国家饮用水卫生标准、数量充足的饮用水,不会因为水量不够或水质不合格而对生理或心理带来威胁、造成伤害。它不仅事关农村居民身体健康、生活质量和农村公共卫生体系建设,也是全面建成小康社会和乡村振兴的主要任务和核心指标。现行农村饮水安全评价指标包括水质、水量、方便程度和保证率4项,结果分为"安全""基本安全""不安全"三个等级,其中任何一项指标达不到基本安全要求即为饮水不安全。

农村饮水工程是相对于城市供水工程而言的,主要是指向县(市)城区以下的镇(乡)、村、学校、农(林)场等居民区及分散住户供水的工程,以满足乡村农村居民和各种单位日常生活生产用水需要为主,不包括灌溉用水。供水方式有集中供水工程和分散供水工程两大类型,也有的称为规模化供水工程和小型集中供水工程。

集中供水工程是指自水源集中取水,经统一净化处理和消毒后,通过管网统一送到各家各户或集中供水点的工程,一般是以一个或几个居民点为单元,受益范围在一个村庄或几个村庄,有的扩大到整个乡镇或跨乡镇,甚至跨县(极少数)。按供水范围、对象和服务功能划分,我国农村集中供水工程可分为城镇管网延伸供水工程、联村集中供水工程、单村集中供水工程三类,按照供水量大小分5类(见表2-2)。

表2-2　农村饮水集中供水工程分类

工程类型	规模化供水工程			小型集中供水工程	
	Ⅰ型	Ⅱ型	Ⅲ型	Ⅳ型	Ⅴ型
供水规模 (米³/天)	$w>10\,000$	$10\,000{\geqslant}w>5\,000$	$5\,000{\geqslant}w>1\,000$	$1\,000{\geqslant}w{\geqslant}200$	$w<200$

分散供水是指用户直接从水源取水,未经任何处理设施或仅有简易处理设施的供水方式,分散供水工程是为满足家庭生活用水,以一户或几户家庭为单元建设的供水工程,如手压井、筒井、大口井、集雨池等。可分为单户工程和联户工程两种。分散供水工程多数为农户自建、自管、自用。按照供水水源可分为:雨水集蓄供水工程、引蓄供水工程、分散式供水井、引泉工程等。

2.3.4 百姓饮水需要与市场饮水需求

百姓有需要不等于市场有需求。具体到农村饮水,百姓的饮水需要不完全等于市场的饮水需求,但是在一定环境或条件下,百姓的饮水需要可以转化为市场饮水需求,没有百姓的饮水需要肯定就没有市场的饮水需求,但百姓饮水需要不一定必须转化为市场饮水需求,其可采用自我供给方式解决,转化需要一定的条件和基础。

百姓饮水需要指百姓因为生理、身体原因对水的需要,包括基本需求和非基本需求,其中每个人每天都需要一定的水量(基本需求),有基本需求是共性,无一例外,但必需量有个体差异,这种需求可以通过自我供给和社会供给等多种方式解决,自我供给的饮水需要不会转化为市场饮水需求。市场饮水需求实质就是百姓饮水需要通过社会供给的部分,在自我供给无法实现的区域,百姓饮水需求可以全部转化为市场饮水需求,但在水资源丰富的南方地区,百姓可通过自备水井等多种方式满足自身饮水需要,这部分饮水需要就无法转化为市场饮水需求。

2.3.5 阶梯水价与阶段水价

阶梯水价是对自来水实行分类计量收费和超定额累进加价制的俗称,它将水价分为两段或者多段,每一段确定一个单位水价,其主要目的是充分发挥市场在水资源配置、价格在水需求调节等方面的作用。2014年1月3日国家发展改革委、住房城乡建设部印发《关于加快建立完善城镇居民用水阶梯价格制度的指导意见》,要以保障居民基本生活用水需求为前提,以改革居民用水计价方式为抓手,通过健全制度、落实责任、加大投入、完善保障等措施,充分发挥阶梯价格机制的调节作用，促进节约用水，提高水资源利用效率。意见明确要求2015年底前，设市城市原则上要全面实行居民阶梯水价制度；具备实施条件的建制镇，也要积极推进居民阶梯水价制度。

阶段水价是本书提出的一个全新概念，核心要义是参考农村教育、农村交通等成功经验，把农村饮水分为公共产品和私人产品两段：把每个人每天必须饮用的最基本水量，也就是刚性需求部分确定为公共产品，由政府负责提供，确定一个百姓可承受的支付价格；把超过这个刚性需求的用水量确定为市场商品，可由政府或市场提供，价格按市场原则确定。阶梯水价和阶段水价的本质区别在于立足点不同：阶段水价注重按水的性质分段，强调农村百姓的福祉和政府提供公共产品的责任义务，阶梯水价偏重按水量分界，注重水资源的节约利用和高效使用。前者体现了以人为本、以人民为中心的发展理念，后者更突出物质、资源和生态的可持续问题。

2.3.6 有供给与有效供给

有供给是从供给侧角度说的，表达的是有产品待销售。有效供给是指与消费需求和消费能力相适应的供给，即产品的供需平衡。有效供给的内容包括两个方面，即产品品种品质与产品的成本价格。由此可见，有供给并不等于有效供给，有供有需、供需均衡的供给才是有效供给。

第3章　我国农村饮水安全发展历程及其特征

　　创新农村饮水制度不能割断历史,必须立足现实状况、尊重客观规律、顺应发展趋势。本章主要任务是从农村饮水安全发展历程和与其他农村公共物品的比较分析两个角度,探析农村饮水本质属性、阶段特征、发展规律和发展趋势,进而确定其在农村公共物品供给中的优先地位。从自身发展角度分析时,既从历史角度看变化,梳理新中国成立以来农村饮水供给制度的变迁,又从现实角度看个性,对农村饮水独特性进行分析。

3.1　发展历程

　　任何事物的发展都涉及各个方面,是一个全方位、系统性的演变过程。本书拟从几个关键环节对我国农村饮水安全的发展历程进行简单梳理,其目的是在脉络梳理中探寻发展规律和变化趋势,为制度研究提供基础背景。

　　新中国成立以来我国农村公共产品供给制度变迁,不同专家有不同看法,如张应良、陈永新(2005)等认为,我国农村社区公共产品供给制度前后经历了三个阶段:一是"村社合一"治理模式下农村社区公共产品供给制度,主要是建国之初人民公社体制时期;二是家庭承包制后农村社区公共产品供给制度,主要是1978—2005年;三是农村税费改革后农村社区公共产品的供给制度,主要是2006年全国免征农业税后的情形。邓宗兵(2019)认为,农村公共服务供给经历了4个阶段:一是人民公社成立之前,二是人民公社时期,三是家庭联产承包责任制实施后至农村税费改革前的时期,四是农村税费改革后。林万龙(2018)把改革开放后我国农村基本公共服务供给政策和体制的变迁分为财政明显缺位、财政逐步覆盖、城乡一体化三个阶段。王亚华、胡鞍钢(2011)在回顾和展望新中国成立后水利发展之路时,从中国现代化建设的历史全局着眼,通过分析百年宏观国情演变和水利发展需求变迁,把我国水利建设分为五大时期和七个阶段:1977年前为安全性需求占据主导地位时期,对应大规模水利建设阶段;1977—1997年为安全性需求继续增长、经济性需求快速增长时期,对应水利建设相对停滞阶段和水利发展矛盾凸显阶段;1998—2010年为安全性需求和经济性需求并重的时期,对应水利改革发展转型阶段;2011—2030年为安全性需求、经济性需求和舒适性需求均持续增长时期,对应水利加快发展黄金阶段和水利全面协调发展阶段;2031—2050年为舒适性需求快速增长时期,对应人水关系趋向和谐阶段。其中1978年、1998年和2011年分别是我国水利建设的重要节点。比较各种观点我们发现,虽然认识有细微差别,但农村公共产品供给存在3个分水岭是大家一致的共识:一是新中国成立,二是实施家庭联产承包责任制、改革开放,三是取消农业税。

我国农村饮水制度变迁既符合农村公共产品的共性特征,也有其独特性,其变迁历程也众说纷纭。综合各方意见并查阅官方资料可知,新中国成立后我国农村饮水发展历史脉络大致如下:

1949—1979年,国家层面没有实施大的农村饮水方面的工程,全国各个地方结合各种水利工程建设,解决了一些地方历史上长期存在的农村人畜饮水难题,其中包括解决了4 005万农村人口的饮水问题。

1979年,全国水利会议确定人畜饮水保障的优先地位,明确"小型农田水利经费,甚至水利基建费,应首先用于解决人畜饮水"。

1984年水利电力部《关于加速解决农村人畜饮水问题的报告》显示:1980年至1983年底共解决2 655万人次的饮水问题,还剩5 600万人次,提出力争1990年底基本解决。

1985年,全国爱卫会与部分地方政府等利用3.7亿美元世界银行贷款开始实施"中国农村供水与环境卫生项目",累计解决了2 437万人的饮水问题。

1986—1990年,全国共投资36亿元(其中群众投劳投资14亿元),修建220万处供水工程,解决了13 200万人和7 900万头牲畜的饮水困难,统计还有8 200万人和4 900万牲畜存在饮水困难。

1991—1999年底,全国通过财政资金、以工代赈等投入300多亿元,建设工程300多万处,累计解决21 600万人饮水问题。这期间有个重点变化,从1998年起,解决农村饮水问题归口水利部统一负责。但按照1984年的标准,仍有5 020万人饮水困难,其中2 433万元是"八七扶贫"计划剩余的,2 600万元是新增的。到2000年,有37 900万人饮水不安全,主要是水量不足、水质不达标。

2001—2005年,投入223亿元,其中国债117亿元,建成各类饮水工程100多万处,解决了6 700万人饮水困难,提前一年完成"十五"计划任务,基本结束我国农村严重缺水历史。

2006—2010年,全国农村投资1 053亿元新建供水工程88.2万处,解决了21 208万人的饮水问题,其中分散供水工程66.1万处、占总量的75%。

2011—2015年,投资1 750亿元,新建供水工程74.5万处,解决30 400万农村人口和4 133万农村师生饮水问题,至此我国农村饮水安全问题基本解决。

2016—2020年,全国实施农村饮水巩固提升工程,计划总投资1 300亿元,涉及集中供水工程19.4万处、分散供水工程22.9万处。其中,水利部会同国家发改委和财政部在原定"十三五"计划投资220亿元农村供水工程建设资金的基础上,调增76亿元,并从2019年开始,安排39.6亿元农村供水工程维修养护中央补贴资金,对有突出困难的特殊地区、特殊工程、特殊群体给予适当补助,促进工程正常运行。但是,从总体情况看,这一时期的农村饮水投资强度在逐步减弱,在全国水利投资总额中所占份额在逐步下降,据统计,2016—2019年,全国共完成水利建设投资2.65万亿元,其中政府投资2.02万亿元,农村饮水投资份额仅为5%左右。

截至2019年底,全国建成了比较完整的农村供水体系,农村集中供水率达86%,自来水普及率达81%,超过75%的发展中国家。水利部部长鄂竟平总结说农村饮水出现三大变化:一是工程从无到有,农村居民吃水实现了历史性转变;二是取水从难到易,解放了大量农村劳动力;三是水质从差到好,破除了全面建成小康社会的农村饮水障碍。

从这些统计数据可以看出,农村人饮数据呈现出循环变化的状况,这既跟统计口径有关,也与农村饮水制度变迁有关。

3.1.1 项目实施推进历程

从新中国成立以来实施农村饮水项目的发展历史和趋势看,我国农村饮水供给制度大体经历了两个阶段、五个时期。其中两个阶段以改革开放开始实施为分水岭,1949—1978年期间,我国农村饮水处于百姓自发解决的自给自足状态,此时国家虽然也解决了部分农村饮水问题,但没有组织实施全国性的农村饮水专项工程。1979—2019年40年间,国家和各级政府积极干预、主导解决农村饮水问题,前后经历了防病改水、人饮解困、饮水安全和巩固提升等时期。我国农村饮水供给制度的五个特色比较明显的时期(见图3-1)如下:

一是自发解决时期。这一时期国家没有统筹解决农村饮水问题,只是依托灌溉工程等其他水利建设在部分地区组织群众开展小规模或单户饮水工程建设。

二是启动解决时期(防病改水阶段)。这一时期国家开始重视农村饮水工作,着手解决农村人畜饮水困难问题,但尚未针对解决农村人畜饮水困难问题编制专门的规划,虽然首次提出了人畜饮水困难标准,但标准比较低。

三是加快解决时期(人饮解困阶段)。1991—2004年,国家高度重视农村饮水困难问题,明确提出"饮水解困"目标,作为水利工作重要内容,编制专项规划,两次提出"困难标准",出台多项政策支持,大幅增加投入,基本解决了农村饮水困难。

四是饮水安全阶段。2005—2015年,这一阶段国家明确提出"饮水安全"目标并作为民生水利发展的核心内容,编制专项规划,明确安全标准,出台多项政策、增加财政投入,兴建了一大批农村饮水安全工程。

五是巩固提升阶段,2016年至今。经过30年左右的高强度投入和建设,农村饮水取得决定性胜利,为巩固成果,中央决定实施农村饮水安全巩固提升工程。截至2019年底已累计完成投资1 000多亿元,受益人口1.36亿人,其中涉及脱贫攻坚的贫困人口接进1 500万人。水利部启动《水利扶贫行动三年(2018—2020年)实施方案》,2020年将全面解决贫困人口饮水安全问题。

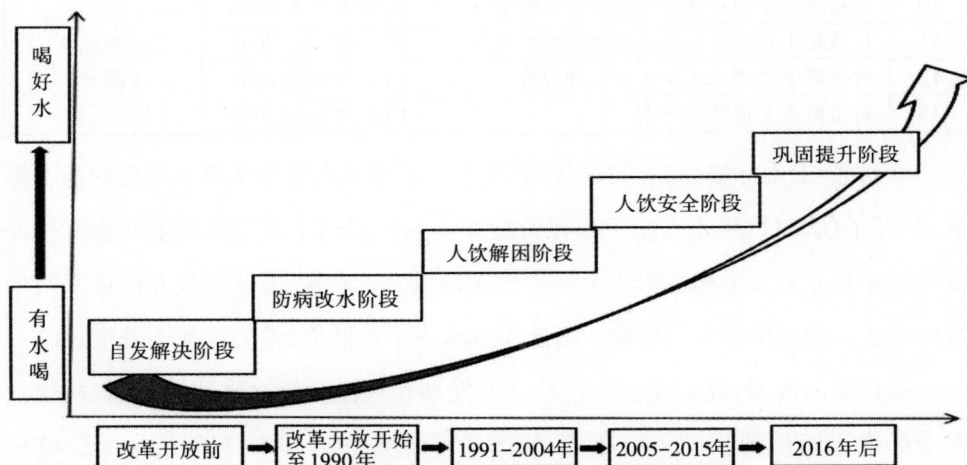

图3-1 我国农村饮水发展阶段划分

3.1.2 安全标准演变历程

从1984年国务院转发《关于农村人畜饮水工作的暂行规定》以来,我国农村饮水及相关领域标准化得到了很大发展,由国家标准、行业标准和地方标准组成的农村饮水标准体系基本形成(见表3-1)。水利部统计显示,截至2018年底,全国有农村饮水安全脱贫攻坚任务的25个省份,全部明确了农村饮水安全评价标准,其中14个省份直接使用国家统一的标准,11个省份结合本地实际进行了补充细化或出台了地方标准。

表3-1　我国农村饮水相关技术标准

序号	标准名称	编号	说明
1	生活饮用水卫生标准	GB 5749-2006	国家标准、规范
2	生活饮用水标准检验方法	GB/T 5750-2006	
3	农村生活饮用水量卫生标准	GB 11730-89	
4	农村给水设计规范	CECS 82:96	行业标准
5	农村饮水安全评价准则	T/CHES 18-2018	
6	生活饮用水水源水质标准	CJ 3020-93	
7	村镇供水单位资质标准	SL 308-2004	
8	村镇供水工程技术规范	SL 310-2004	
9	农村饮水安全工程实施方案编制规程	SL 559-2011	
10	村镇供水工程自动控制系统设计规范	DB11/T 341-2006	地方标准（部分）
11	村镇集中式供水工程施工质量验收规范	DB11/T 469-2007	
12	村镇集中式供水工程运行管理规程	DB11/T 468-2007	
13	村镇供水工程技术导则	DB11/T 547-2008	

水利部、卫生部根据我国农村经济发展现状和国内外对饮用水安全的基本要求,制订了《农村饮用水安全卫生评价指标体系》,提出了农村饮用水安全卫生评价指标体系分为安全和基本安全两个档次,由水质、水量、方便程度和保证率四项指标组成。四项指标中只要有一项低于基本安全最低值,就为饮水不安全。

从具体内容看,随着我国经济社会的发展和人民生活水平的提高,农村饮水安全标准不断得到改进和提高,指标体系不断被完善,其中有几次大的调整和变化:

1983年卫生部颁布《改水防治地方性氟中毒暂行办法》。1984年国务院批转水利电力部《关于加速解决农村人畜饮水问题的报告》,转发《关于农村人畜饮水工作的暂行规定》,第一次提出人畜饮水困难标准。

1991年水利部制定《全国农村人畜饮水、乡镇供水10年规划和"八五"计划》,全国爱卫会和卫生部颁布《农村实施〈生活饮用水卫生标准〉准则》对农村饮水进行评价,这是首次提出水质要求。

2000年国家发改委、水利部制定《农村人畜饮水项目建设管理办法》,进一步明确饮水困难标准和解决标准,这个标准既反映了取水方便程度和保证率,又反映了水量和水质要求。

2004年水利部、卫生部联合印发《农村饮用水安全卫生评价指标体系》,这是第四个标准,对水质提出更高要求。2007年,《生活饮用水卫生标准(GB5749-2006)》正式实施,水质指标由35项增加到106项。

2018年中国水利学会发布了《农村饮水安全评价准则》,拟定了水量、水质、用水方便程度、供水保证率四个评价指标,分达标和基本达标两个方面规定了农村饮水安全指标评价标准和方法。这是当前最完整的指标体系。

从最初的只规定水量到目前既规定水量又规定水质,这就要求既保障百姓"有水喝",又要"喝放心水",其详细变迁过程见表3-2。其中水质标准我国颁布多次:1954年卫生部拟定的自来水水质暂行标准草案有16项指标,1955年5月在京津沪等12个大城市试行,这是新中国成立后最早的生活饮用水水质标准。1976年卫生部组织制定的我国第一个国家饮水用标准——《生活饮用水卫生标准》,共有23项指标。1985年卫生部修订《生活饮用水卫生标准》,指标增至35项,1986年10月起在全国实施。2006年卫生部和国家标准化管理委员会联合发布《生活饮用水卫生标准》,2007年7月1日起实施,106项指标适用于所有供水,具体见图3-2。

除了官方公布的饮水标准外,农村百姓有自己的看法,C市水利局专项抽样调查显示,百姓对饮水安全的要求是量上要保障需要,质上要保证安全,用水方便程度上要求进家入户,供水保证率上要求全年正常供水(见表3-3)。这个标准看似简单,但要做到还有很大差距,不仅与国家制定的饮水安全标准差距大,与现实供给差距也大,因此农村饮水是近年来老百姓关注的焦点、投诉的重点,自然也成了基层治理的难点。

表3-2 农村饮水安全标准变迁过程

序号	文件名	单位/时间	水量	水质	用水方便程度	供水保证率
1	关于农村人畜饮水工作的暂行规定	水利电力部经国务院办公厅批准发布,1984年8月13日	干旱期间,北方每人每日应供水10公斤以上;南方40公斤以上	—	出村寨单程2—4华里(1华里等于0.5千米)以上的,或至取水点垂直高度100米以上的符合"近期人畜缺水的标准"	平均年降雨量在600毫米以下利用旱井、旱窖的地方,蓄水量以蓄1年够1至2年用为宜。南方地区70—100天不下雨保证有水吃
2	农村生活饮用水量卫生标准(GB11730—89)	卫生部,1989年2月10日	按气候分5区和2种供水条件	—	—	—
3	农村实施《生活饮用水卫生标准》准则	全国爱卫会、卫生部,1991年5月3日	—	农村生活饮用水水质不得超过准则表中所规定的限值	—	
4	农村人畜饮水项目建设管理办法	国家计委、水利部,2000年9月1日	人均日生活供水量正常年份为20—35升,干旱年份为12—20升	达到国家规定的生活饮用水标准	距离大于1—2公里(千米)或垂直高差超过100米	正常年份连续缺水70—100天
5	农村饮用水安全卫生评价指标体系	水利部、卫生部,2004年11月	每人每天可获得的水量不低于40—60升为安全	符合国家《生活饮用水卫生标准》要求的为安全	人力取水往返时间不超过10分钟为安全	供水保证率不低于95%为安全
			每人每天可获得的水量不低于20—40升为基本安全	符合《农村实施〈生活饮用水卫生标准〉准则》要求的为基本安全	取水往返时间不超过20分钟为基本安全	不低于90%为基本安全

续表

序号	文件名	单位/时间	水量	水质	用水方便程度	供水保证率
6	农村饮水安全工程项目建设管理办法	国家发改委，2005年	人均日生活供水量正常年份为40—60升，干旱年份或季节为20—40升	水质达到国家《生活饮用水卫生标准》或《农村实施〈生活饮用水卫生标准〉准则》要求	居民从公共给水点取水往返不超过20分钟；	水源供水保证率为90%—95%
7	农村饮水安全评价准则	中国水利学会，2018年3月29日	对于年均降水量不低于800毫米且年人均水资源量不低于1 000立方米的，水量不低于60升/(人·天)；对于年均降水量不足800毫米或人均水资源量不足1 000立方米的地区，水量不低于40升/(人·天)。为达标	千吨万人供水工程的用水户，水质符合GB 5749的规定；千吨万人以下集中式供水工程及分散式供水工程的用水户，水质符合GB 5749中农村供水水质宽限规定。为达标	供水入户(含小区或院子)或具备入户条件；人力取水往返时间不超过10分钟，或取水水平距离不超过400米、垂直距离不超过40米。为达标	大于或等于95%
			对于年均降水量不低于800毫米或年人均水资源量不低于1 000立方米的地区，水量不低于35升/(人·天)；对于年均降水量不足800毫米或年人均水资源量不足1 000立方米的地区，水量不低于20升/(人·天)。为基本达标	对于当地……千吨万人供水工程的用水户，水质符合GB 5749的规定；千吨万人以下集中式供水工程的用水户，水质符合GB 5749中农村供水水质宽限规定；分散式供水工程的用水户，饮用水中无肉眼可见杂质、无异色异味、用水户长期饮用无不良反应。为基本达标	人力取水往返时间不超过20分钟，或取水水平距离不超过800米、垂直距离不超过80米。牧区，可用简易交通工具取水往返时间评价。为基本达标。	大于或等于90%，且小于95%

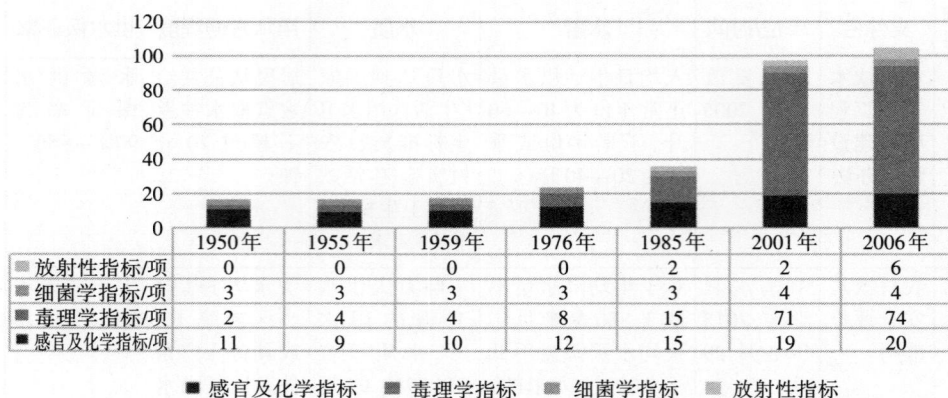

	1950年	1955年	1959年	1976年	1985年	2001年	2006年
放射性指标/项	0	0	0	0	2	2	6
细菌学指标/项	3	3	3	3	3	4	4
毒理学指标/项	2	4	4	8	15	71	74
感官及化学指标/项	11	9	10	12	15	19	20

■感官及化学指标　■毒理学指标　■细菌学指标　■放射性指标

图3-2　我国生活饮用水卫生标准发展历程

表3-3　C市农村居民饮水安全心理标准调查统计表

指标	要求
水量	部分季节、不分时段,随时满足家庭日常用水要求。
水质	清澈透明、无杂志、无异味、无有毒有害物质。
用水方便程度	供水到户,接入农户水缸。
供水保证率	全年正常供水。特别是春节期间必须保证不间断供水。

3.1.3 规划法规完善历程

1990年代前,国家没有编制农村饮水方面的规划,之后国家加强规划编制工作,农村饮水正式纳入国家规划。1991年国家编制《全国农村人畜饮水、乡镇供水10年规划和"八五"计划》。1994年把基本解决人畜饮水困难纳入《国家八七扶贫攻坚计划》,通过财政资金和以工代赈渠道增加投入。2000年国家编制《全国解决农村饮水困难"十五"规划》,提出分两个阶段解决农村饮水困难:第一阶段解决《国家八七扶贫攻坚计划》遗留问题;第二阶段解决新出现的饮水困难问题,力争到"十五"末基本解决我国农村现存饮水困难。2004年国家发改委、水利部和卫生部编制《2005—2006年农村饮水安全应急工程规划》,规划解决2 120万农村居民饮水问题。2007年国务院批复国家发改委、水利部、卫生部编制的《全国农村饮水安全工程"十一五"规划》,拟解决1.6亿农村人口的饮水安全问题,使农村饮水不安全人数减少50%。2012年国务院常务会议讨论通过《全国农村饮水安全工程"十二五"规划》,拟全面解决2.98亿农村人口和11.4万所农村学校的饮水安全问题,使全国农村集中式供水人口比例提高到80%左右。2015年国家层面没有编制和印发全国农村饮水五年发展规划,但国务院2017年批准了国家发改委、水利部、财政部、卫生计生部等联合报送的《关于做好"十三五"农村饮水安全巩固提升工作的请示》,国家发展改革委、水利部印发了《关于做好"十三五"农村饮水安全巩固提升工作的通知》。这意味着对以规划统筹项目、以项目补贴资金的中央财政来说,大规模补助农村饮水建设的时代基本结束,国家层面的农村饮水工作进入新阶段,不少省区市编制的农村饮水"十三五"规划必须自筹资金才能实施。具体情况见表3-4。

表3-4　1979—2017年国家有关农村饮水安全的规划或文件

年份	文件题目	核心内容
1979年	北方15省、市、自治区防病改水工作座谈会纪要	防病改水工作(即搞好水源工程建设)是水利部责无旁贷的任务。在资金上,要本着全国水利会议确定的"小型农田水利经费,甚至水利基建费,应首先用于解决人畜饮水"的精神,重点给予照顾。
1983年	《改水防治地方性氟中毒暂行办法》	—
1984年	《关于农村人畜饮水工作的暂行规定》	—
1984年	《关于加速解决农村人畜饮水问题的报告》《关于农村人畜饮水工作的暂行规定》	据1983年底统计结果,全国还有5 600多万人的饮水困难没解决,除上海市外,其余省、自治区都不同程度地存在缺水问题。一些干旱缺水严重的石山区和黄土高原地区,解决起来难度比较大,而且有的一时解决了,但遇到特大干旱年还会有反复。争取1990年以前基本解决人畜饮水问题。
1991年	《关于进一步做好农村人畜饮水和乡镇供水工作的报告》《全国农村人畜饮水、乡镇供水10年规划和"八五"计划》	至1990年底全国共修建各类供水工程220万处,解决了13 200万人的饮水困难问题,实现了"1990年底基本解决"要求。"七五"期间特别是1988年明确水利部"归口管理乡镇供水"后,水利部建管7 000多处、解决了1 500多万人口的饮水问题。还有8 200万人、4 900万牲畜存在饮水困难,按每人补助80—100元计需65亿—82亿元。要求2000年底累计解决农村饮水困难人数达到需要解决数的95%以上,兴建符合标准的乡镇供水工程4 500处。其中"八五"期间解决饮水困难人数要达到85%、兴建乡镇供水工程1 500处。

续表

年份	文件题目	核心内容
1994年	《国家八七扶贫攻坚计划》	1986—2000年15年间，已解决7 725万多人和8 398万多头大牲畜的饮水困难。此计划的目标之一是基本解决人畜饮水困难。
2000年	全国解决农村饮水困难"十五"规划	拟解决5 020万人饮水困难问题。
2005年	2005—2006年农村饮水安全应急工程规划	2005—2006年拟投资77.9亿元，建集中供水工程2.2万处，分散供水工程4.63万处，解决2 120万人饮水安全问题(含中重度氟及砷超标1 131万人，苦咸水200万人，血吸虫疫区207万人，局部地区严重缺水582万人)。
2007年	全国农村饮水安全工程"十一五"规划	规划解决1.6亿人饮水安全问题，使农村饮水不安全人数减少一半，集中式供水受益人口比例提高到55%，供水质量和水平有较大提高。
2012年	全国农村饮水安全工程"十二五"规划	2010年底全国农村供水总人口为9.7亿。其中，20人及以上集中供水人口5.6亿，占58%。4亿多人分散供水，占42%。"十二五"拟解决2.98亿人和11.4万所农村学校师生饮水问题，全国农村集中式供水人口比例提高到80%左右。
2016年	水利改革发展"十三五"规划	推进农村饮水安全巩固提升，综合采取改造、配套、升级、联网等方式，进一步提高农村集中供水率、自来水普及率、供水保证率、水质达标率。
2017年	关于做好"十三五"农村饮水安全巩固提升工作的通知	到2020年，全国农村饮水安全集中供水率达到85%以上，自来水普及率达到80%以上；水质达标率整体有较大提高；小型工程供水保证率不低于90%，其他工程的供水保证率不低于95%。城镇自来水管网覆盖行政村的比例达33%。进一步健全供水工程运行管护机制，逐步实现良性可持续运行。

3.1.4 水源管理制度变迁

农村水资源管理是个新课题，研究分析的文献不多，与此相关的水资源管理的文献也不多，但有一些相关论述，如夏军等(2018)提出古代水资源知识积累阶段(1860年洋务运动以前)、近代水资源研究萌发阶段(1860—1949年)、现代水资源学建立阶段(1949年以后)；曹型荣(2010)把水资源开发利用划分初级阶段、基本平衡阶段、水荒阶段。此外，有些成果对具体区域水资源利用阶段进行分析，如曲耀光等(1995)将我国西北干旱区水资源开发利用划分为地表水开发利用阶段、地表水与地下水联合开发利用阶段、可用水资源的经济利用阶段；朱美玲(2002)

把新疆哈巴河流域水资源开发利用分成生态自然平衡、失衡、恶化、恢复和良性发展5个阶段。

贾绍凤、刘俊(2014年)在《大国水情》一书中,从水行政管理的演变角度探讨了水资源管理体制,分为四个阶段:一是只管工程不管资源的非正式资源管理阶段(1949—1977),二是以行政命令为主的正式制度萌芽阶段(1978—1987),三是独立于工程的水资源管理与统一管理起步阶段(1988—1998),四是水资源统一管理加强阶段(2002年至今)。这个研究有一定参考价值,但存在两个明显缺点:一是时间上不连贯,1998年至2002年没有纳入分段,二是对新时代重大的水资源管理制度没有涉及:2014年习近平总书记明确提出"节水优先、空间均衡、系统治理、两手发力"水利工作新思路,要求坚持"以水定城、以水定地、以水定人、以水定产"原则。综合姬鹏程(2010)研究成果,可从水资源费收取角度可将新中国水资源管理分为5段,其制度变迁过程见表3-5。

表3-5　我国水资源管理制度演变历程

特征	时间	标志	优点	缺点
无偿取水阶段	1949—1978	1951年农业部农田水利局发布《渠道管理暂行办法草案》,1965年国务院批转了《水利工程水费征收使用和管理试行办法》。	自由取水。	浪费水。
地方探索有偿阶段	1979—1987	1979年上海市发布《上海市深井管理办法》,1982年山西省发布《山西省水资源管理条例》,北京、山东陆续出台类似规定。	开始实施取水许可制度,定额用水、累进收费。	只针对本地城市地下水。
全国统一征收水资源费阶段	1988—2002	1988年1月21日第六届全国人民代表大会常务委员会第二十四次会议通过《中华人民共和国水法》,1993年国务院颁布《取水许可制度实施办法》,1995年国务院办公厅印发《关于征收水资源费有关问题的通知》,1997年国务院颁布《水利产业政策》,1999年水利部发布《水利产业政策实施细则》。各地征收水资源费(1992年陕西、内蒙古、安徽、浙江、河南;1993年四川、江苏,1995年广东、湖北,1997年湖南)。	强调有偿使用原则,将征收水资源费纳入法律范畴,建立取水许可制度。	分级、分部门管理影响统一征收和管理,只规定对城市中直接从地下取水的单位征收水资源费,其他是否收取由各地决定。

续表

特征	时间	标志	优点	缺点
全国规范征收水资源费阶段	2002—2011	2002年修订《中华人民共和国水法》，2004年国务院办公厅印发《关于推进水价改革促进节约用水保护水资源的通知》，2006年国务院发布《取水许可和水资源费征收管理条例》，2008年财政部、国家发改委、水利部印发《水资源费征收使用管理办法》。	明确水资源费征收范围、对象，并将取水许可上升为法律，把节约用水等放在突出位置。	征收标准较低。
全面强化定额用水足额交费阶段	2011至今	2011年中央发布一号文件《中共中央 国务院关于加快水利改革发展的决定》。2012年国务院发布的《国务院关于实行最严格水资源管理制度的意见》，对实施最严格水资源管理制度作出全面部署和具体安排，即实施最严格的水资源管控指标，包括水资源开发利用控制、用水效率控制和水功能区限制纳污"三条红线"。2014年习近平总书记从全局和战略的高度，明确提出"节水优先、空间均衡、系统治理、两手发力"的新时期水利工作思路。	基于水资源、水环境的承载能力，优化区域空间发展布局，坚持"以水定城、以水定地、以水定人、以水定产"。	

3.1.5 计划推进落实进展

纳入年度工作推进计划是落实各项规划的基本方式，在中国，每年的中央一号文件和国务院年度工作报告具有风向标意义，为此，本研究专门考察了改革开放以来中央每年的一号文件和新中国成立以来国务院政府工作报告对农村饮水工作的部署安排，发现关于饮水工作推进大体可以2000年为分界线，分前后两个阶段：2000年前，"文件""报告"（包括历次党代会和每年"两会"）都没有直接部署农村饮水工作。2000年后，随着改革开放的逐步深入、经济社会的日益繁荣、城乡一体化发展的要求逐步提高，党中央和国务院越来越高度重视农村饮水工作：其一从表述上看，2004—2020年的中央一号文件部署了农村饮水工作，其间只有2012年没有涉及（原因可能是2011年中央一号文件对水利工作做了专题全面部署）；国务院政府工作报告也从2002年开始至2019年安排了农村饮水工作，只有

2004年没有涉及。其二从内容上看,中央一号文件从规划、投资或资金配套、水源保护、水质监测、优惠或补贴、优先解决对象、责任制、运行管理、维修保养、隐患排查、城乡供水一体化、管护机制等各个方面都提出明确要求,从概念上分三个阶段:2004年进行人畜饮水工程建设,2005、2006年提出在巩固人畜饮水解困成果基础上,高度重视和加快农村饮水安全工程建设,2007—2015年进行农村饮水安全工程建设,2016—2020进行农村饮水安全巩固提升工程建设。国务院政府工作报告一直比较简单和实在,基本分两部分表达,去年完成的任务量,今年要完成的目标任务,大多用数据表示,如2010年政府工作报告中提到"农村饮水安全工程使6 069万农民受益""今年再解决6 000万农村人口的安全饮水问题"。其三从发展方向上看,积极推进集中供水工程建设和发展城乡一体化供水是中央一直倡导和努力的方向,多年的一号文件中先后提到"有条件的地方,可发展集中式供水""有条件的地方推进城镇供水管网向农村延伸""推进城镇供水管网向农村延伸""推进规模化供水工程建设"等。其四从重点范围上看,随着发展阶段不同,在不断地调整和扩大,2005、2006年讲到要解决好或优先解决好高氟水、高砷水、苦咸水、血吸虫病等地区的饮水安全问题,2007年提到优先解决"人口较少民族、水库移民、血吸虫病区和农村学校的安全饮水",2009年讲到"把农村学校、国有农(林)场纳入建设范围",同时"2009年起国家在中西部地区安排的病险水库除险加固、生态建设、农村饮水安全、大中型灌区配套改造等公益性建设项目,取消县及县以下资金配套",2020年提到"补助中西部地区、原中央苏区农村饮水安全工程维修养护"。其五是多次讲到投资问题,包括直接说到投资,如2004年要求"进一步增加投资规模",2008年要求"增加农村饮水安全工程建设投入",2009年提高"加大投资和建设力度",2010年提到"加大农村饮水安全工程投入",2013年提到"逐步建立投入保障和运行管护机制";有的提到补助或优惠,如2008年提到"对供水成本较高的可给予政策优惠或补助",2011年提到"对建设、运行给予税收优惠,供水用电执行居民生活或农业排灌用电价格",2020年提到"中央财政加大支持力度,补助中西部地区、原中央苏区农村饮水安全工程维修养护"。总的来看,近20年来,党中央和国务院对农村饮水工作基本做到了"年年有新部署,年年有新政策"。

3.2 比较分析

3.2.1 与城市饮水比较

与过去相比,我国农村饮水状况已发生较大改观,但从规模效益、市场稳定性能、单位供水成本、保障能力、管理规范化程度、市场化程度、用水户支付能力和支付意愿等方面将村镇供水工程与城市供水工程进行比较,农村饮水总体水平与城市供水相比还有很大差距,两者在建设条件、管理条件、供水方式、用水条件以及用户习惯等方面都有较大的差异,城乡供水二元结构显著(见表3-6)。目前除部分城市化水平高的地区外,大部分地区城乡饮水的运营主体不同。城镇供水多为纯国企或国企控股,农村供水多以集体企业和社会组织为运营方,非专业化经营管理超过90%,要实现城乡供水一体化,其中的产权交割、利益调整、管理重组等难度较大。又如,从饮水户的水费支付能力看,虽然农村经济取得了快速发展,但从1999年至2018年20年我国城市居民人均消费水平和农村居民人均消费水平来看(见图3-3),城市的发展速度和增长数量,远远超过农村,城乡之间差距越来越大。张汉松等研究认为:我国幅员辽阔,农村人口众多,由于农村生活、生产活动规律,农民居住条件和卫生设施水平,各地区、各民族的生活习惯,特别是各地地理环境、水资源状况、经济发展水平等诸多因素的影响,决定了村镇供水有与城市供水不尽相同的特征(见表3-7)。

表3-6 城乡供水工程比较分析

分类	规模大小	规模效益	市场供需均衡	单位成本	保障水平	替代供给	价格弹性	供水质量	水损率	维护成本	垄断效益	固定工人	市场水平	固定成本	覆盖范围	支付能力
城	大	高	是	低	高	无	小	高	低	低	高	有	高	低	大	强
乡	小	低	否	高	低	有	大	低	高	高	低	无	低	高	小	弱

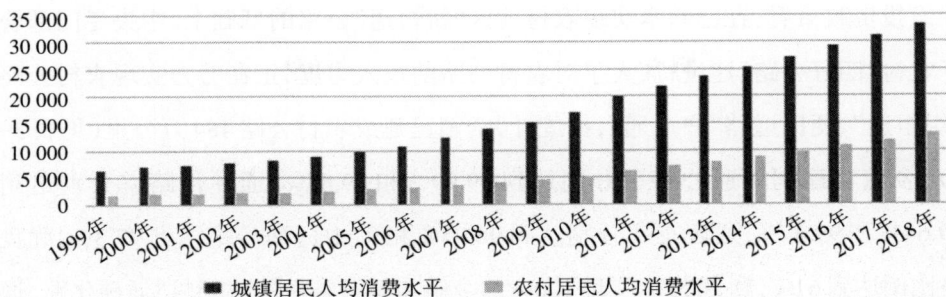

图 3-3　1999—2018 年城乡居民人均消费水平对比图

表 3-7　我国村镇供水工程的主要特点

特　点	说　明
用水点分散、给水量小	我国农村的居住点比较分散,通常按自然村聚居,人口多为 200—800 人。乡镇所在地的人口较多,一般为 3 000—5 000 人。某些大镇或重镇人口最多,通常达 10 000—30 000 人。日供水多数在数百立方米到数千立方米之间。
以生活饮用水为主	在我国农村中,用水主要指农村居民的生活饮用水和牲畜用水。即使是具有乡镇企业的地方,生活饮用水也要占用水总量的 60%—70% 或以上。
用水时间集中	同一居住点大多数农民从事基本相同的生产活动,生活规律大致相同,因此用水时间相对集中在早中晚,其他时间用水量很小,变化系数达 3—4。
规模小、间歇运行	由于日供水量少而集中,净水厂可采用间歇式运行,通过给水系统中的调节构筑物进行水量调节。

3.2.2 与农村公路、电力、通信、网络等基础设施供给比较

除了农村饮水之外,农村基础设施还有农村公路、电力、通信、网络等。相比较而言(见表 3-8),农村饮水的基础性最强(人人、每天都必须饮用,且无替代品)、覆盖范围最广(全体农村居民都需要,不分年龄、性别、种族和身份、职务等)、需求量最大(用户基数最大)、运行中的运输成本最高、损耗率也最高(据统计我国供水工程年漏损水量高达 60 亿立方米),应该成为政府下功夫保障的首选,也是促进城乡公共服务一体化和均等化的重点。但从目前的政策看,农村饮水还有很大的提升空间。不妨以农村饮水和农村公路的制度设计为例进行比较:首先,从

建设投资政策看，在已基本实现农村地区"村村通"公路的基础上，中央专门部署了农村"四好公路"建设，加大了对农村公路的投入力度，正在努力实现农村公路"组组通"、便民道路"户户通"，据统计，全国已建成农村公路484万公里（见表3-9），乡镇和建制村通公路率分别达到99.99%和99.87%，通硬化路率分别达到99.64%和99.47%，通客车率分别达到98.95%和97.1%，列养率达到97.3%，优良路比例达到61%，到2020年实现100%的乡镇和具备条件的建制村"通硬化路、通客车"，县、乡道安全隐患全部整治，农村公路管理机构实现全覆盖，养护经费100%纳入财政预算，农村公路全部纳入养护范围；而农村饮水安全工程刚刚实现低水平的有限范围覆盖，但随着巩固提升工程的开展，中央的投入呈现出"断崖式"下滑，农村饮水在最需要投入的关键时刻跌入了低谷。其次，从运行管护的投入看，2015年交通运输部出台的《农村公路养护管理办法》不仅明确了农村公路养护管理资金"政府主导"的筹集和使用原则，而且明确了"补助标准每年每公里不得低于国务院规定的县道7 000元、乡道3 500元、村道1 000元"，覆盖全国已建成的所有农村公路；2019年国务院办公厅印发了《关于深化农村公路管理养护体制改革的意见》，再次强调省、市、县三级公共财政资金用于农村公路日常养护的总额不得低于以下标准：县道每年每公里10 000元，乡道每年每公里5 000元，村道每年每公里3 000元，并要求建立与养护成本变化等因素相关联的动态调整机制。而2015年水利部印发的《关于进一步加强农村饮水安全工程运行管护工作的指导意见》则按照"谁投资、谁所有、谁受益、谁负担"的原则落实管护主体和经费，要求农村集中供水实行有偿服务，计量收费。农村饮水安全工程的水价按照"补偿成本、合理收益、优质优价、公平负担"原则确定，可实行"基本水价+计量水价"的两部制水价，通过加强水费征收等措施保证工程正常运行及维护经费。对于水费收入低于工程运行成本、维修养护问题较为突出的地区，应以县为单元建立农村饮水工程维修养护基金，所需资金通过财政补贴、水费提留等方式筹集，以确保工程持续运行。通过制度设计直接把责任甩给了农村居民和基层政府。再者，从收费方向看，近40年来，农村公路实现了"村村收费"向"全国免费"的转变，之前农村公路一直实行的是"此路是我修，要过先交钱"的收费建管模式，现在全国已全部取消，老百姓均免费使用（全国只有极少数农村公路还存在收费情况，从占比看几乎可以忽略不计）；与此相反，农村饮水正在实现从"免费水"向"交费水"的转变，通过收费方式调节水资源配置、鼓励节约用水，这是可行的，但应在满足百姓基本需求后逐步推行，否则老百姓就会"用脚投票"。农村用电也是如此。近40年来，我国农村用电已实现了"一户也不能少"的"户户通"。为提高农村居民用电质量、降低电价，国家启动实施了"农村电网改造"工程，要求2020年全国农村地区要基本实现稳定可靠的供电服务保障，农村电网供电可靠率达到99.8%，综合电压合格率达到97.9%，户均配变容量不低于2 000伏安（见《关于"十三五"期间实施新一轮农村电网改造升级工程意见的通知》），为此，国家在做好电力普遍服务的前提下，结合售电侧改革拓宽融资渠道，探索通过政府和社会资本合作等模式，运用商业机制引入社会资本参与农村电网建设改造，其中中西部地区农村电网改造升级工程项目资本金主要由中央安排，据统计，"十一五""十二五"期间此项工程共投入了8 972亿元，"十三五"期间将完成投资7 000亿元（见图3-4），工程结束后，贫困地区农村供电服务水平接近本省（区、市）农村平均水平，东中部地区城乡供电服务将实现均等化。另，农村输变电的成本和损耗肯定比城市高，但我国仍然坚持实行"农用电价"最低的电价制度。

表3-8 饮水与公路、电力、通信、网络比较分析

分类	饮水	公路	电力	通信	网络
必须性	强	中	中	弱	弱
可替代性	强	强	强	中	弱
边际成本差	大	小	小	小	小
需求弹性	大	小	小	小	小
运维成本	高	中	低	低	低
运输成本	高/低	无	无	无	无
运行损耗	高	低	低	无	无
覆盖范围	全部	主要是有车族	全部	全部	主要是年轻人

表3-9　中国农村公路发展情况

(单位:万公里)

年　份	1949	1978	2005	2012	2014	2017	2018	2019
公路里程	8.1	58.6	148	367.8	388.2	400	404	484

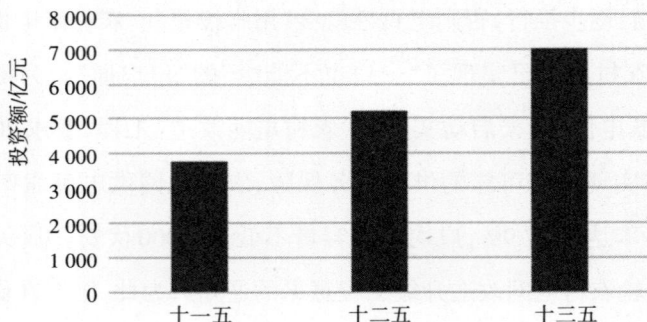

图3-4　我国农村电网改造投资表

3.2.3 与农村教育文化医疗等社会事业类产品供给比较

改革开放以来,我国农村的教育、文化和医疗都经历过"消费者付费"阶段的乱收费困境,其间各种形式的搭车收费、加价收费等层出不穷、花样百出,不仅给群众带来沉重的负担,还严重影响了党群干群关系。随着供给制度的改进和完善,国家对农村地区的投入不断增多,这类问题得到基本改善。以农村教育为例,新中国成立后我国高度重视教育工作,但因为经济发展水平限制尤其是农村发展滞后影响,我国农村义务教育经历了"人民教育人民办"向"义务教育政府办"的发展历程,第一阶段解决适龄儿童"有学可上""有书可读"的问题,第二阶段才解决城乡教育协调发展"上好学"的问题。在国家正式制定和实施义务教育"两免一补"(免书本费、免杂费、补助寄宿生生活费)制度之前,农村教育中巧立名目乱收费现象比较严重,如辅导费、资料费、补课费、培训费、生活费、住宿费等,导致不少农村地区尤其是偏远山区的适龄儿童上不起学、上不了学,中途辍学的情况时有发生。从2001年国家免除中西部农村地区贫困生的书本费开始,义务教育开始向"义务教育政府办"阶段转变,尤其是2006年《中华人民共和国义务教育法》修订实施前后,2005年、2006年、2007年实现了农村义务教育的"三大步"跨越:"两免一补"政策享受对象从全国贫困生扩大到全国所有中小学生(见表3-10),生均投入增幅创历史新高(见图3-5),2007年达到41.70%和38.44%。修订后的义务教育法最核心的是强化了义务教育的公益性质,建立了由政府免费供给的制度。最大的亮点是在之前"以县为主"管理体制的基础上,进一步强化了省级政府的统筹责任:原来乡镇一级难负其责,就统筹到县一级,农村县一级财政困难无力承担,就加大省级责任,并明确了经费分担机制,由此从制度上解决了义务教育供给的根本问题。中小学生财政性教育经费投入和农村中小学生生均投入持续增加(见图3-6、图3-7),目前部分发达省区市已开始探讨15年制义务教育,这意味着今后农村高中也可能实现免费教育。而农村饮水制度正好与此相反,不仅反复强调百姓的交费问题,还一直强调县级政府统筹责任,前面已经论述过,有的地方已经下放到乡镇一级,导致责任主体不断被弱化甚至虚化,从人均投入看虽有增长,省级及以上补贴从最初的每年人均220元左右提高到现在的600元左右,但涨幅不大,几乎不能解决实际问题。

表3-10 农村义务教育"两免一补"政策实施进展

时间	2001年	2005年	2006年	2007年
地区	中西部	全国	西部	全国
对象	贫困生	贫困生	全部学生	全部学生
内容	免教科书费	两免一补:学杂费、生活费、住宿费	两免一补:学杂费、生活费、住宿费	

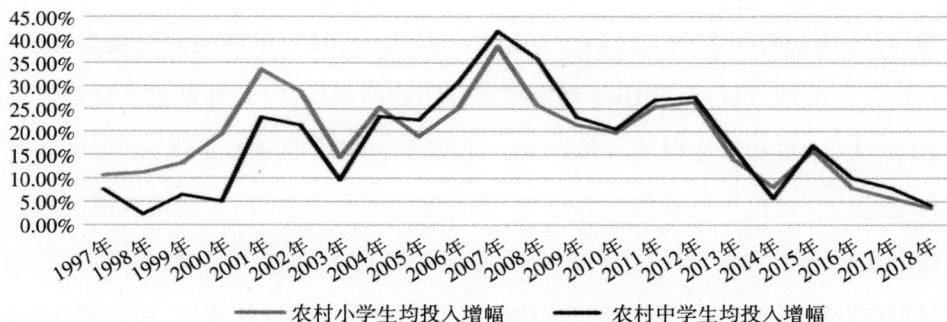

图3-5 1997—2018年农村中小学生生均投入增幅

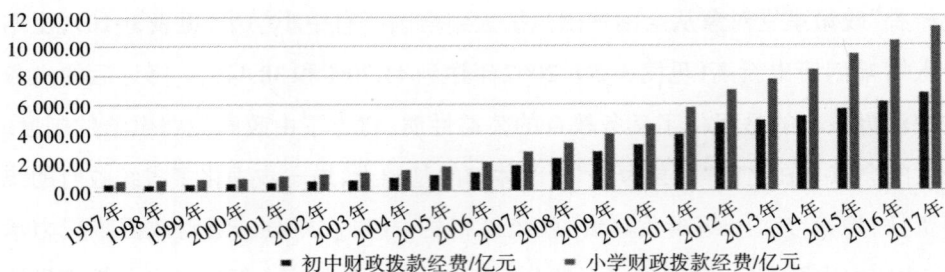

图 3-6　1997—2017 年我国中小学生财政性教育经费投入

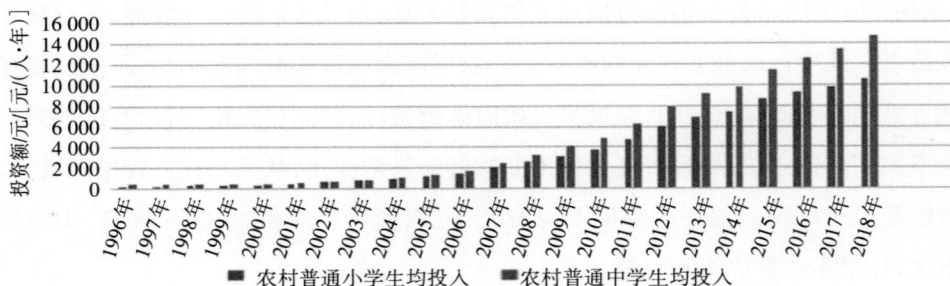

图 3-7　1996—2018 年我国农村中小学生生均投入

　　之前农民孩子不仅有"上不起学"的问题,而且还有"看不起病"的问题,"小病拖、大病挨,实在不行才往医院抬"是其真实写照。数据显示,我国的卫生资源城市占 80% 以上,农村占 20% 以下,农民一旦患上重大疾病,很难负担起住院医疗费用,这种情况随着新型农村合作医疗制度的推广实施在逐步得到改善。新型农村合作医疗制度是由政府组织、引导、支持,农民自愿参加,个人、集体和政府多方筹资,以大病统筹为主的农民医疗互助共济制度,2002 年由中央政府提出、2003年开始在部分地方试点、2010 年基本覆盖全国农村居民,财政补贴也从试点时期的 20 元/人(中央和地方财政各承担 50%)提高到 2017 年的 450 元/人(其中中西部农村地区的补贴由中央承担大部分)。随着保额不断增加,纳入报销范围的重大疾病种类也不断增多,报销比例逐步提高。除此之外,还推出了"药品零加价"制度,彻底改变了以前"以药养医"的局面,农民得到真真切切的实惠,因此群众"参合率"稳步上升,从 2004 年的 0.8 亿人上升到目前的近 8 亿人,参合率接近 99%,基本做到了农村人口"应保尽保"(见表3-11),因全国部分数据缺失,以C市S县的具体情况印证和反映其基本情况和变化规律(见表3-12,图3-8)。与此相反,现行的农村饮水供给制度一再强调工程要回收成本,定价要坚持"成本+微利"和"成本+利润"原则,实现"以水养水",因此老百姓的参与率不高,大量建好的农村供水工程被闲置。

表3-11　我国新农合发展及财政补助情况

年份		2004	2005	2006	2007	2008	2009	2010	2011	2012	2013	2014	2015	2016	2017
人均筹资/元		30	42	52	58	96	113	156	246	308	370	410			
财政补助/元		20	20	40	40	80		120	200	240	280	320	380	420	450
参合情况	人数/亿人	0.80	1.79	4.10	7.26	8.15	8.33	8.36	8.32	8.05	8.02	7.36			
	占比/%	75.2	75.7	80.7	86.2	91.5	94.2	96.0	97.5	98.3	99.0	98.9			

表3-12　2006—2019年C市S县新农合发展总体情况

年份		2006	2007	2008	2009	2010	2011	2012	2013	2014	2015	2016	2017	2018	2019
人均筹资/元		45	50	90	100	220	230	290	340	380	460	530	590	670	740
百姓支付/元		10	10	10	20	20	30	50	60	60	80	110	140	180	220
财政补助/元		35	40	80	80	200	200	240	280	320	380	420	450	490	520
参合情况	人数/人	318 173	366 275	400 952	429 611	430 292	432 694	461 843	465 164	466 910	468 424	469 538	464 277	464 181	458 529
	占比/%	65.57	75.48	82.63	88.53	88.68	89.17	95.18	95.62	96.09	96.53	96.76	95.68	95.66	94.50

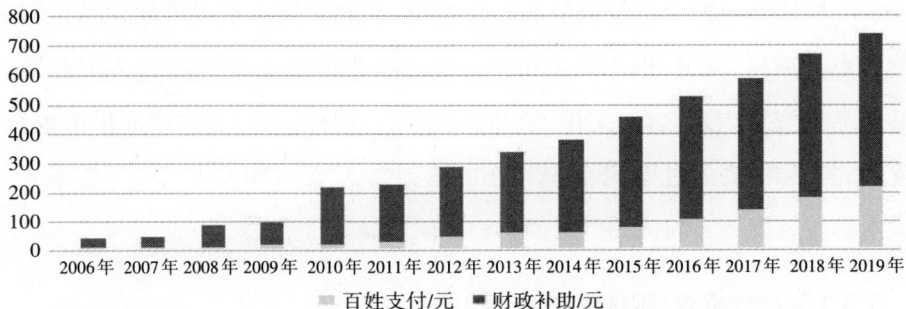

图3-8　C市S县新农合百姓交费与财政补助情况

综上比较分析所述，农村教育、文化、医疗、公路、电力等能取得较好的成效，其中一个很重要的共性原因是：采取了有区别的供给制度（如表3-13），即把供给分为基本需求和非基本需求两部分，其中基本需求部分由政府保底供给，非基本需求部分采取市场化手段解决，这样既有利于保障百姓的基本需要，又切实减轻了政府的供给负担，更有利于厘清政府和市场的权责边界，压实政府责任。但农村饮水至今还处在混沌状态，给政府和市场推责提供了空间。

表3-13　农村部分产品区别供给制度

分类	教育	文化	医疗	公路	电力	饮水
基本需求（政府保底供给）	义务教育	文化事业（公共文化）	基本医保	农村公路（包括省道、县道、乡道）	农用电	基本需求？
非基本需求（市场供给）	非义务教育（如高中、高等教育，贵族教育、留学等）	文化产业	非基本医保	高速公路	商用电等	非基本需求？

3.3　需求分析

受一定条件限制和资源约束，农村公共产品不可能做到"应供尽供、应保尽保"，在一定时期内应该有轻重缓急和先后主次之分，张应良（2013）指出政府提供公共产品经历了一个由公共性程度最高到公共性程度逐步降低的深化过程。Musgrave和Rostow的经济发展阶段理论指出：在城市发展初级阶段，政府公共投资的重点是道路、交通、供水供电和排污等自然垄断性公共产品，进入成熟期后，公共产品投资重点是教育、文化、法律、秩序等。同样，农村公共产品供给也有一个逐步完善和提高的过程，不论从需求的基础性、广泛性和发展的滞后性来看，农村饮水都应该属于当前优先供给的第一梯队范畴。

3.3.1　基础性需求：刚性强

公共产品具有"非竞争性"和"非排他性"，但不意味着具有"非竞争性"和"非排他性"的物品就是公共产品,如时间、气候、日光、雪灾、瘟疫、灾害等。同时,公共产品除了"非竞争性"和"非排他性"外,应该还具有其他一些属性,如必需性,如果大家对这种物品都不需要,即使具有"非竞争性"和"非排他性",在任何时候任何环境下都不能纳入公共产品范畴,如灾害。从马斯洛需求层次理论来看,水和空气一样是生命之源、万物之本,是构成人体的重要组成部分,是人体必需的七大物质之一,对人体健康起着重要的作用,在一定程度上人就是水的产物,成年人体中水占重量的65%—70%,刚出生的婴儿含水量在90%左右,儿童的含水量在80%以上,老人含水量则在60%以下,人的大脑、心脏、肾脏水占各器官的80%以上,血液中水含量达94%。可以说,没有水就不会有生命的存在,也就没有人类社会,因此,在当今世界,人们以用水量的多少、供水水质是否符合卫生要求以及供水人口普及率的高低,作为衡量一个国家或地区的文明先进水平的重要标志之一。

水利部发展研究中心组织专家赴江苏、安徽、福建、山东、陕西等5省、10个县市区的调研结果也证实了这一点:由于各地社会经济发展不平衡,不同地区面临的阶段性水问题不一样,但对水需求的阶段性变化基本符合马斯诺需求层次理论,当前水利发展主要集中在农村供水、河道整治、农业灌溉、水环境治理等领域,需要坚持问题导向、因地制宜、因地施策,优先解决百姓最关心、感受最直接、需求最迫切的民生水问题。

王亚华、胡鞍钢(2011)认为社会公众对水利发展的需求可以划分为"安全性需求"、"经济性需求"和"舒适性需求"三类(见图3-9)。其中"安全性需求"是生存性需求,强调维护生命和财产安全的需要,其中包括饮水安全;"经济性需求"是发展性需求,是经济增长的支撑性需求;"舒适性需求"是享受型需求。三类需求与经济社会发展阶段密切相关(如图3-10),其中"T"为发展时间、"Q"为需求数量,三类需求的变动趋势可描述为S曲线,其中安全性需求曲线为D_1、经济性需求曲线为D_2、舒适性需求曲线为D_3。在低收入阶段,以"安全性需求"为主,随着经济社会的快速发展,"经济性需求"和"舒适性需求"逐步增加,但"安全性需求"一直居高不下。

研究资料还表明：水与健康关系最为明显。癌症多发于亚硝胺含量高的有机水；心脑血管病多发于钙离子低、总硬度低、pH值低的酸性水中。一般而言，富含腐殖质的酸性软水，不利于人体健康，有机质含量低的中性或弱碱性适度硬水，有利于身体健康。饮水中的某些元素的余缺可直接影响人体健康。往往只需要改变饮水，或调整其中某些成分，便可有效防治许多疾病。例如：适当地提高水的硬度，可以降低心脑血管发病率和死亡率；低镁饮水中适当增加镁便可维持心肌正常代谢，改善其功能状况；高氟水中降氟，可以治疗氟病。

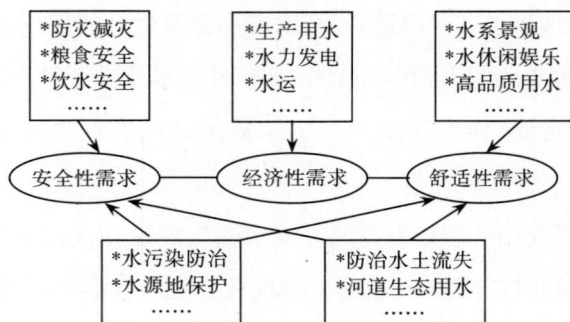

图3-9　水利发展的三类需求

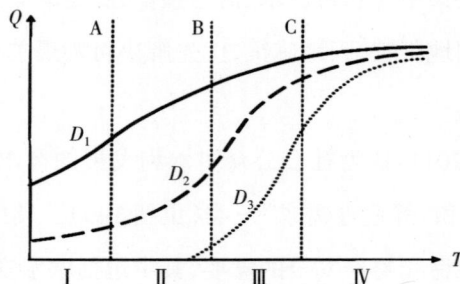

图3-10　水利发展需求的阶段划分示意图

3.3.2 广泛性需求：受众宽

从前面的比较分析可以看出，在同一时期，农村饮水覆盖范围最广，其他农村公共产品如农村义务教育只覆盖适龄学童、农村医疗只覆盖病人、农村公路只覆盖有车族（农村公路主要是为方便通车修建的，普通群众步行可选择步行道，顺路情况下也可"搭便车"选择农村公路)。虽然人人都需要上学、人人都会生病,但需求上不连续、时间上有间隔,在特定时间段内只是部分有需求,而农村饮水则覆盖全体居民,一个都不能少、天天都不能缺,只是有量多量少的差别,因此,农村饮水是需求范围最广泛、需求基数最庞大,也是当前需求最迫切的农村公共产品。孔祥智等(2007)以问卷调查为基础,利用聚类分析的方法对农村居民公共服务需要顺序进行分析,其中改善饮用水排在优先序的第 1 大类。与此类似的调查也显示,农户认为急需政府投资的公共产品或服务可以根据需要优先序聚为 3 大类。易红梅(2008)发现农村居民需要的农村公共服务类型与政府实际投资的公共服务类型存在不对应情况,其中农村居民对饮用水设施的需求较强。张立荣和李名峰(2012)从满意度和需求度二维耦合的视角对湖北省农村公共服务的现状进行实证分析,最终确定公共服务供给需求也有顺序,其中包括饮用水设施建设。类似农村公共产品或服务先后排序的研究还有很多,白南生(2007)、孙翠清和林万龙(2008)、王谦(2008)、吕微和韩晋乐(2014)、邓宗兵等(2018)等分别采用不同的方法、对不同区域进行了研究,结果证实农村公共产品供给保障应有先后顺序已是大家研究得出的共识,农村公共产品确实存在优先服务问题。虽然他们研究的排序结果不尽相同、表述不尽一致——这与调查样本的选择、当地的发展情况、受访百姓的实际需要、各种公共产品或服务的供给现状等密切相关,如农村饮水已经得到彻底解决的地方百姓对饮水的要求就不迫切,而高山地区、干旱地区百姓对解决饮水问题就显得十分迫切——但总体看来,当前农村最重要的公共产品或服务和最急需政府投资的公共产品或服务的内容基本上是相同的,农村饮水是其中重要的一个部分。

鉴于此,可参考马斯洛需求层次理论设计思路,从覆盖群体范围、缺乏危害程度、需求紧迫程度等角度,对农村公共产品进行分区管理(见图3-11),其中涉及全体农村居民生命安全和基本生理需求的为 A 区,主要是生理类、生存类公共产品或服务;涉及农村居民日常生活的为 B 区,主要是生活类公共产品或服务;涉及农村居民生产需求的为 C 区,为生产型、发展类公共产品;涉及农村居民生活环境的为 D 区。其中，生理类、生存类公共产品或服务是人类最原始、最基础的生活需要，也是农村覆盖范围最广、缺失危害性最大的一类产品，政府应该优先考虑、优先供给。也可参考黄一平、曾寅初（1987）提出的农产品"产品团"理论：按照人们需求的迫切程度把产品画成一个"产品团"（见图 3-12），其中处于核心的一般是用于维持生命的产品，需求量基本不变（生理弹性不大），替代性小；处于外围的一般是改善生活的产品，替代性强、需求变化量大。绘制农村公共产品的"产品团"，其中 A 区产品需求最迫切，位于"产品团"的核心，B、C、D 区分别处在"产品团"的外围。

前面已经论述过，农村公共产品覆盖人群范围确实有大小之分，有的是全覆盖，也就是所有农村百姓都需要，不分男女老幼，如饮水、空气。有的是局部覆盖，只有部分百姓需求，如农村义务教育只有适龄儿童才需要，农村医疗只有病人才需求。当然，从长期看和动态地看，人人都需要上学、人人都可能生病，但从短期看和静态地看，覆盖范围的特征十分明显。同时，假设农村某种公共产品或服务缺失了，它的危害程度也有大小轻重之分，这跟它的覆盖范围和需求特性有关，覆盖范围越广、需求越基本的公共产品，缺失危害程度就越大，反之则越小。如有的缺失要直接影响百姓的生命安全，如农村饮水安全、公共卫生安全、农村交通安全等；有的是影响生活质量或发展速度，如农村网络、通信等。综上可得农村公共产品分区初步设计表（见表 3-14）

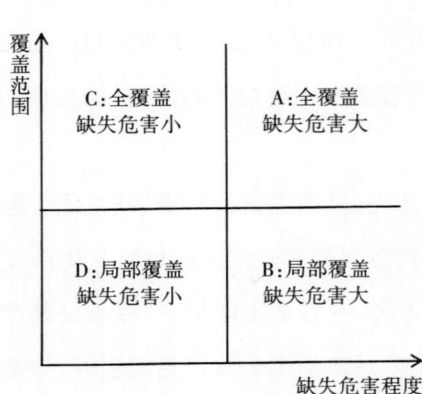

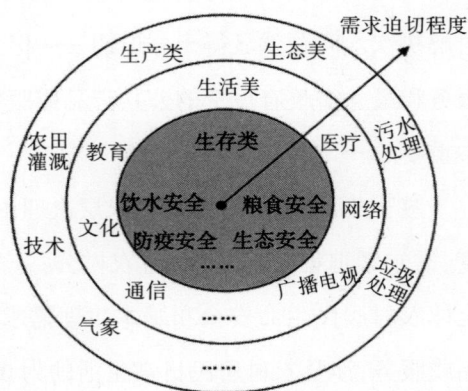

图 3-11　农村公共产品分区设计　　　　图 3-12　农村公共产品团

表3-14 农村公共产品分区设计表

分区		A区	B区	C区	D区
分类		生存类	生活类	生产类	生态类
主要特点	覆盖范围	全覆盖:全体农村居民	全覆盖或局部覆盖:如适龄儿童、病人	局部覆盖:如养殖户、种植户	全覆盖:空气、水体、土壤
	缺失危害	直接影响群众生命安全	直接影响百姓的生活质量	影响农业农村生产	影响农村生态环境
	紧迫程度	强,优先保障	较强,尽量保障	中,尽量保障	中,尽量保障
主要产品或服务		安全类公共产品如粮食、饮水、交通、消防、防疫等	如农村教育、医疗、文化、卫生、电网、广播、电视、网络等	如农田灌溉,农村种植、养殖技术推广等	如农村垃圾收集、农村污水治理、农村面源污染治理、农村风沙治理等

需要特别说明的是,此农村公共产品的分区设计是在前面专家研究农村公共产品分类、优先序基础上的初步探索,标准不一定全面和准确,分类也没有考虑各个地方的自然禀赋和发展差距,很可能不符合一些地区的实际情况,只是提供一种思维方式,供各地结合本地资源状况、发展条件、百姓需求等进行调适和完善。

3.3.3 发展性需求:空间大

根据世界经济论坛《2019全球竞争力报告》,2018年我国供水稳定性(没有中断和流量波动)评分为64.9分,排名世界第68位,低于日本(94.6分,世界第12名)、美国(86.1分,世界第30名)、德国(84.9分,世界第34名)等发达国家;接触不安全饮用水人口占总人口的比重为18%、全球排名74,远高于美国、德国、英国的0.3%,日本的1.9%(世界第27名)。农村饮水的情况更为严重,这是农村公共产品的短板,有其资源约束的原因。有"水的行星"之称的地球,约有3/4的面积被水覆盖,有约13.86亿立方千米的水,但淡水储量仅2.35亿立方千米,可供人类利用的淡水资源只占淡水总量的0.34%。随着世界经济社会的发展和人口的不断增加,全球60%的地区供水不足,很多国家闹水荒。水资源短缺已成为人类面临的重大挑战。我国只有2.8万亿立方米淡水资源,人均占有量为2 100立方米,是全球人均水资源较贫乏的国家之一。特殊的地理气候条件,决定了我国水资源时空分布不均，南方多北方少，南方地区人均水资源占有量为3 332立方米，北方仅为883立方米，其中黄河、淮河、海河地区不足450立方米。受季风气候影响，绝大多数地区地表水资源年内变化大，70%左右的径流量集中在汛期，年际降雨量也不均衡，往往出现连续多年偏少或偏多的现象。同时，我国水资源受到不同程度的污染，在调查评价的20.8万公里的河流中，Ⅲ类以上水河长占68.6%，Ⅳ类水河长占10.8%，Ⅴ类水河长占5.7%，劣Ⅴ类水河长占14.9%。多种因素叠加加剧了我国淡水资源短缺程度。据统计，我国660多座城市中有400座供水不足，110座严重缺水，其中北方城市71个，南方城市43个。在32个百万人口以上的特大城市中，有30个长期受缺水困扰，14个沿海开放城市中9个严重缺水。在如此严峻的水资源形势下，我国对农村饮水的重视和投入还远远不够，面上的比较已在前面有所论述，近15年内我国农村电网改造投入达到1.6万亿元、农村教育财政投入达到28.1万亿元，而同期农村饮水投入只有1万亿元左右，仅相当于农电改造投入的2/3、农村教育投入的3.6%。统计显示，近年来国家财政在农林水方面的投入持续增长（见图3-13），其增幅也一直保持在国家财政总支出的9%左右（见图3-14），但其投入同比增幅一直在持续走低，大多数年份低于国家财政支出同比增幅（见图3-15），绝对投入在增加但相对投入在减少，与农村教育、交通、医疗等投入持续攀高相比，呈反向而行趋势，与农村饮水安全的核心地位和需求紧迫性不相称。

微观层面上，杨云帆、罗仁福、张林秀、史耀疆、张同龙（2015）基于对江苏、四川、陕西、河北、吉林5个省101个村农村公共投资长达10年的跟踪调查数据证实：农村生活用水虽然一直是农村公共投资的重点，但占比一直处于10%以内，与农村交通建设相比，差距十分明显。

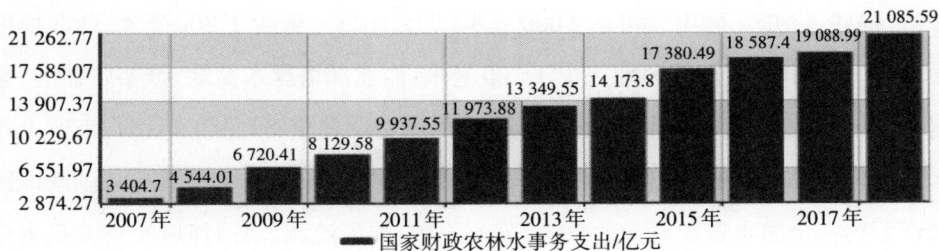

图 3-13　2007—2018 年国家财政农林水事务支出

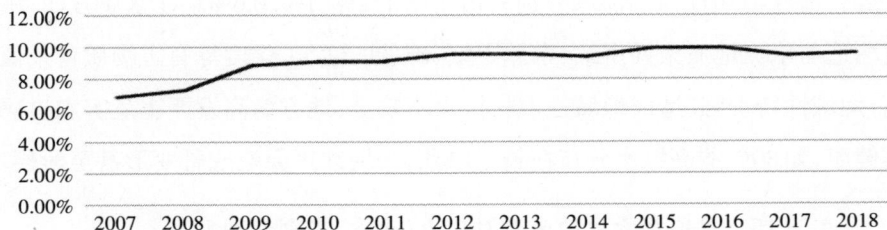

图 3-14　2007—2018 年国家财政农林水支出占比

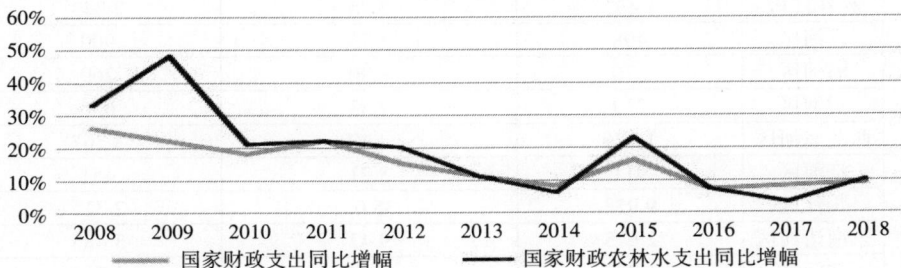

图 3-15　2008—2018 年国家财政支出农林水支出同比增幅

3.4　本质属性

　　与其他农村基础设施或公共产品相比较,农村饮水安全既有与它们相同的共性,也有自己的个性。由于我国幅员辽阔,地形地貌差别大,再加上人口众多、风俗各异,农村供水内部差距非常大,尤其是在水源方面,我国各区域水源情况差距甚远。从水量角度看,我国南方、北方差距明显(见表 3-15),我国平均年降雨量652.6毫米,总体上从东南向西北递减,南方年降雨量一般超过 1 000 毫米,东南部台湾、福建、广东年降雨量可达2 000毫米以上,北方一般少于800毫米,西北地区大部分少于400毫米,荒漠地区少于100毫米,西北部塔里木盆地、准格尔盆地、柴达木盆地腹地年均降雨量在50毫米以下;从水资源总量看(见表3-15),南方人均水资源量(3 300毫米)是北方人均量(868毫米)的近4倍,长江流域及其以南地区水资源约占全国水资源总量的80%,黄河流域、淮河流域、海河流域水资源只占全国的8%,黄河流域的年径流量约占全国年径流总量的2%,为长江水量的6%左右,淮河、海滦河和辽河三流域分别只占全国的2%、1%、0.6%。在水质方面,由于地质构造与水文地质条件所致,水体中氟、砷、铁、锰、矿化度等有害物质背景值含量高,地域性特别强,造成地域性农村饮水不安全,地方病高发严重危害农村居民身体健康,如80%的高氟水分布在长江以北,长期饮用会造成骨变形甚至瘫痪。

表3-15 中国水资源的南北对比表(来源:水利部网站)

分区		水资源总量($10^9 m^3$)	水资源占全国比重/%	人均水资源量/m^3
北方地区	松花江区	1 492	5.25	2 343
	辽河区	498	1.75	909
	海河区	370	1.30	269
	黄河区	719	2.53	656
	西北诸河区	1 276	4.49	3 267
南方地区	淮河区	911	3.21	451
	长江区	9 958	35.05	2 315
	东南诸河区	2 675	9.42	3 485
	珠江区	4 737	16.67	2 713
	西南诸河区	5 775	20.33	29 037
北方地区		5 267	18.54	868
南方地区		23 145	81.46	3 300
全国平均		28 411	100.00	2 091

以上是当前的现实情况,从发展历史和发展趋势看,这种状况在不断恶化、差距在不断拉大,主要表现在:第一,水源在不断变化,如北方地区的地下水持续超采问题。第二,水污染在不断加剧,如蓝藻事件。第三,工程在不断老化,1990年代前建的农村饮水工程破损严重,有的已报废失效。第四,农村饮水标准在不断提高,卫生指标数量增加、要求提高。第五,范围在不断扩大,异地安置群众以及国有农(林)场的饮水问题纳入解决范围。

　　根据"水往低处流"的特性还可以把农村供水工程分为两类:自流水水源工程和抽提水水源工程,前者运行成本比后者低得多,有的自流水供水工程的边际成本接近0,如X县Y镇的村级饮水工程,而后者的情形则不可估量,供水成本高得令人望而却步,如C市B区CS地区,借助五级提灌建立供水工程,仅抽提水的电费就高达20多元/米³,相当于当地城市供水价格的近10倍,"供水贵如油"。因此在南方山区还有不少农家自备井,老百姓采取自我供给方式解决饮水问题。"自主供给和市场供给之间存在替代关系或互补关系"(谢琳、钟文晶、罗必良,2017),并且两种供给方式都能配置资源。从"农村自备井水和自来水策略优势比较"来看(见表3-16),除自备井的零水费为占优策略外,其他都以自来水占优或等优,由此可见,收取水费是影响农民居民选择的核心要素。从水量上看,农家常年使用的自备井一般都能满足常态下的饮水需求(特别干旱年份例外);从水质上看,农村供水工程缺乏水处理设施,基本都是"直饮水",两者几乎差不多且供水工程被污染的概率较大;从水价上看,自备井不收水费且不用维修和保养,基本属于零成本,所以农村供水工程,不论收费多少,就丧失了竞争优势,但是农村供水工程都有前期固定投入和运行管理维护保养成本,在没有政府补贴的情况下,几乎难以为继。同时,南方山区一般只有海拔低的山脚有自流水水源,半高山、高山地区几乎没有自流水源,通过抽水方式提供水源的饮水工程,成本都远远高于自备井取水,但自备井也有劣势:水源相对有限,抗旱性能差。为了保障百姓饮水安全,政府又不得不投资新建供水工程,但大多只能在干旱时节发挥作用,因此闲置率特别高。当然,随着近20年我国城镇化进程逐步加快、务工潮持续推进,广大农村人口的梯度转移力度不断加大,农村地区尤其是半高山、高山地区的百姓在逐步减少,其中青壮年比率更低,留守的多为老人和妇女儿童,他们自我取水、长距离挑水的能力在逐渐减弱。同时,城乡居民人均消费水平虽然差距仍然存在,但农村居民消费水平也在逐年上升(见图3-17),农村百姓的可支配收入也在逐步增加(见图3-18),支付能力也在稳步上升,对供水工程的依赖程度也在逐步提高。这既给农村供水工程带来了发展机遇,也提出了新的要求,尤其是在水量、水质和水价等方面,要求供水更加便宜和便利,这就需要创新制度。农村饮水内部比较综合情况见表3-17。

表3-16　农村自备井水和自来水策略优势比较

	水量	水质		价格		方便程度	
井水	保障率低（次优）	自然水（次优）	自然水（等优）	零水费（占优）	零水费（等优）	不入户（次优）	入户（等优）
自来水	保障率高（占优）	处理水（占优）		收水费（次优）		入户（占优）	

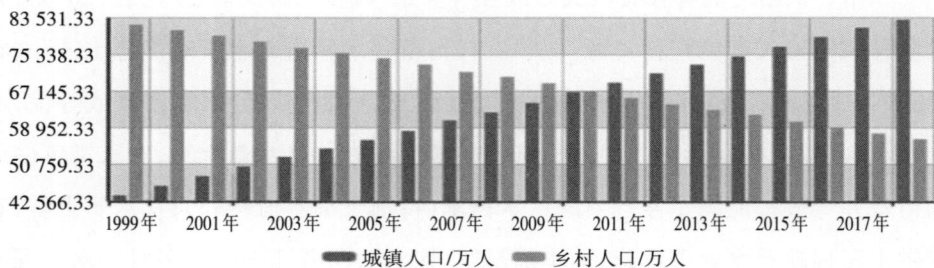

图3-16　1999—2018年我国城乡人口变化趋势

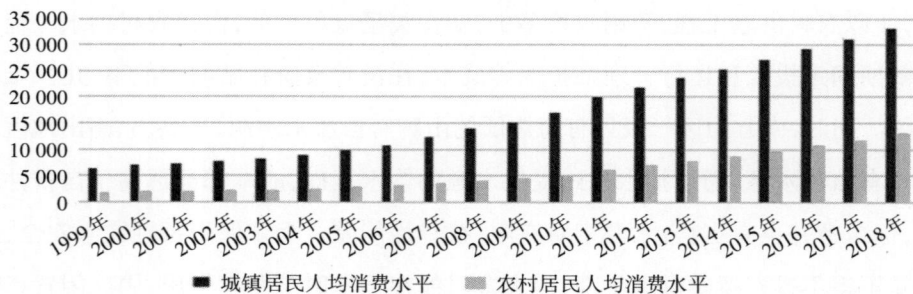

图3-17　1999—2018年城乡居民人均消费水平对比

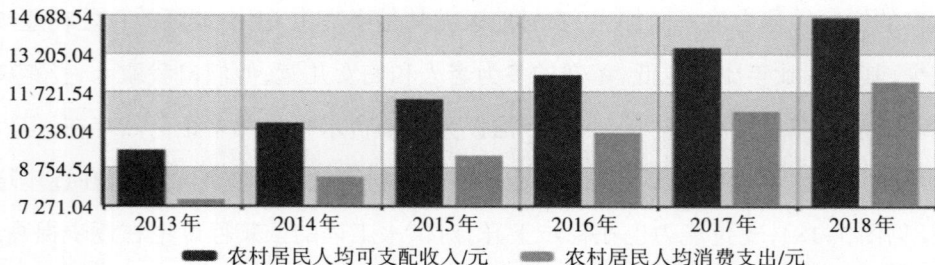

图3-18　2012—2018年农村居民人均可支配收入和消费支出稳步上升

表3-17　农村饮水内部比较分析

供水方式		成　　本						水　　源			可替代性	覆盖范围	供水价格	事故风险
		边际成本	运输成本	固定成本	维保成本	机会成本	劳动成本	供水水质	水资源量	保障能力				
农村供水工程	自流水	低	低	中	低	中	低	高	小	中	低	大	低	大
	抽提水	高	高	高	高	高	低	高	大	高	低	大	高	大
南方自备水井		低	中	低	无	无	高	?(不确定)	小	低	低	小	无	小

综上分析,我们可以总结得到,农村饮水安全至少具有以下几种特征。

3.4.1　基础性和致命性

水是生命之源,居于人体必需的七大物质之首,个体失水量达到20%就会危及生命,农村饮水是农村居民生存中最基本的需求之一,个体没有饮水就会丧失生命。统计显示全球每年有超过300万人因饮水患病死亡,其中近九成是不满5岁的儿童,但其致命性显性不足,喝水直接造成急性死亡的不多,大多是受涉水性疾病间接影响,如地氟病等,因此不容易引起重视。

3.4.2　垄断性和群体性

受配水管网限制,农村饮水供给具有垄断性,在一定程度上属于寡头垄断,尤其是在水资源匮乏的北方农村和干旱地区,供水系统具有唯一性,老百姓没有选择余地,一个饮水工程覆盖一大片甚至一个村镇成千上万人,因此具有群体性,一旦出现故障就会影响一群人。

3.4.3　阶段性和反复性

农村饮水与当地经济社会发展水平、农民生活质量、区域水利发展等密切相关,在时间上具有明显的阶段性。在经济社会发展水平较低阶段,农民生活以追求温饱为主,对水的质量都要求较低,主要追求"有水喝",解决量的问题。当经济社会发展到一定阶段,随着农村居民生活水平和认知能力的不断提高、全面建成小康社会,人们对饮水的要求也在不断变化,包括水量多少、水质好坏、方便程度等,农村居民开始追求"喝好水""喝放心水",因此国家不同发展阶段会制定不同的饮水标准。我国先实施"人畜饮水解困"工程,后实施"农村饮水安全工程",现在实施"农村饮水巩固提升工程"就是对这一阶段性规律的适应。同时,伴随着城镇化、工业化进程不断加快,饮水的质量问题凸显出来,随着气候变化不断加剧,同一地方的水资源也常发生时旱时涝、时多时少、时好时坏的变化,再随着人员迁移、工程寿命等客观因素以及内在需求提高、管理要求提高等主观因素的综合作用,农村饮水供需之间变得极不均衡、不稳定,不仅某个阶段已经解决的问题可能在下一个阶段重新出现,而且有时可能呈现出饮水不安全问题"越解决人越多"的独特现象,从而使农村饮水工作呈现出一定的反复性特征,不能做到一劳永逸。

3.4.4 区域性和差异性

各个地方水资源状况不同、经济发展水平不同、居民文化素质不同,饮水的需求和供给也不同,存在区域差异性。如在水资源方面,我国不仅南北方差异大,而且高山区与低山区、城镇和乡村、丰水区和干旱区都存在差异。水资源既不便于长距离运输(类似南水北调的水资源配置工程成本非常高),具有一定的地域性,又不适宜长时间储藏,具有一定的实效性,只能就地、就近供给,所以人类往往依水而生、逐水而居。

3.4.5 资源性和流动性

水是流动性资源,不仅总量不定、分布不均,而且受气候影响循环速度快,具有变化不可预计、不可远距离调剂、不可长时间储存、不可逆向倒流等特性,既有不确定性,又有不稳定性,调控性能差、调度能力弱,多少都能成灾(多为洪灾、少为旱灾),所以既不能无限制、无节制地开发利用,尤其是本地水资源匮乏的地区,又不能抑制百姓的正常需求让它白白流走造成"节约型浪费",需要遵循并充分利用它的向下流动性,既充分利用好本地水资源,又科学调度好过境水资源,一方面降低损耗,另一方面降低成本。

3.4.6 分散性和季节性

受农村历史传统、风俗习惯、文化习惯、地形地貌、土地制度等影响,农村人口尤其是南方农村山区群众以散居为主,有利于生产生活,但无疑会增加包括农村饮水在内的基础设施配套和公共产品供给压力,最突出的表现就是成本高,包括前期建设成本和后期运营管护成本等。同时,农村降雨量和用水量都受季节性影响,呈现出旱涝急转、旱涝并存的季节性特征,也会增加供给损耗和成本。偶遇大干旱导致农村饮水困难,习惯上会归结为人类不可抵御的"自然灾害类"。

3.5　阶段特征

农村饮水安全问题具有一定的本质属性,在一定范围内长期存在。从目前看,也表现出一定的阶段性特征,会随着时间、环境、政策、资源等变化而不断变化。

3.5.1 公益性和经营性杂糅

从产品性质看,农村饮水在建设时期注重公益性,几乎都是政府在投入建设,存在"泛公益性"倾向,政府投资的"挤出效应"明显;但在运行中又十分强调经营性,"泛市场化"认识突出。这是农村饮水的独特性导致的,饮水产品可借助输送管道的关闭进行排他和细分,具有明显的私人物品的经营性,因此城市的饮水工程大都是市场化经营并具有规模效益,为防止供水企业依托网络垄断地位获取垄断利润,一般由政府调控水价。农村饮水也具有排他性和经营性,但饮水是农村最基本的基础设施之一,不仅事关百姓的身体健康甚至生命安全,还事关地方经济发展,具有明显的正外部效益,公益性特征突出。首先,农村饮水是农村公共卫生体系的重要组成部分,承担了农村地区一部分疾病预防控制任务,统计数据显示在发展中国家80%的疾病与不安全的饮用水直接相关,安全饮水可大幅度降低百姓与水有关的疾病发病率,如干净的饮水可使肠道传染病发病率降低47%,受益户年均节省医药费207元,宁夏、浙江部分饮水受益区典型调查显示,农村居民医疗支出年人均分别下降250元、424元。其次,还可解放劳动力,促进经济发展,实施农村饮水工程后,全国户均年节省53个取水工日,其中42%用于外出务工、86%农户增加了收入,据西部某省市估算,每年解放2 833万个挑水工日可产生5.67亿元收益。再者,还有利于改善农村人居环境,自来水到户的地方,46%的农户购置了洗衣机,90%以上的农户生活用水量增加,有效地拉动了内需,北京、浙江、江苏等经济发达地区,统筹解决了农村生活污水排放和污水处理问题,农村环境大有好转,形成良好人居环境。但因农村饮水会消耗一定水资源并产生污水,同样存在一定的负外部性。

3.5.2 规模效益和规模经济不并存

从工程效益看,城市供水工程具有规模效益、以盈利为主,农村饮水工程或许可产生规模效益,但主要表现以规模不经济、以亏损为主,其原因是农村饮水工程没有规模,全国覆盖近10亿人的有1 100多万处饮水工程,每个工程平均覆盖约100人,而现在常住农村人口只有6亿人左右,平均每个工程覆盖不足60人,完全以小工程为主。从供给成本看,建设成本差距大,最高值可能是最低值的近10倍。从运管和维护成本看,r系数也差距明显,从0到非常大。凡此种种造成农村饮水工程的效益很难确定,可能存在用户越多、用量越大、成本越低、效益越好的规模效益,但若工程执行水价低于全成本水价,就变成了规模不经济现象,供给越大亏损越多。如:同一供水工程、同一供水范围和规模,可能还因为年降雨量发生变化而存在不同年份效益不一样的状况。从总体情况看,目前农村饮水工程中千人以下的供水工程占比99%以上,以单村供水为主,供水人口少、水费低,加上地方财政困难无法补贴,养护机制不健全,只能低标准运行,可持续性较差,农村饮水工程多是收不抵支、入不敷出,这使政府在农村饮水市场进出问题上左右为难、前瞻后顾。

3.5.3 基本需求和非基本需求混合

从需求角度看,农村饮水与农村教育、交通等很多产品一样,也有基本需求和非基本需求之分,但其界限不像农村教育分义务教育和非义务教育、农村公路分省县乡道和高速公路那样明确,供给中容易混淆,导致可能已超额满足了A户的非基本需求,但尚未满足B户的基本需求,不仅浪费资源而且增加政府负担。并且农村饮水在基本需求范围内刚性大,不符合一般产品价格越高需求越小、价格越低需求越大的基本规律,不论价格如何变化需求量变化不大,价格弹性无穷大,但超过基本需求后,又符合一般商品的需求与价格变化规律,只要价格变化,非基本需求立即发生变化。

3.5.4 建设不标准和运行不规范叠加

从建管角度看,我国农村供水工程点多面广量大,工程建设不标准、运行不规范问题凸显,总体情况是工程数量上以不标准、不规范的工程为主,但从覆盖人群角度看,还是以标准化建设和规范化管理的规模化饮水工程为主。

标准的农村饮水安全供给系统包括取水工程(把足够数量的水从水源取上来)、净水工程(把取上来的天然水进行适当的净化处理,使它在水质上符合用户的要求)、输配水工程(把洁净的水以一定的压力不间断地或定时地用管道输送出厂,分配到各用户)。具体见表3-18所示。

表3-18 农村供水安全工程基本构成

项目	说明
取水工程	担负地下水或地表水源取水的功能,由取水构筑物和取水泵房组成
输水工程	将由取水构筑物取集的原水输送到水质净化或调节构筑物的管渠设施
净水工程	其作用是净化原水,使水质达到生活饮用水卫生标准,并将净化后的水送至配水管网。一般由净化构筑物、清水池、水塔(或高位水池、气压供水罐等)、配水泵房及附属构筑物组成
配水工程	将合格的水送至用户,满足用户对水量与水压的要求。包括配水管道、附属设施和用水设备等

其基本流程如图3-19所示:

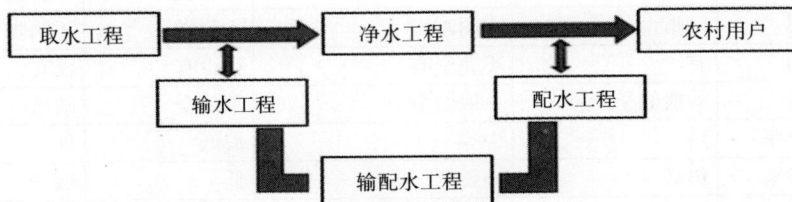

图3-19 农村供水安全工程基本流程图

　　我国只有少量的规模化集中供水工程按标准建设、运行比较规范。而大量的农村饮水工程尤其是分散供水工程没有按标准建设,它们多数位于南方山区水源较为丰沛、水质比较稳定的地方,或者牧区和偏远地区,这些工程小、设施简陋,92%左右只有水源和管网,没有水处理设施和水质检测手段,所谓的取水工程实质就是利用现有的一些小溪沟或者简易管道,净水工程实质上就是一个没有净水设施和功能的简单蓄水池,只具备拦蓄水源、调剂水量和适当沉淀的功能,后面的到户管网或者是政府投资兴建的主管网+入户管网,或者是百姓自己购置和铺设的引水管(如图3-20),这些饮水工程虽然单体覆盖人群少、影响小,但其总量大,均处于不规范低效运行中(见表3-19)。

图3-20　农村饮水分散供水工程示意图

表3-19　我国不同类型农村供水工程的主要特点

特点 \ 工程类型	集中供水工程			分散供水工程
	城镇管网延伸供水工程	联村集中供水工程	单村集中供水工程	
规模大小	中等规模	中等规模	小型工程	微型工程
建设模式	企业自筹为主,国家补贴与农户自筹为辅	国家补贴为主,农户自筹与企业自筹为辅	国家补贴为主,农户自筹为辅	农户自筹为主,国家补贴为辅
供水对象	企事业单位、农村居民、乡(村)办企业、学校等	农村居民、乡(村)办企业、学校等	农村居民、乡(村)办企业、学校等	农村居民
工程性质	经营性	准公益性	准公益性	准公益性
产权归属	明晰	不明晰	不明晰	不明晰
管理机构	有	不完全有	很少有	没有
管理制度	一般健全	一般健全	不健全	缺乏
供水保障率	高	中等	偏低	低
水质合格率	稍高	一般	低	低
经济效益	较好	一般	差	差

3.5.5 社会供给和自我供给交叉

从供给方式看,我国农村饮水主要存在社会供给和自我供给两种,不少用户家里存在以上两类(或更多)供给,并且相互交叉、互为补充。其中城镇、集中居住区、干旱区、经济发达区以社会供给为主、以自我供给为辅,而村社、分散居住区、丰水区、欠发达地区则以自我供给为主、以社会供给为辅。这是因为:跟农村闭路信号、电信网络等不同,饮水是伴随着人类一直都存在的,凡是有人居住的地方,一定都能自己解决水源,只是其数量和质量存在差异或问题,因此现阶段的农村饮水供给更多的是满足百姓的改善性需求,由于对改善性供给还不适应,所以大量农村居民家中还保留着原有自我供给系统。

这些自我供给系统以户建、户管、户用的分散式供水为主,用户直接从水源取水,无任何取水设施,一般没有储水设备,仅有简易的输水设施,如塑料管道或竹管,基本没有水质检验和检测设备,属于典型的"直饮水"。据统计,我国农村分散式供水人口中,67%使用浅井供水,3%为集雨,9%为引泉,21%直接取用溪沟水、河流水、山塘水等(见表3-20、表3-21)。

表3-20　我国集中供水工程类型分布表

工程类型	I型	II型	III型	IV型	V型
供水规模/(米³/天)	$w>10\ 000$	$5\ 000<w\leqslant10\ 000$	$1\ 000<w\leqslant5\ 000$	$200<w\leqslant1\ 000$	$w\leqslant200$
总处数/处		3 648		17 549	186 228
受益人口/万人		7 503		5 515	15 248

表3-21　我国分散供水工程类型分布表

类型	浅井供水	集雨供水	引泉供水	河水/溪水/坑塘水/山泉水
占比	67%	3%	9%	21%
主要分布	在浅层地下水资源开发利用比较容易的农村	在山丘区水资源开发利用困难或海岛淡水资源缺乏的农村	在山丘区	在南方降雨较丰富的山丘区农村
取水方式	主要包括手压井、轳辘或微型潜水电泵	以屋檐或硬化庭院集流场为主,北方以水窖、南方以水池蓄水为主	南方多以塑料管、竹管等取水	直接取用或到其他村拉水

3.5.6 供过于求和供不应求交织

从供给结果看,"有水无人用"的供给过剩现象和"有人无水用"的供给不足现象同时存在,一方面大量供水工程产能闲置,如C市1 836处千人以上万人以下供水工程的使用率不足40%(见图3-21),百姓的年均用水量集中在20米³左右(见图3-22)。另一方面大量农村居民还在用"苦咸水"、"天河水"(天然的河水)、"望板水"、"屋檐水"。其中主要原因有三:一是供求错位,如A区有供无需,表现为供给剩余,B区有需少供或无供,表现为供给不足;二是饮水工程覆盖不到位或设施年久失修,农村饮水"最后一公里"甚至"最后100米"问题突出,老百姓用不到水,饮水池里有水供不出去或供不进户。三是供价过高,部分农村居民收入水平低或农村饮水水价高,老百姓用不起水,有的饮用、做饭等使用好水,而洗涤、饲养牲口等仍取用山塘水。

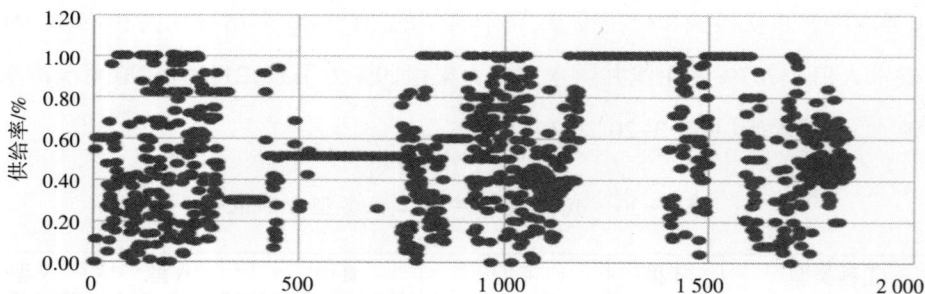

图3-21 C市1 836处千人以上万人以下农村供水工程实际供给率分布图

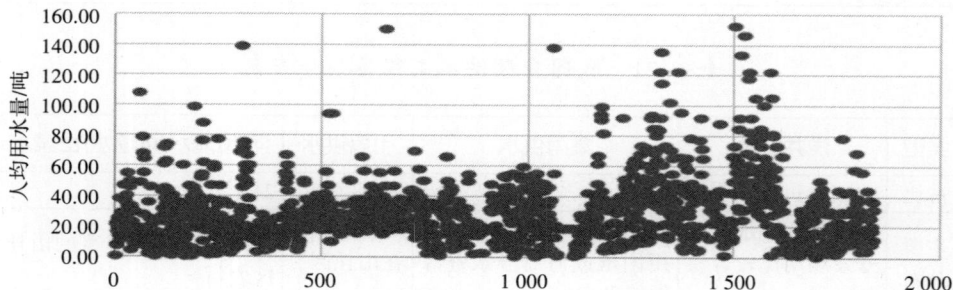

图3-22 C市1 836处千人以上万人以下农村供水工程人均用水量分布图

3.6 本章小结

综上所述,可以得到三个基本结论:一是农村饮水事关百姓生命安全,在农村公共产品中具有基础性的优先地位,我国14亿人口有近一半在农村,解决和发展农村供水事关大局,尤其是在解决了基本温饱之后,农村居民迫切要求饮用清洁水、放心水,改善生活条件。二是目前农村供水中还存在很多缺陷和不足,尤其是与农村交通、医疗、教育等比较而言,农村供水已远远滞后,成了制约全面建成小康社会的一大障碍和突出短板。三是农村饮水供给制度需要不断地创新、改进,涉及农村饮水安全的公共产品和服务应该成为当前各级政府尤其是省级政府优先考虑和统筹保障的保底供给项目,要深刻吸取农村公路之前存在的"以路养路"、农村医疗之前存在的"以药养医"、农村教育之前存在的"人民教育人民办"等机制造成的乱收费、搭车收费等现象带来的深刻教训。

第4章 农村饮水安全制度创新的总体思路

本章的主要任务是根据第3章梳理的农村饮水安全有效供给的发展历程和基本特性,结合当前农村饮水供需市场的阶段性特征,对农村饮水安全有效供给制度创新的目标、方法、外部环境、内部条件等进行阐述,为下一步按照"卡尔-希克斯标准"对现行农村饮水制度体系进行有针对性的改进和创新定位、定向、定策。

4.1 制度创新的主流目标

"只有在特定的约束条件下能够实现其制度目标的制度安排才是有效率的。"罗必良、凌莎、钟文晶(2014)研究指出"一项'好制度'必须满足几个基本要求:一是服务于主流价值目标的实现;二是能够获得法律赋权所表达的正当性;三是能够获得行为主体的社会认同与激励响应"。因此,创新农村饮水安全制度体系,必须结合当前意识形态、发展现状和规律,明确创新制度的主流价值目标。

4.1.1 以居民为中心的制度体系

农村饮水制度创新必须围绕以居民为中心的制度目标。在此目标指导下,以民为本、为民服务应是创新制度体系的出发点和落脚点,须紧紧围绕让城乡居民供水水质一体化的主流目标。这就需要饮水行业克服思维惯性、消除利益刚性、摆脱路径依赖,彻底摒弃之前一直存在的以工程建设为中心、以争取资金为中心、以方便管理为中心、以经济效益为中心等制度构建意识。把以居民为中心的发展理念贯穿在各种制度设计中,就是要确保各种制度把居民饮水安全放在首要位置,从"以物为本"到"以人为本"。例如在制定农村饮水水价制度时,既要考虑农村居民的可支付能力,又要考虑饮水工程的成本回收率,最理想的状态是实现二者之间的平衡,保障农村饮水安全工程的可持续运营。

4.1.2 形成闭环的制度体系

创新制度的目的是释放制度红利,惠及居民,因此创新的制度必须具有较强的可实施性,其前提是形成制度闭环,既不能自相矛盾,相互抵触消减红利,更不能留有缺口,形成"木桶效应"。从制度是否形成闭环角度看,可以把制度分为三类:一是不闭合制度,制度的圈没有合拢,有缺口,这些制度执行效果差(Cha),简称为 C 型制度;二是闭合制度,这类制度形成了闭环,效果较好(OK),类似"O"形,简称为 O 型制度;三是在闭合制度基础上再增加一些保底或救赎机制的制度,这类制度考虑比较周全(Quan),类似"Q"形,简称为 Q 型制度。现行农村饮水制度是典型的 C 型制度,很多制度环节没有形成闭环,这与目前农村饮水正在从大建设时期向大管护时期转变有关。大建设时期的制度设计倾向农村饮水工程的建设特征,适应建设的 O 型制度难以适应管理的发展,易蜕变成 C 型制度。当前创新农村饮水有效供给制度,核心就是针对这些制度弊端,修改补充和完善,变 C 型制度为 O 型制度,最好进化到 Q 型制度,彻底消除制度缺陷。

4.1.3 遵循本质属性、阶段特征和发展规律的制度体系

安全饮水是人类的基本人权,同时又具有一定的商品属性。创新农村饮水制度体系必须遵循饮用水自有属性和基本规律、尊重现阶段的客观现实。既要科学分析当前形势,又要准确把握发展趋势,更好顺应全局大势,做到有的放矢、查漏补缺,不能逆历史潮流而动、反基本规律而为,必须满足安全饮水的基本人权需求

和社会文明的底线。同时尊重经济建设的基本规律,不宜好高骛远,脱离实际,造成饮水工程的不可持续性。如当前受全球新冠肺炎疫情影响,大力发展基础设施是政府提振经济的有效方式,这对基础设施欠账太多的农村地区来说,是千载难逢的机遇,借机弥补农村饮水短板,既是大势所趋,也是形势所迫,更是机遇所在。

4.2 制度创新的基本方法

在厘清事实、明确目标之后,科学进行农村饮水安全制度体系的创新方法很多,但均应遵循以下原则。

4.2.1 注重"卡尔多改进",追求效益最大化

我国南北饮水资源禀赋差异大、东西发展基础差异大,即使在同一区域同一工程覆盖的人群中,其思想认识、经济条件、行为习惯、传统心理都不尽相同,因此要取得"一致性同意"实现农村饮水制度的帕累托改进成本非常高,而按照"卡尔-希克斯标准"进行"卡尔多改进"应该是不错的选择。本书创新农村饮水制度的主要任务是针对制度失灵问题,按照卡尔多改进思路完善农村饮水制度体系,核心是站在政府决策角度创新农村饮水制度体系,尤其是形成可供全国各地农村操作的分析方法和办事流程图,为各级政府在现有约束条件下创新制度、实现制度目标提供思维方式和行动参考。

4.2.2 注重上下结合、内外互动,体现实用性

从体制内部来看,与其他许多农村公共产品的制度设计一样,现行农村饮水制度大多也是"自上而下"的设计模式。在这种制度设计过程中,更多地体现了上级的思考和选择;从农村饮水受益角度或相关度来看,农村饮水有效供给制度的设计者多处在外部,即制度设计者多不是直接受益人,设计者更加强调外部利益和管理方便,设计与实际需求脱节,属于外部设计模式。创新农村饮水制度要克服弊端,做到上下结合、内外互动,实现设计与需求的统一。

4.2.3 注重前后比较、左右借鉴,凸显均衡性

农村公共产品品种多、需求广,除了农村饮水外,还有农村教育、医疗、交通、文化、电力等各个方面,都涉及农村居民的实际生活和切身利益,具有一定的相关性和可比性,因此创新农村饮水制度不能孤立地、片面地局限在农村饮水行业内进行,而要有全局视野和大局观念。创新制度时既要考察前后发展历程看基础,又要权衡左右求平衡,要注重各方的匹配关系和实际需要,做到协调发展,发展太快供大于求是浪费,发展太慢供不应求是失职,都会影响农村和谐发展。

4.3 制度创新的外部环境

创新制度体系离不开制度环境,尤其是外部环境是否成熟非常重要,如经济条件、刚性需求、创新愿望等。目前创新农村饮水安全制度体系的外部环境已经成熟,主要表现在以下几个方面。

4.3.1 统一的思想认识

农村饮水经过改革开放后 40 多年尤其是近 20 年的全面建设,已形成思想共识,安全饮水成了农民居民的强烈愿望和共同呼声。在农村饮水工程建设期间,通过国家及地方的财政专项资金补助以及以工代赈等多种形式的建设投入,全国大部分地区完成了农村安全饮水工程的建设,大幅提高了居民安全饮水水平。

4.3.2 扎实的经济基础

经过改革开放 40 多年来的高速发展,我国的经济建设取得了突飞猛进的发展,GDP 总量从 1952 年的 679.1 亿元增长到 2018 年的约 92 万亿元(2019 年超过 99 万亿元)(见图 4-1),国家财政收入从 1952 年的 173.94 亿元增长到 2018 年的 18.34 万亿元(2019 年超过 19 万亿元)(见图 4-2),而且可持续性和稳定性不断增强,如财政收支同比增幅摆脱了改革开放前大起大落的困境,进入了平稳持续发展阶段(见图 4-3 至图 4-7)。这为创新农村饮水制度体系破解农村居民饮水难题提供了经济基础。

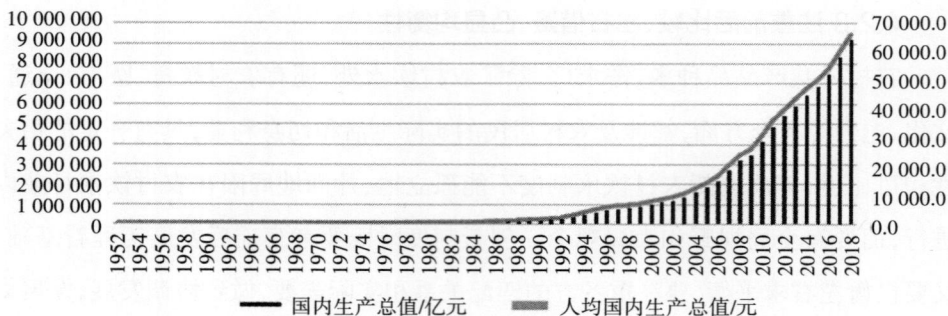

图 4-1   1952—2018 年我国 GDP 和人均 GDP 情况

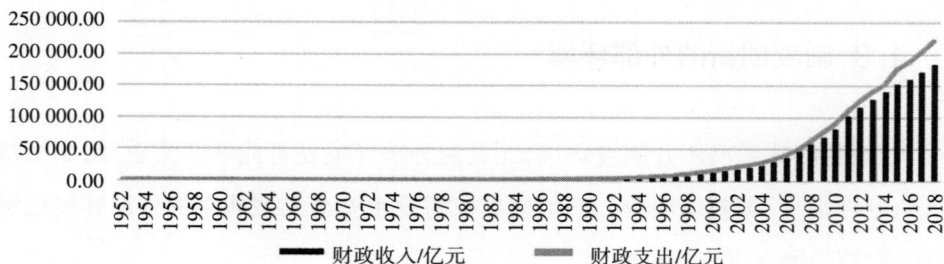

图 4-2   1952—2018 年我国财政收入和支出情况

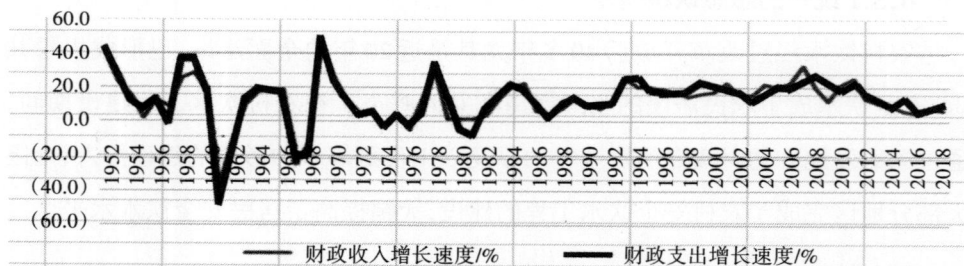

图 4-3   1952—2018 年我国财政收入和支出同比增幅

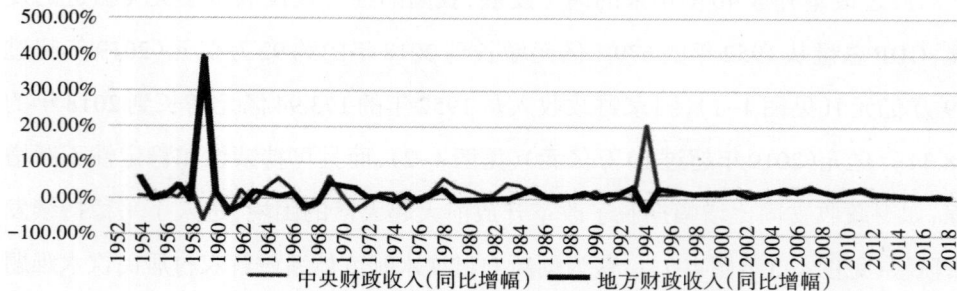

图 4-4   1952—2018 年中央和地方财政收入同比增幅

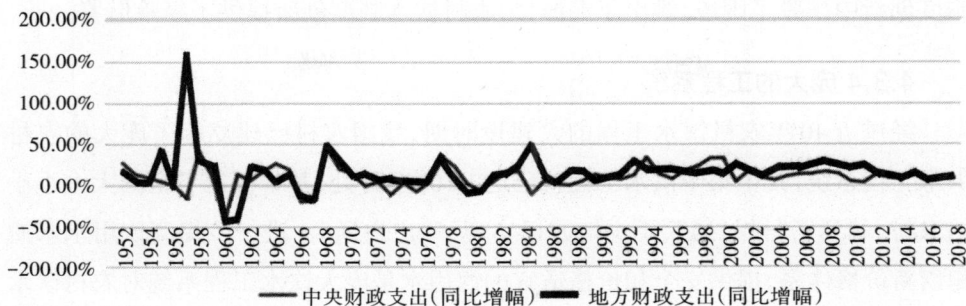

图 4-5　1952—2018 年中央和地方财政支出同比增幅

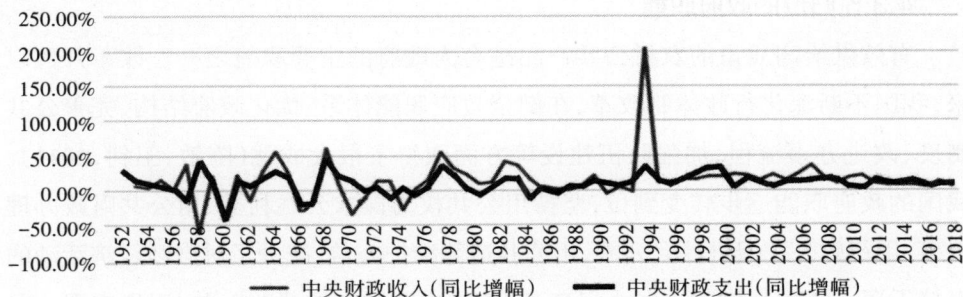

图 4-6　1952—2018 年中央财政收支同比增幅

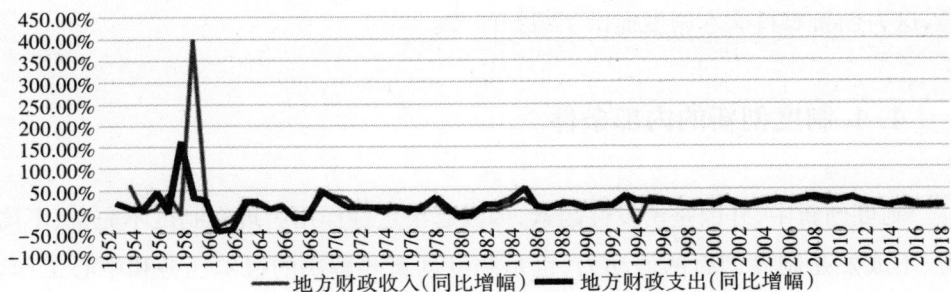

图 4-7　1952—2018 年地方财政收支同比增幅

4.3.3 成功的经验借鉴

综合农村公共产品供给来看,农村交通、教育、医疗、文化、电力等已经走在前列,探索出了比较成功的经验。如农村义务教育"两免一补"制度的推广实施,使适龄儿童"辍学潮"的状况得到彻底扭转,"读书无用论"被多数人抛弃。农村医疗也经历了"以药养医"到"新农合"制度的转变。农村交通、电力这些公共产品都在制度创新中摆脱了困境、跳出了泥潭,为农村饮水制度创新提供了经验借鉴。

4.3.4 庞大的工程系统

经过近40年农村饮水工程的大建设时期,我国农村已建立起了庞大的农村供水工程系统,其中集中供水工程就已达1 100多万处,基本覆盖了全国大大小小的乡村,做到了"村村通",不少地方已实现了"户户通"。进一步提高饮用水水质和创新价格体系,提供安全和价格适宜的饮用水是庞大饮水工程系统对农村饮水制度的有效完善,这为创新制度改善供给提供了工程基础。

4.3.5 归位的政府职能

有效供给高质量的农村公共产品是有为政府的主要职能之一。改革开放以来,我国不断深化行政体制改革,在健全政府职能体系、优化政府结构、完善公共制度、改进办事流程、加强队伍建设等方面取得了很大成就(陈敏、王钊,2011)。我国的政府职能逐步转变到位,坚持用公共权力谋求公共利益、用公共财政办理公事、用行政公正促进社会公平、用公共道德维护公益,减少了对微观经济活动的直接干预。特别是党的十九大以来,政府机构通过大的调整归并,逐步实现公益化、集约化、扁平化设置,彻底解决了之前政府机构重叠、职能交叉、政出多门等问题,这为创新农村饮水制度提供了组织保障。

4.4 制度创新的内部条件

制度创新中,外因是诱发性因素,内因起决定性作用。现有制度不完备、不均衡、不成熟是制度创新的原动力,也是制度创新要解决的根本任务和中心工作。创新农村饮水安全制度的前提是制度已有并且这些制度目前处于供需不均衡的状态,这是农村饮水安全工作当前正由大建设时代向大管护时代转变的特殊背景决定的,也是我国全面建成小康社会后实施乡村振兴战略的特殊需求。当前创新农村饮水安全制度体系具备以下内部条件。

4.4.1 较为完整的制度体系

经过近40年的不断发展和逐步完善,我国基本形成了比较完备的农村饮水制度体系,从中央到地方、从行业到基层,都已建立或正在建立起涵盖农村饮水各个方面的制度。本书为了全面考究现行农村供水制度的利弊,探究制约农村供水交易的制度因素,尽力搜集了全国已公开的农村供水制度,包括国家层面、省(区市)层面和地市(区县)的制度,有的是正在执行,有的已经过期作废。经过比对选择,拟重点考察国务院办公厅和国家发改委、水利部、财政部颁发实施的9部涉农饮规章制度,和江苏、安徽、浙江、湖北、陕西、内蒙古、山东、四川、C市、福建、甘肃、广西12个省区市以及C市Y、B、T、R、L、Y、F、W、S、P、C等12个区县颁布实施的38个农村饮水规章制度(见表4-1)。其中区县制度部分不含C市R区2013年9月13日印发的《关于建立健全农村饮水安全工程管理机制的通知》和C市F县2018年9月28日印发的《关于加强农村饮水安全工程建后管护工作的通知》,考察的基本思路是重点考察各项规章制度对农村饮水有效供给的定位定性、项目融资、资金分配、产品定价、运行管护、维修养护、违规处罚等方面的核心内容,从其制度目标出现了哪些变异、效率如何、能否实现其制度目标,力争找到其优缺点和导致农村供水工程出现大量市场失灵和投资失效的根源,并提出改进建议(见图4-8)。

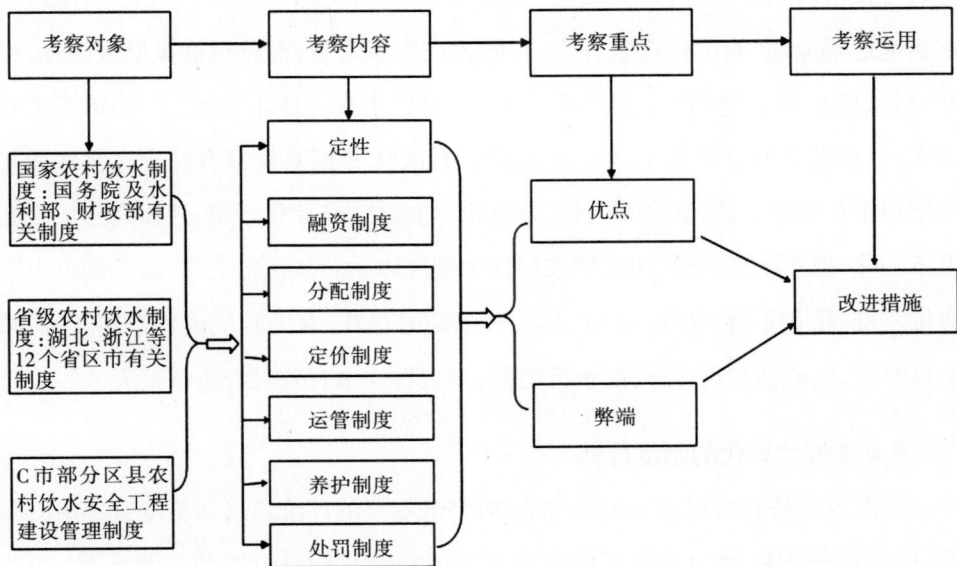

图4-8 农村饮水制度考察基本思路

表4-1　拟重点考察的国家农村供水制度

名称	颁发单位	时间	备注
农村人畜饮水项目建设管理办法	国家计委、水利部	2000年	9章30条
农村饮水安全项目建设管理办法	国家发改委等	2007年	7章25条
农村饮水安全项目建设资金管理办法	财政部等	2007年	6章27条
农村饮水安全工程建设管理办法	国家发改委等	2013年	7章30条
水利工程管理体制改革实施意见	国务院体改办	2002年	4条
关于加强村镇供水工程管理的意见	水利部	2003年	7条
小型农村水利工程管理体制改革实施意见	水利部	2003年	6条
关于深化小型水利工程管理体制改革的指导意见	水利部等	2013年	4条
关于进一步加强农村饮水安全工程运行管护工作的指导意见	水利部	2015年	6条

拟考察的农村饮水规章制度主要是2000年到2019年的;从效应上看,既有失效的(用于考察制度变迁历史),也有的正在试行;从覆盖范围上看,既有覆盖全部农村供水工程的,也有只涉及集中供水工程或分散供水工程的;从类别上看,有6个条例、25个办法、2个指导意见、2个实施意见、2个通知和1个意见;从制定机构看,主要是人大、国务院,少数是水利部、财政部等政府部门。总体来看,这些制度对农村饮水起到了促进作用,但也还存在很多突出问题,如:从个体上看,农村饮水制度还不成熟,有的还在试行中,有的还在不断调整,部分制度没形成闭环,相互交叉、抵触甚至"打架"。从体系上看,农村饮水制度还不系统,全国30多个省区市,只有部分地方制定了农村饮水制度,C市38个区县也只有部分区县完成了制度制定和颁发实施,制度部门化、地方化、利益化、碎片化严重,还没有形成全国上下一体、相互衔接、完整闭合的农村饮水制度体系。从执行上看,有的制度上下对位不准、衔接不够,错位、缺位、越位现象同时存在,有的制度内容不切实际,缺乏科学性、权威性和可操作性,执行力差,对农村饮水有效供给影响很大。

4.4.2 逐步异化的制度目标

制度效率是针对制度目标而言的,对制度效率的评价总是和制度目标相联系的,但制度的不同参与主体可能具有不同的利益目标,因此,借鉴罗必良、凌莎(2014)的研究成果,把农村饮水的制度目标分为主流目标和个人目标,其中主流目标是代表多数人的利益目标,个人目标是一个目标集,形成一个总分结合的制度目标体系(见表4-2)。

表4-2　我国农村饮水制度目标体系

目标	政府		供给主体		需求主体
	中央政府	地方政府	国有企业	民营企业	农村居民
主流目标	让百姓喝上足量干净的自来水				喝上自来水
个人目标	农村自来水普及率2020年达到83%、2022年达到85%	农村自来水普及率达100%	1.满足百姓饮水需求;2.逐步回收工程成本;3.赚取利润	1.赚取利润;2.回收投资;3.满足用户饮水需求	1.量有保障;2.质量安全;3.价格便宜;4.供给方便

政府、供水工程或企业、农村居民都是农村饮水行动中的主体力量,综合构成农村饮水制度中居于主导地位的行动集团,其共同目标是实现公共供水。但由于立足点和出发点不同,不同单位和个人的小目标,形成饮水制度中的个人目标集。其中中央政府的个人目标是农村自来水普及率2020年达到83%、2022年达到85%,该数据来自乡村振兴计划目标体系;受中央投资分配利益驱动,各个地方政府都想尽量多地争取资金,所以其目标是全部解决自己辖区内的农村饮水问题,目标始终是100%;而国有企业供给主体,一般会把追求政治效应放在第一位,而把成本回收和利益获取放在后面,这与民营企业供给主体的个体目标有所差异。农村居民的目标就是随时都有保质保量、价格便宜的自来水。

按照制度目标体系,很多个体目标已经实现,如全国农村饮水工程的覆盖率已超过100%,按次推断农村饮水应彻底或基本解决,制度的主流目标也应该已实现。但对照农村饮水有效供给考评指标体系,结合来自各方的普查数据和抽样数据判断,情况很不乐观,大量工程的使用效率不足50%,水利部的暗访调查也证实这些饮水工程中可持续运行的不到50%(部分地区尤其是南方丰水地区的真实情况可能远远低于50%)。表明现行农村饮水制度存在"无效率"或"低效率"等失灵现象,"个体最优"之和并不等于"整体最优"($\sum$个体最优 < 整体最优)。

出现这种结论大相径庭的主要原因除了统计口径不同外,跟上下履责方式、判断标准不一有很大关系（见表4-3）。国家的主要任务是分发补贴，判断工作成效的标准是补贴是否分发到位；地方的主要任务是资金配套，判断工作成效的标准是配套资金是否到位；基层政府的主要任务是组织建设饮水工程，判断工作成效的标准是饮水工程是否全覆盖。这些个体目标都是实现主流目标的有效内容和不可或缺的环节，但并不代表个体目标总和等于总体目标，并不意味着实现所有个体目标就实现了主流目标，制度效率可能在层层打折中被级级衰减，可能在交叉重叠中被损耗，导致农村饮水有效供给出现"最后一公里"甚至"最后100米"问题，大量"只通水管不通水"的情况。破解此问题必须形成自上而下统一有效的农村饮水有效供给制度体系，减少妨碍实现主流目标的制度因素，杜绝制度目标发生变异。

表4-3   各级政府在实现农村饮水有效供给主流目标中的履责方式和判断标准

层级	服务主流目标的履责方式	实现主流目标的判断标准	一些可能的负效应
国家层面	补贴工程资金	补贴覆盖范围	低补贴导致低效率覆盖或假覆盖
地方层面	配套建设资金	配套是否到位	配套假到位或低水平
基层政府	新建饮水工程	是否新建工程	工程覆盖不到位或低水平覆盖

注：国家层面指中央政府一级，地方层面省级政府，基层政府指省级以下政府

4.4.3 非均衡的制度效应

不均衡的制度必定产生不均衡的效应，从实地调研和各方研究情况看，目前我国农村饮水市场确实存在很多问题，买卖不匹配、供需不均衡、信息不对称、标准不统一等比较普遍，供给"低效"或"无效"随处可见，"公有地悲剧"比较突出，这既与我国农村的发展阶段、农村饮水安全的发展历程等密切相关，也与农村饮水制度安排密切相关。其主要表现在以下方面。

4.4.3.1 "无人用"和"被乱用"并存

中国农村尤其是南方农村一些自有水井，与新修的水厂相比，不仅免费，而且方便。当水厂收费超过居民支付能力，或与自己的支付意愿冲突时，居民不使用

自来水,导致大量收费水厂空置。实地调研和抽查数据证实,这种情况在丰水地区农村十分普遍,水利部有关调研显示,对21个省区市2 216处不同规模已建成投入运行的农村集中供水工程进行测算,实际供水人口仅为设计值的50%,实际供水量仅为设计值的30%,约59%的工程实际供水量不足设计值的60%。如C市虽有79.69%的家庭接入了供水管网,但经常使用的不足50%,供水工程处于低负荷运行状态;某县新建的120多个水厂中,常年正常经营的只有20多个。河北11个地市的农村饮水工程平均供水量为设计值的51.8%,最高为73.4%,最低为23%(见图4-9)。类似情况在广大农村尤其是南方地区农村普遍存在。

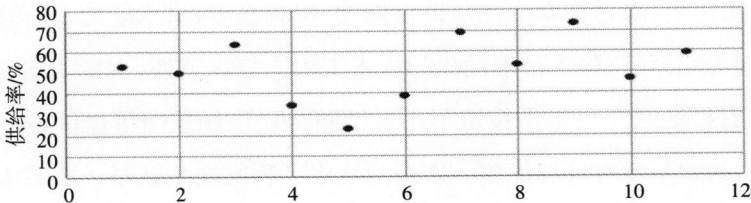

图4-9　河北部分地市农村饮水工程平均供给率

同时在部分水资源丰沛的地方,甚至水资源相对匮乏的部分北方地区有很多不收水费的饮水工程。如河北省11个地市不计收水费的饮水工程处数占总处数的53.7%,最高达86.3%(见图4-10)。一旦管网入户,由于缺乏相应的制度制约和节水意识,浪费严重,在用户与水厂的价格博弈中,农户常常采取"收水费就用脚投票、免水费就抢着用"的策略,造成农村水厂难以正常运行。

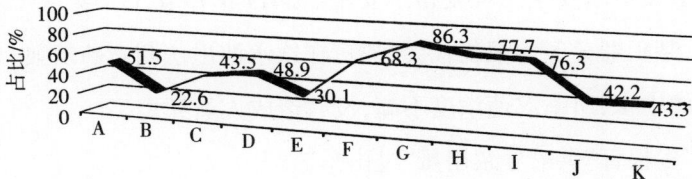

图4-10　河北省11个地市不计收水费工程占比(A-K代表11个地市)

4.4.3.2 低质量工程重复建设与管理缺乏

按照农村饮水有效供给市场分析结果,理论上农村地区应该有20%左右的饮水通过市场获得有效供给,但现实情况是自国家实施农村饮水安全工程以来,工程的低质量重复建设情况严重,形成投资的"挤出效应",让私营企业和民间资本很难进入,广大农村地区出现"清一色"的国有水厂,缺乏有效竞争。建成以后由于收费无法保障,无专款保障运维和管理,逐步成了闲置工程、废弃工程甚至"安全隐患工程",进而导致饮水安全事故的发生。2019年6月30日,C市S县桥头镇一蓄水池漏水,影响当地20多户群众的生活用水,村民下去清淤维修,结果7人死亡(5男2女)。2019年8月8日,C市K区××乡××村62岁的村支部书记周××,在为村民维修饮水管道途中不幸死亡。

4.4.3.3 "自来水"和"直饮水"并存

前面论述到,农村饮水工程从供水规模、投资额度、供水能力、覆盖范围等角度看,可谓千差万别,除少量规模化的饮水工程比较规范外,大量就地、就近建设的分散式农村饮水工程由于投资不足、水源有限、市场狭窄等原因,存在先天缺陷,最突出的就是没有处理设施。所谓的饮水工程其实质就是一个蓄水池,通过管网或沟渠把溪流水、"天河水"等引进蓄水池,再通过管网流到居民家中,百姓饮用的就是"直饮水",风调雨顺有水时,老百姓的"自来水"就是"自流水",干旱年景没有水时,"自来水"就成了"不来水"。如C市1 000米³/天以下的集中供水工程中,49%水处理设施不完善、64.4%消毒设施不完善,集中供水中82.78%近三年出现过水质问题,分散式供水中82.95%近三年出现过水质问题;主城B区村级供水工程223个,工艺不完善的简易工程占72%,没有配置水质检查实验室的占82%。这种状况也会使饮水安全工程变得不安全。2017年春节,C市某区一农村发生饮水安全事故,某犯罪分子为报复社会,故意在饮水池里洗涮农药器皿,导致近百名农村居民集体中毒,所幸农药浓度不高,没有造成人员死亡。

4.4.3.4 "多根管"供给导致用量"过山车"

调查发现,部分农村地区居民家中通常有两三根供水管,这既有"九龙治水"带来的多头管理、分头实施、重复建设、浪费资源等弊端(据不完全统计,现在解决农村饮水的途径很多,水利部门的农村饮水安全工程是主渠道,此外成规模的还有妇联的"母亲水窖"、国土部门的"红层找水"、烟草部门的"烟水配套",民政部门、扶贫部门等也参与其中),也与百姓为逃避或减少水费而使用水井作为常用水源、水塘作为备用水源、水厂作为应急水源有关,导致出现"一户多管"现象。在日常生活中,他们尽量使用免费的山泉水,不用或少用国有水厂的收费水,久而久之就导致国有水厂"有自来水管、无自来水流"。冬干夏旱时节,是农村用水高峰期,水厂超负荷运转仍供不应求,甚至出现水荒及抢水等现象。需用水量的波峰、波谷的变化,使水厂出现"长期赋闲"和"短期服役"并存、"水多无人用"和"水少不够用"并存、丰水期流失严重和枯水期无水可用等现象。

4.4.3.5 支付能力与建设运营成本倒挂导致工程亏损严重

与城镇相比,农村供水工程的建设成本、运营成本和资源的机会成本等都比城镇水厂高,而农村人口的支付能力相对较弱,导致出现水价成本倒挂现象。同时,在农村内部还存在二次倒挂问题:海拔越高、位置越偏、交通越落后的地方经济条件越差、百姓的支付能力越弱,但管网建设难度更大、水损率更高,供水成本相应也更高。如两个价格倒挂叠加,就会出现越落后的地方水价越高,跟支付能力成反比。调研和统计显示,农村水厂的亏损现象极其普遍,水厂成本回收率极低,负债运行是大部分村镇水厂的共性。只有极少数地理位置好、水源丰沛、规模较大、成本较低的水厂,能勉强回收成本。大部分水利工程水费收入无法弥补供水成本,很多工程因设计不合理或管理不善而被闲置或废弃。水利部2017年对26项水利工程的调查结果显示:21项工程需要财政补助,补偿面约81%,补偿总额5.36亿元,平均每项工程年需要补偿2 500多万元,约占工程水费收入的1/3。农村饮水项目更是如此,如C市J区金宝村农村供水工程从山下山坪塘提水,扬程达119米,年电费8万元,亏损约4万元。如W县CX镇新农村58户均已安装水表,但由于水费高达11元/米³,导致农户基本无用水意愿,2019年3—6月,40%的农户用水量为0,用水量超过5立方米的不足15%,其余用户用水量在0.1—5.0立方米之间,用水量少,回收水费不足以维持工程运行。

4.4.3.6 定价机制不完善与用户偷水和逃水现象严重

由于定价机制不健全或方法不统一,农村水厂的定价目前基本处于无序状态，按户计价、按人计价、按量计价、按电费计价、政府定价、水厂定价、群众一事一议定价等都存在，导致农村执行水价五花八门：有包干价，即规定每月或每年的缴费总额，用水不限量；有最低价，即规定每个用户最低缴费数量，在一定额度内用水，超过限额另外计费；有零水费，即不收费的；还有按电量计费的，把电费平摊到水量上，计量收费等。同厂不同价、同网不同价、同村不同价、城乡倒挂价等不一而足。

群众偷水和逃水现象严重，导致高水损率，有的地方水损率超过40%，进而波及水费和管理成本，使水价陷入恶性循环，而且还具有"道德风险"，与乡村文明建设相悖，败坏乡风民风家风。刘满苍、李晓琴、陈铮、李兴桥（2019）研究表明，我国平均供水管网漏损率远远高于其他国家（见表4-4）。

表4-4　2005—2010年我国平均供水管网漏损率和部分国家平均供水管网漏损率

2005—2010年我国平均供水管网漏损率					单位：%
年　份	2005	2006	2007	2008	2009	2010
漏损率	21.5	18.6	17.6	17.7	16.2	12.4
部分国家平均供水管网漏损率					单位：%
英国	瑞典	新西兰	日本	西班牙	法国	德国	瑞士
18.69	14.6	10.6	9.8	9.6	9.5	4.9	4.9

4.5　制度创新的考核指标

制度创新是否有效，主要考察其能否促进农村饮水市场的供需均衡，农村饮水是否实现了有效供给。为此，制度创新中应该有判断标准，此标准不仅是检验农村饮水市场是否均衡的指标体系，也是制度创新是否有效的考核指标。不同主体分别从不同角度制定了农村饮水安全评价指标体系。

长江水利委员会长江科学院结合C市实际，分区县和工程制定了包括目标层、准则层、指标层等的指标体系（见表4-5），其中目标层和准则层内容相同，具体指标层中有20个相同、12个存在差异，并对C市R、Y、L、W、C、F、B、T等13个区县的情况进行了综合评估。结果只有 5 个区县的综合评价为 85 分以上,达到了可持续,其余 8 个区县均为不可持续。

表 4-5　C 市农村供水工程评价指标体系

目标层	准则层	指标层	
		区县	企业
农村饮水工程可持续运行管理	组织管理 B1	管理机构设置	
		管理设施条件	
		档案管理	
	工程管理 B2	水源地保护	
		供水保证率	
		水质达标率	
		水表入户率	
		农村自来水普及率	—
		集中供水率	—
		用水户设备完好率	水厂环境
		水质检测率	
	运行管理 B3	管理制度建立	
		管理制度执行	
		水质检测中心运行情况	管护主体、负责人落实情况
		—	供水管网漏损率
		—	工程维护维修
	安全管理 B4	供水安全预案	
		应急水源	
		安全生产	
		应急机构	
	经济管理 B5	水价核算	
		正常运行经费保证制度及程度	
		水费收取率	
		维修养护基金建立情况	水费支出情况
	群众满意度 B6	受益户满意度	
		积极参与度	
	可持续发展力 B7	产权落实率	
		专业化队伍	
		宣传培训	
		"水费提留+财政精准补贴"机制建立情况	—
		千吨万人工程服务人口占农村供水总人口比例	—
		社会资本参与情况	—

中国水利学会 2018 年制定并颁发了《农村饮水安全评价准则》,规定了农村饮水安全指标评价标准和方法,从农村饮水的水量、水质、用水方便程度、供水保

障率等四个方面进行了规定。这也是现行考核和评价农村饮水安全工作的执行标准。

中共中央国务院颁发的《乡村振兴战略规划主要指标》中，对农村饮水做了要求，要求2020年和2022年农村自来水普及率要达到一定的数值，这是居于农村饮水主导地位的行动集团确定的目标，也是农村饮水的主体目标。

水利部2013年制定的《村镇供水工程运行管理规程》里面设计了绩效考核指标。

C市水利发展研究中心采取随机抽样的方式对一定规模的农村用水户进行了走访和问卷调查，形成了一个指标体系。

另外，学界还有不少判断标准，主要集中在工程的使用率、维修养护及损害情况等方面。综上所述，目前农村饮水有效供给的考核指标体系有以下5类（见表4-6）。

表4-6   农村饮水有效供给考核指标

一级体系	二级体系	三级体系
市场分析模型	市场/政府	略
	工程型失灵	
	水质型失灵	
	水源型失灵	
	成本型失灵	
农村饮水安全评价标准	水量	
	水质	
	方便程度	
	保障率	
乡村振兴指标体系	自来水普及率	
村镇供水工程主要绩效指标	供水保证率	
	感官性状、pH、微生物等指标达标率	
	供水水压合格率	
	自用水率	
	管网漏损率	
	设备完好率	
	管网修漏及时率	
	水费回收率	
	抄表到户率	
百姓需求	水量	

续表

一级体系	二级体系	三级体系
	水质	
	方便程度	
	保障率	
	水价	

综合以上各个指标体系,结合本书构建的农村饮水有效供给市场分析模型和具体分析情况,可以初步拟定与模型分析结果5个方面对应的农村饮水有效供给综合考核指标体系(见表4-7)。其中前4个指标主要考察政府主导下的农村饮水工程供给的基本情况,涵盖农村饮水有效供给从水源取水到制水、配水的全过程,第5个指标考察政府的参与度,是否存在越位、错位情况。

表4-7　农村饮水有效供给综合考核指标

一级指标	二级指标	三级指标
农村饮水有效供给市场分析模型核心指标	工程型供给失灵	工程产权界定
		工程覆盖范围饮水入户率
		工程供给率
		供水保障率
		水压合格率
		设施设备维养及时率
		人员到位率
	水质型供给失灵	消毒设施配备
		净水设施配备
		质检/化验设施配备及使用
		水质合格率
	水源型供给失灵	水源保护范围划定
		水源水质
		水源保障率
	成本型供给失灵	供水成本
		执行水价
		管网漏损率
		水费收取率
	政府+市场	市场供给占比
		政府供给占比

结合本书构建的分析模型,影响农村饮水有效供给的基本情况如下图所示:图4-11包括工程型供给失灵、水质型供给失灵和水源型供给失灵;图4-12为成本型供给失灵;图4-13为一种特殊情况——管理型供给失灵,这是南方农村经常

出现的状况,受水费影响,百姓优先使用自备井水,导致农村饮水工程使用效率不高。

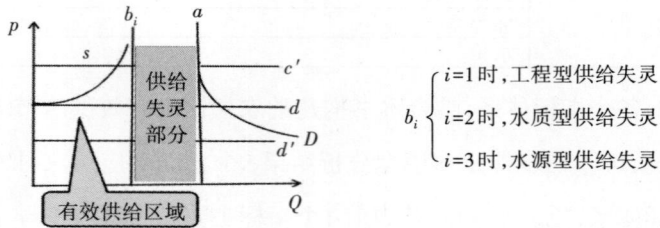

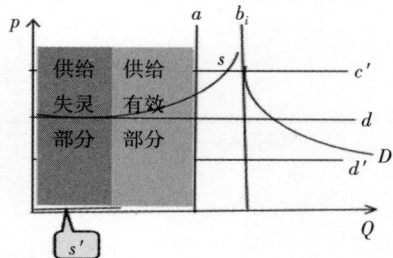

图 4-11   农村饮水工程型供给失灵、水质型供给失灵和水源型供给失灵情况

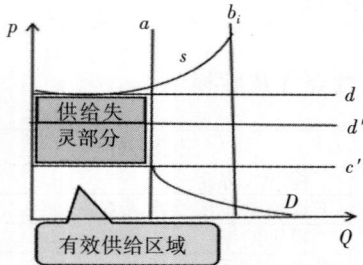

图 4-12   农村饮水成本型供给失灵情况   图 4-13   农村饮水管理型供给失灵

创新的制度体系要有利于破解这些问题:一是政府和市场的职责界限应该划清,20%左右市场有效的供给部分应该由市场满足,政府不应该越位。二是影响农村饮水有效供给的工程型、水质型、水源型、成本型问题得到全面解决,对农村居民基本饮水需求中市场失灵的部分,应该有制度设计进行兜底保障。总之,创新的制度体系应该有利于市场、政府两只手协调发力,从而破解"市场失灵""政府失灵"现象,为根本性解决农村饮水安全问题提供制度保障。

4.6 制度创新的基本设想

农村饮水安全涉及千家万户,基本是全员全程全面覆盖,要实现"帕累托最优"不太可能。本书按照"卡尔-希克斯标准"改进现行农村饮水安全制度。其目标在于从制度层面理顺各方权责,为破解难题消除制度障碍,为确保百姓基本饮水需求提供制度保障。

4.6.1 确定市场有效的判断标准

这是制度创新的第一步,在5章中详细论述,主要任务是构建农村饮水供需市场有效性分析框架,并进行理论推导,找出哪些是市场失灵的,从而回答"为什么要进行农村饮水安全制度体系创新"的问题。创新农村饮水安全有效供给制度体系,必须坚持充分发挥市场在资源配置中的决定性作用和政府的调节作用。因此,制度创新前需要构建农村饮水供需市场有效性分析模型,并对市场有效性进行科学判断,为纠正当前广泛存在"泛市场化"和"泛公益化"认识提供理论依据,为准确划分农村饮水安全事务中市场和政府的责任提供科学标准。其分析逻辑层次见图4-14,核心坚持三个标准:

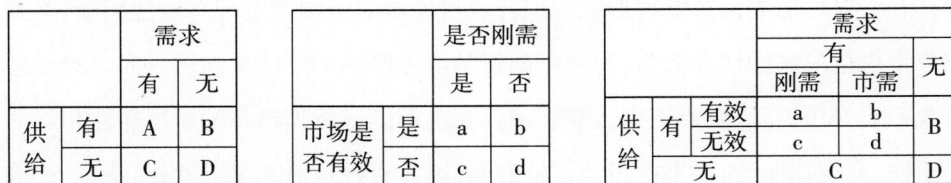

		需求	
		有	无
供给	有	A	B
	无	C	D

		是否刚需	
		是	否
市场是否有效	是	a	b
	否	c	d

			需求		
			有		无
			刚需	市需	
供给	有	有效	a	b	B
		无效	c	d	
	无		C		D

图4-14 农村饮水安全有效性分析逻辑层次图

第一标准是突出百姓需求。区分有效需求和无效需求,坚决不搞无效供给,拒绝出现"政绩工程""形象工程""重复建设"等"无需供给"现象,如图4-14中A区(有需有供)和C区(有需无供)是研究重点,其中A区是研究农村地区已有饮水工程的有效供给问题,也是本书研究的重点,C区是研究目前没有供水工程的农村地区如何解决老百姓的饮水问题等。而B区(有供无需)和D区(无供无需)跟百姓需求无关,只研究B区已建农村饮水安全工程的处置问题,D区不考虑。

第二标准是突出公共性质。区分公共产品和私人产品,专注研究公共需求,其他的如市场化需求和个性化需求不在研究范围内,如把农村居民的需求分为刚需a、c区域和非刚需b、d区域,政府重点关注刚需部分a、c区域。

第三标准是突出市场原则。区分市场有效和市场失灵,坚持市场在资源配置中的决定性地位,能够市场化解决的首先采取市场手段;市场失灵部分通过政府主导、集体行动、社区治理等多种方式,调动和刺激市场解决,a、b区域交给市场,c、d市场供给无效,但d属于市场需求,不纳入政府供给中考虑,重点研究百姓刚性需求的市场供给失灵部分c区域。

4.6.2 确定制度有效的制约因素

这是制度创新的第二步,在第6、7、8章中论述,主要任务是对现行农村饮水安全制度进行有效性判断,回答"哪些制度需要创新"的问题。创新农村饮水安全有效供给制度体系,必须遵循发展历史、尊重客观规律、遵从百姓意愿,综合考察密切相关的三个关键要素(政府、企业和百姓)的相互关系:他们既是制度的制定者或参与制定者,也是制度的执行者,直接影响或制约制度的效用发挥和执行效益,因此,对由历史沿革发展形成的现行农村饮水安全制度进行有效性判断,必须充分考虑这三方的博弈因素,为政府创新制度提供基本方位和前进方向。制度创新既不能异想天开、割断历史,逆潮流而动,也不能违背其自身发展规律性和运动必然性,反规律而动,更不能违背百姓意愿,因为百姓是最终需求者、消费者、评价者,百姓不买单的供给,再多、再好都是无效供给。借鉴Pearl(2009)和Spirtes(2000)提出的因果网络图模型,可以给出一个设想的关于农村饮水市场供给低效率的因果关系图(见图4-15)。主要包括三个部分:一是农村饮水市场的外部环境,这是由目前农村的基本条件决定的,如农村人口收入相对低、流动性大、居住分散,带来的后果是水价成本高、需求量小。二是农村饮水安全工程运行的基本特点:点多、面广、战线长、成本高。三是政府在农村饮水安全中的定位和地位、作用和作为,如果定性不准、定责不清,会影响政府、供水企业和百姓的相互关系,直接影响制度的执行和市场的效果。

```
┌─────────┐   ┌─────────┐   ┌─────────┐   ┌─────────┐
│农村居民收 │   │农村人口流 │   │农村人口居 │   │农村饮水  │
│入相对较低 │   │动大      │   │住相对分散 │   │理论研究  │
└────┬────┘   └────┬────┘   └────┬────┘   │不够足    │
     │             │             │        └────┬────┘
     ▼             ▼             ▼             ▼
┌─────────┐   ┌─────────┐   ┌─────────┐   ┌─────────┐
│农村人口支 │   │饮水需求  │   │饮水工程固 │   │农村饮水  │
│付能力较弱 │   │不稳定    │   │定成本高  │   │定性不准  │
└────┬────┘   └────┬────┘   └────┬────┘   └────┬────┘
     │             │             ▼             ▼
     │             │        ┌─────────┐   ┌─────────┐
     │             │        │农村饮水工 │   │农村饮水  │
     │             │        │程规模不经 │   │责任不清  │
     │             │        │济        │   └────┬────┘
     │             │        └────┬────┘        │
     ▼             ▼             ▼             ▼
┌──────────────────────┐   ┌─────────┐   ┌─────────┐
│农村人口用水量相对较小  │◄──│水价相对较高│   │相互推诿  │
└──────────────────────┘   └─────────┘   │扯皮,出现 │
   ▲         ▲        ▲          ▲        │管理盲区  │
┌──────┐ ┌──────┐ ┌──────────┐           └─────────┘
│农村饮 │ │农村饮水│ │农村饮水工 │              ▲
│水工程 │ │工程成本│ │程自我生存 │              │
│服务差 │◄│回收能力│►│能力弱     │              │
└──┬───┘ │弱     │ └─────┬────┘              │
   │     └──────┘        │                   │
   ▼                     ▼                   │
┌──────┐ ┌──────┐ ┌──────────┐              │
│农村群 │ │出现大量│ │工程被弃   │──────────────┘
│众获得 │◄│"僵尸" │◄│管抛荒     │
│感差   │ │工程   │ └─────┬────┘
└──┬───┘ └──────┘        │
   │                     │
   ▼                     ▼
┌─────────────────────────────────────────┐
│政府投资效益不明显,政府形象差,再组织年农村饮水投资能力弱│
└─────────────────────────────────────────┘
```

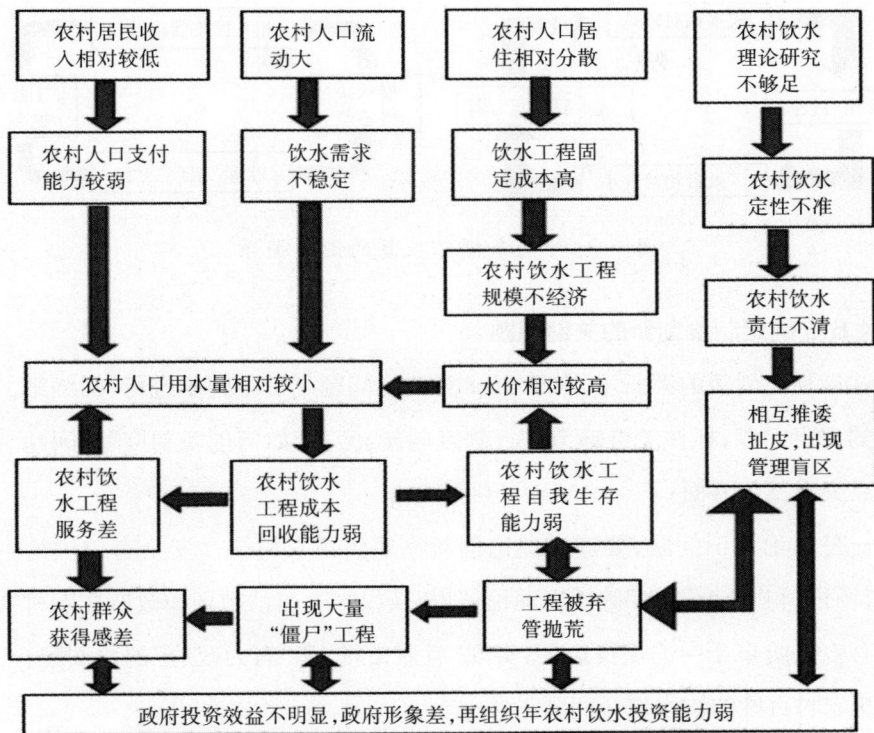

图 4-15　农村饮水市场供给低效率因果关系图

在这个设想的因果关系图里,我们可以看到两个循环往复的因果关系(见图4-16)。一个是价格或成本问题导致的:平均成本高—执行水价高—百姓用水少—工程收入少—平均水价高;另一个是制度或管理问题导致的:相互扯皮管理缺位—工程被抛荒—出现大量"僵尸"工程—群众获得感差—相互扯皮管理缺位。这两个循环的因果关系,使农村供水工程陷入恶性循环,越陷越深不能自拔,急需外力突破。一方面可以尝试改善农村饮水市场的客观条件,如散居变群居实现规模经济、增加百姓收入提高其支付能力、限制人口流动稳定饮水需求等,这样改进效率太低、不太现实。另一方面可以通过理论研究创新,给农村饮水安全准确定位、给政府准确定责,使政府和市场在农村饮水安全中各司其职各尽其责,既充分发挥市场在资源配置中的决定性作用,又发挥政府的宏观调节功能,实现农村饮水安全的公共产品部分有效供给、市场产品部分得到满足。

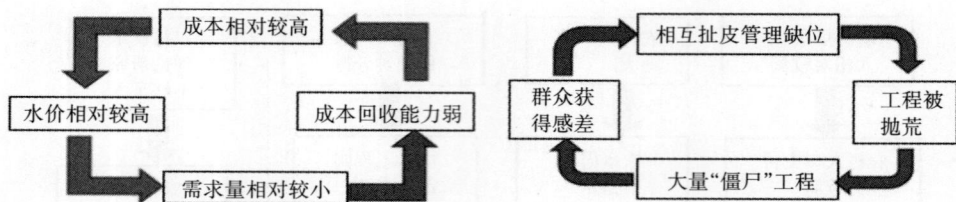

图4-16　两个循环往复的因果关系

4.6.3 确定制度创新的关键问题

这是制度创新的第三步,在第6—8章制度问题剖析中同步进行,围绕第二步分析的突出问题,抓住关键环节进行制度创新,回答"如何创新制度"的问题。其中重点突出三个方面:

一是理论认识问题,要通过理论创新彻底纠正农村饮水安全有效供给中的"泛市场化"和"泛公益化"等错误理论认识,从根本上厘清市场和政府在农村饮水安全有效供给事务中的权责边界,实现"有效市场"和"有为政府"的协调配合,切实解决农村百姓的饮水安全问题。

二是运用手段问题,不论从理论推导还是从实践证明来看,农村供水安全市场中既有市场有效部分,也有市场失灵部分,也就是说政府和市场在农村饮水安全中均可发挥作用,也均会产生问题,要妥善解决必须依靠"市场+市长"两种手段的力量。创新制度须始终注重两种手段的综合利用。充分发挥市场在资源配置中的决定性作用和更好地发挥政府的调节作用。坚持"有效市场优先、有为政府兜底":不是百姓的基本需求部分交给市场、虽是百姓的基本需求但市场有效的也交给市场,政府只在百姓基本需求范围内市场失灵的区域发挥兜底保障作用,但这并不意味着政府必须从头到尾大包大揽,而只是强调政府的主体责任,在具体操作中也可以借助市场手段,调动社会和百姓参与的积极性,形成多元化供给模式。

三是创新目标问题。制度不均衡是制度创新的原动力,制度创新的目标在于破解现行制度的非均衡问题,但创新农村饮水安全有效供给制度体系必须破解农村饮水安全有效供给难题,其最终目标是破解农村饮水安全有效供给中的现实问题,使农村饮水市场实现有需有供、市场供需均衡的有效供给。关于市场和政府在满足百姓需求中的职责划分问题,其分析逻辑有以下两种表达方式(见图4-17和图4-18),两者虽然在表达上有不同,但其核心逻辑关系和构建思想及其结果是一致的:突出以人民为中心的发展理念,以百姓的饮水需求为主导,以充分发挥市场在资源配置中的决定性作用和积极发挥政府作用为手段。

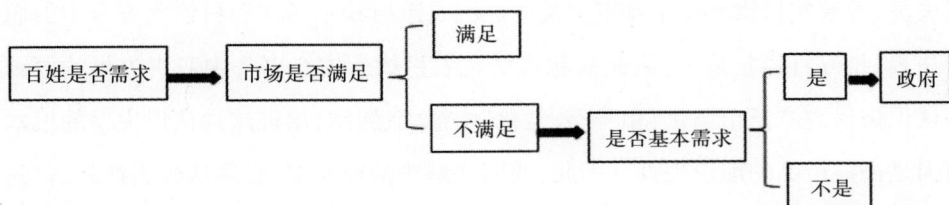

图4-17　政府市场分工分析逻辑图1

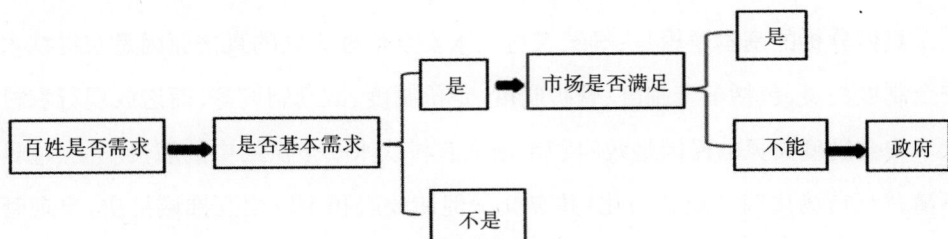

图4-18　政府市场分工分析逻辑图2

4.6.4 确定制度创新的现实局限

这是制度创新的第四步,在第9章中论述,对创新制度进行绩效评估,对下一步研究提出展望,回答"制度创新的遗憾是什么"的问题。创新农村饮水安全有效供给制度体系,必须对创新的制度进行有效性判断,对可能存在的风险进行评估,不能顾此失彼、挂一漏万,更不能按下葫芦浮起瓢、拆东墙补西墙,在研究总结和判断有效性的同时,对创新制度可能存在的问题进行辨析和对进一步的创新进行展望。重点是对三条分界线中存在的问题进行持续深入的研究。

4.7 制度创新的基本逻辑

我们要从农村饮水安全有效供给的实际问题出发,按照"认识问题—分析问题—解决问题"的逻辑链条和逻辑闭环(见图4-19),去探寻这些治理难题背后的制度问题、认识问题和理论问题。其中剖析问题探究原因的逻辑顺序是从前往后(向上箭头方向和上半部分):农村饮水安全治理失效的原因是农村饮水安全的制度失灵,导致农村饮水安全制度失灵的原因是政府和市场在农村饮水安全中的职责失界、相互推诿扯皮,导致政府和市场在农村饮水安全事务中职责失界的原因是认识失误,在"泛市场化"和"泛公益化"中摇摆、纠结,出现这种认识失误的根本原因是公共产品的理论失真。因此,要彻底解决治理问题,必须从源头抓起,首先解决理论问题、认识问题,在划清政府和市场权责之后,改进制度,改善治理,其基本逻辑顺序是从后往前(向下箭头方向和下半部分)。

具体分析的基本逻辑是:导致农村饮水安全治理失效的直接原因是农村饮水安全制度失灵,包括融资制度、管护制度、定价制度、激励制度等,而造成现行农村饮水安全制度失灵的原因是政府和市场在农村饮水安全供给中的职责不明、边界不清,"泛市场化"和"泛公益化"并存交织促使政府和市场相互推诿扯皮,出现管理盲区和治理误区,而出现这个边界模糊问题的原因则是对农村饮水安全是否属于公共产品缺乏科学认识,而农村公共产品理论缺项或缺失则是导致认识失误的根源,所以要解决这个问题需要从公共产品尤其是农村公共产品的理论创新入手。要认识到农村公共产品具有一定的阶段性和阶级性,它既不是"天生"的(公益品具有非竞争性和非排他性,但这并不意味着具有非竞争性和非排他性的都是公益品),应按照其需求的迫切程度、发展的基本条件,分时序确保生存类农村公共产品的优先地位;也不是"纯生"的,应分区分段分量分别对待,政府应确保基本需求的足量供给,尤其是必需品的刚性需求部分;更不是"终生"的,需要根据当地经济社会发展现状、百姓需求、历史风俗等确定。只有从理论上摆脱困惑,才能从认识上划清公益品和私人品的界限,从而分清政府和市场的权利和职责,从而建立有效的供给制度,切实解决现实治理难题。本书的分析正是要按照这个逻辑思路紧扣农村饮水安全有效供给中出现的主要问题及其主要矛盾的主要方面,在全面分析和科学面对农村饮水安全的独特性基础上,针对性地提出农村公共产品分区优先供给理论和农村饮水安全产品分区分段分量供给理论,为厘清农村饮水安全产品属性、划清政府和市场职责界限提供理论依据,进而按照"卡尔-希克斯标准"对农村饮水安全制度进行"卡尔多改进",创新设计了CS-CS制度、城乡饮水联动联调水价制度、农村饮水安全需求侧补贴制度等,形成了一套完整、有效的制度体系,为农村饮水安全有效治理提供了制度支撑和制度保障。

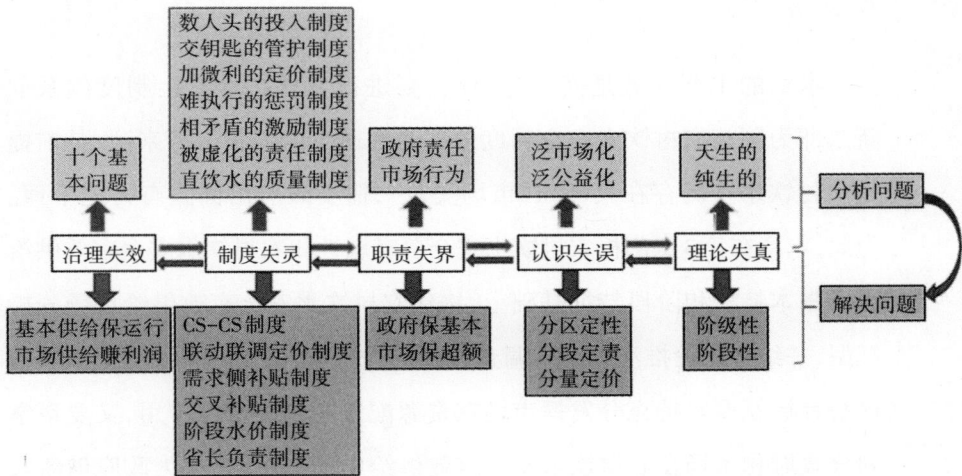

图4-19　农村饮水安全有效供给制度创新逻辑体系

4.8 本章小结

本章在第3章追溯农村饮水安全发展历史和分析自有本质特征基础上,对如何进行农村饮水安全制度体系创新做了总体构想,包括创新的内外环境分析、动力分析、目标分析、方法步骤分析等,为第5章回答为什么要创新农村饮水安全制度体系、第6—8章回答如何创新农村饮水安全制度体系创造条件。

第5章 农村饮水安全制度创新的市场诉求

本章的主要任务是回答"为什么要进行农村饮水安全制度体系创新",即为创新农村饮水安全制度体系找到理论依据和任务来源:其前提是农村饮水市场存在大面积"市场失灵",需要政府出面强有力地干预。为此,本章在第3章剖析农村饮水安全自有属性和农村饮水安全有效供给市场基本特征和阶段特征基础上,构建农村饮水安全有效供给市场分析模型,并结合理论推演和现状调查,对农村饮水市场进行有效性分析。其核心目标既要坚持充分发挥市场在资源配置中的决定性作用,又要科学划分政府和市场在农村饮水安全有效供给中的职责边界,为政府创新农村饮水安全制度体系明确权责,防止政府"不作为"或"乱作为",从而督促政府履职"到位"而不"错位"、"越位"和"缺位"。

5.1 农村饮水市场分析模型设计

公共产品配置包括供给与需求两个方面。而供给和需求作为经济学研究的两个基本范畴,二者是内在统一和互为条件的(张应良,2013)。正如前面所论述的,农村饮水安全有效供给具有许多其他农村公共产品不具备的独特性,如具有网络垄断性但又缺乏垄断力,具有公益性但又具有经营性,是每个人的必需品且无替代品,无论价格如何变化,需求数量不能为0,规模效益和规模经济不并存,其基本需求范围内的价格弹性和非基本需求的价格弹性差距很大,其供给的边际成本因水源不同而相差甚远……。因此用常规的分析模型难以做出准确的判断,需要根据这些特性构建新的市场分析模型。本书的模型拟采用对现有模型进行必选和完善的办法进行设计,设计中遵循常规:以 P 为价格、Q 为数量、S 为供给曲线、D 为需求曲线(增加 a 为基本需求曲线)、G 为市场供需均衡点,其他如 b_i 代表制约农村饮水安全有效供给的因素($i=1$ 为饮水工程,$i=2$ 为水质,$i=3$ 为水源)等在具体设计中逐一说明。

5.1.1 模型选择:三种常见市场分析模型比较

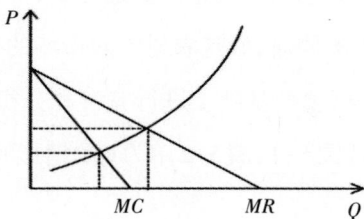

图 5-1　垄断产品供需曲线　　　　图 5-2　公共产品供需曲线

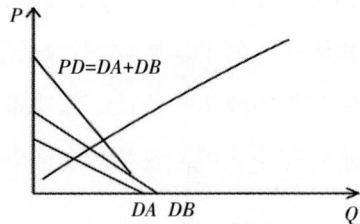

从图 5-1 可以看到,垄断产品是价格制定者,拥有垄断利润。农村饮水安全不仅是资源垄断行业,也是网络垄断行业,应该具备垄断产品的特性,但由于饮水涉及千家万户,价格受到政府的严格管制,饮水企业只能在政府规定的价格范围内活动,是典型的价格接受者,因此不完全适用垄断产品市场分析模型。

从图 5-2 可以看到,公共产品最大的特点是非竞争性,边际成本几乎为零。但现实生活中,农村饮水安全除了有庞大的固定成本之外,运行中还要产生不低的可变成本,边际成本为零的可能性极小,有的还非常大,除非是自流水且不采取任何处理措施,因此也不太适应公共产品市场分析模型。

图 5-3、5-4 是市场产品的供需分析曲线,图 5-3 是农村全社会供需分析曲线,由全社会的供给和需求确定价格、实现市场供需均衡,图 5-4 是个体的供需分析曲线,个体是社会价格的接受者,无力左右价格的变化和供给的多少。但现实

生活中,虽然农村饮水安全具有邻同效益,相邻供水工程之间水价相差不大,但从全社会来看,不同地区、不同流域、不同工程、不同海拔高度、不同资源禀赋的农村供水工程,水的价格还是有所差异。

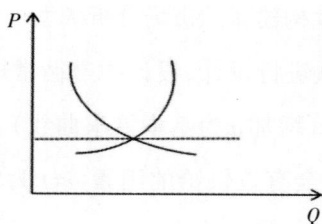

图5-3   市场产品社会供需曲线   图5-4   市场产品个体供需曲线

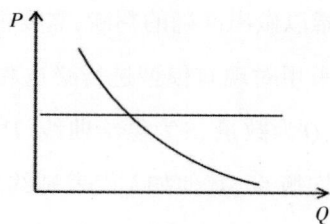

由此可见,以上三种模型都不完全适合农村饮水安全的市场供需分析,都需要完善和修正。为了简便,本书拟采用理性经济人的假设,假定农村饮水市场的每位参与者都按照成本—收益原理决策,在第3种分析模型基础上进行完善和分析(因为饮水是每个人的刚性需求,需求永远不能出现图5-1、图5-2中为0的情形)。

5.1.2 模型设计:农村饮水市场分析模型

一是农村饮水安全需求曲线。前面已经分析到,水是生命之源、生存之基,是每个人每天都需要的必需品,且无替代品,这个基本饮水量就是所谓的刚性需求,它不会因为水的价格变化而变化,即使水价超过他的支付能力。当然每个人每天的基本需求量是有差异的,同一个人每天的需求也不尽相同,有大有小,这跟个体的身体状况、生活习惯、天气气候等很多因素密切相关,在本书讨论中,忽略个体差异,假设每人每天的需求量是大体相同的。如图5-5所示。

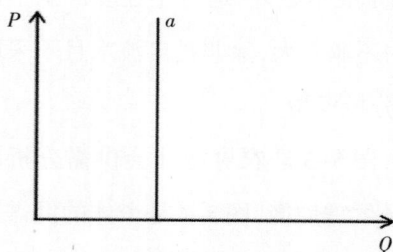

图5-5   饮水刚性需求曲线   图5-6   饮水市场需求曲线

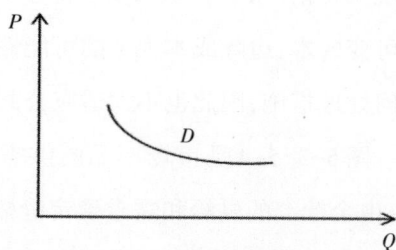

当然,满足了最基本的饮水需求(刚性需求)后,不同的人还有不同的饮水需求,如图5-6所示,这个需求符合一般产品的需求原则,价格越低需求越多、价格越高需求越低。刚性需求曲线和市场需求曲线合并,就得到农村饮水安全的需求曲线,如图5-7所示。

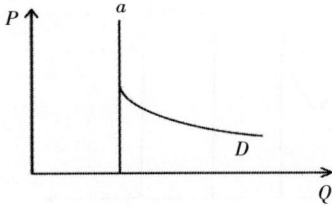

图5-7　饮水需求曲线

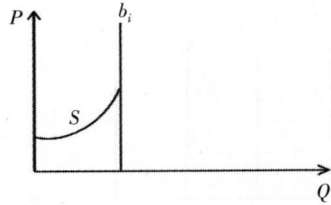

图5-8　饮水供给曲线

二是农村饮水安全供给曲线。受饮水工程最大供给能力(受制水设备、输配水管网等限制)、当地水资源量等影响,任何一个饮水工程都有一个供水极限值b_i。如图5-8所示。供给曲线S符合一般产品供给特征,价格越高供给越多,价格越低供给越少,但最大供给量就是极值b_i。当然,从单个供水工程来看,它是价格接受者,水价是一条直线,如图5-9所示。如当地已实行阶梯水价,供水工程供给曲线则如图5-10。为了简便,在本书中只讨论图5-8的情况。图5-9、5-10情况大同小异,本书不再讨论。

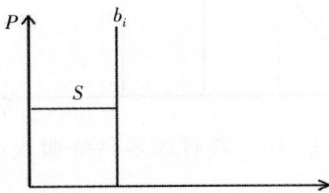

图5-9　平均水价水厂供给曲线

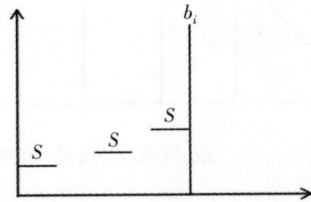

图5-10　阶梯水价水厂供给曲线

前面已经讨论到,一个供水工程的供给能力有极限,主要受到三个方面的限制:一是饮水工程最大设计供给能力,要考虑进出水管网大小、日处理能力等,暂设为b_1;二是当地可饮用水资源量,要考虑水质是否被环保事件污染、水源工程建设和拦蓄能力情况、当地气候旱情等,暂设为b_2,三是当地总体水资源情况,要考虑年降雨量、地表过境水量、地下储备水量等,设为b_3。于是,图5-8就有可能存在以下6种情况($b_1=b_2=b_3$或两两相等的情况比较特殊,本书暂不讨论)。其中,图5-11、5-12最大供给量受饮水工程最大供给量影响,图5-13、5-14最大供给量受可饮用水最大量影响,图5-15、5-16最大供给能力受水资源总量影响。

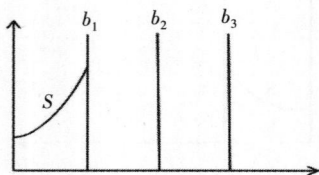
图5-11 农村饮水供给曲线1

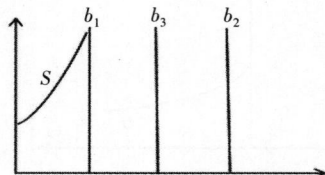
图5-12 农村饮水供给曲线2

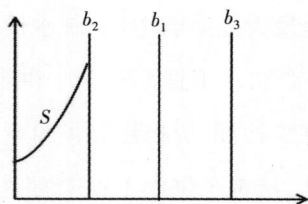
图5-13农村饮水供给曲线3

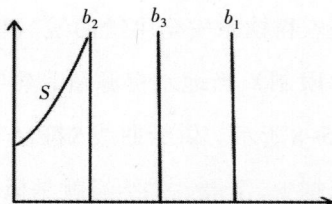
图5-14农村饮水供给曲线4

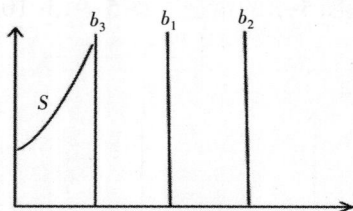
图5-15 农村饮水供给曲线5

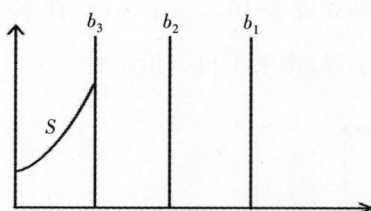
图5-16 农村饮水供给曲线6

特殊情况下的供给曲线。我国南方农村地区降雨量丰沛,农村农户自建的水井比较多,大多数农民多年来靠井水生活,农村供水市场供给曲线见图5-17。即:一条从原点出发紧贴Q线的供给曲线S'。随着农村环境的变化,它的长度在不断缩短,不论是水量还是水质,都已难以满足居民的刚性需求。同时,随着农村青壮年劳动力减少和挑水的机会成本增加,这条曲线呈逐步上翘趋势,成本逐步增加,优势逐步消失。但当前水井还是居民的重要饮水渠道之一,既是农村饮水安全的坚强后备,也是农村饮水安全工程最强劲的竞争对手,给农村饮水安全工程收费制度带来巨大的挑战。这条特殊供给曲线给南方农村饮水安全工程带来的困惑将在后面详细阐述。

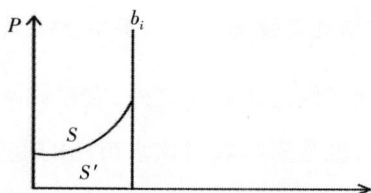

图 5-17　特殊供给曲线 S′

三是农村饮水安全供需曲线。为简便,暂时只讨论需求曲线图5-7与供给曲线图5-8、5-9、5-10形成的交互情况,如图5-18至图5-23,其中前3种是a小于b_i的情形,供给曲线与需求曲线相交;后3种是a大于b_i的情形,供给曲线与需求曲线不相交。另外还存在a等于b_i的3种情形,出现的概率不大,本书暂省略。

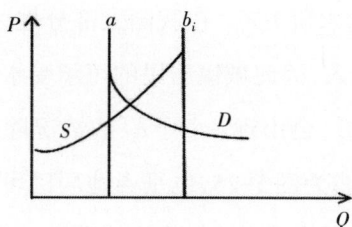

图 5-18　边际成本水价市场有效情形

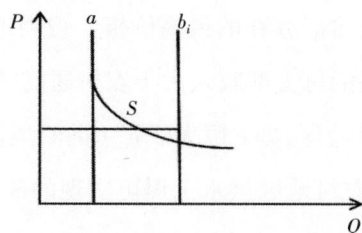

图 5-19　单一水价市场有效情形

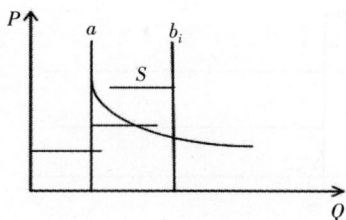

图 5-20　阶梯水价市场有效情形

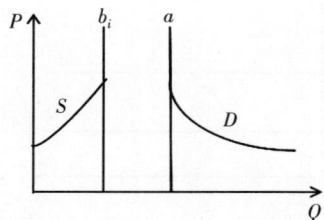

图 5-21　边际成本水价市场失灵情形

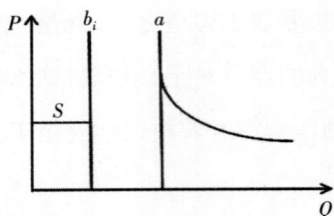

图 5-22　单一水价市场失灵情形　　图 5-23　阶梯水价市场失灵情形

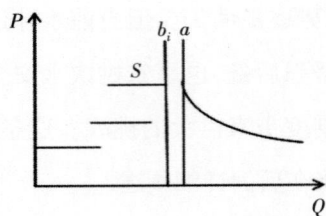

从之前的讨论可知,除了供给和需求之外,农村饮水安全供给价格和当地居民的经济条件即支付能力,也是影响农村饮水市场的重要方面。在此假设:农村饮水安全工程能接受的最低水价为该工程的平均可变成本,即不考虑前期固定投入和设备折旧费用等,设为 d_i',平均全成本水价设为 d_i,因为任何一个供水工程都有或多或少的固定投入,所以 d_i 恒大于 d_i',为此,农村饮水安全工程可接受的最低价格曲线见图 5-24。执行水价如低于这个价格,供水工程将不再供水。如果按照政府要求持续供水,管理单位将持续出现亏空。

又假设当地居民平均可承受水价或最大支付意愿水价为 c_i',这也是农村饮水安全可能存在的最高价格。设当地城镇平均水价为 c_i。在我国大部分地区,城镇居民的可支配收入大于农村居民的可支配收入,因此城镇居民的可承受水价高于农村地区,即 c_i 恒大于 c_i'(类似华西村的情形,会出现 c_i 小于 c_i' 的情况除外)。为此,农村地区供水工程可实现的最高水价曲线为图 5-25,也是当地居民可接受的最高水价。执行水价高于这个价格,居民将不堪重负,会导致其采取"用脚投票""偷水"等措施。

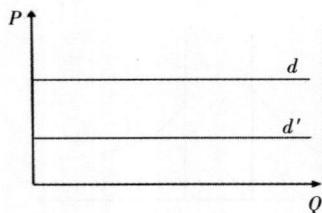

图 5-24　平均最低水价　　图 5-25　平均最高水价

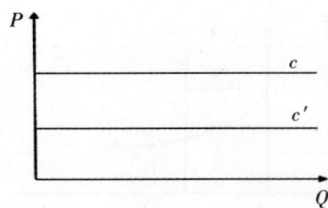

在此特别说明:因我国农村发展程度千差万别、农民富裕程度也千差万别,即

使在同一地区、同一村组,也贫富悬殊,为讨论方便,在此都用全社会平均值,不考虑个体差异。c_i、c_i'、d_i、d_i' 之间最理想的关系为 $c_i > c_i' > d_i > d_i'$。即如图5-26。

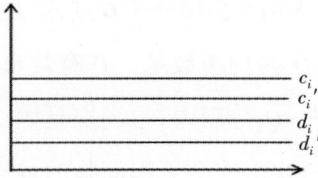

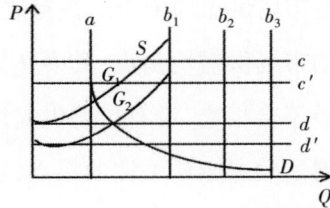

图5-26　理想状态　　　　图5-27　理想分析模型

综上所述,可以得到农村饮水安全工程供需分析模型,其中最理想的状态为图5-27所示。此时,$a < b_1 < b_2 < b_3$ 且 $c > c' > d > d'$,其中 G_1 是执行全成本水价时的市场供需均衡点,G_2 是执行可变水价时的市场供需均衡点。如果政府不管制水价,市场会在 G_1 点实现供需平衡。

5.1.3 模型说明:重要节点和区域

(1)重要节点分析。

一是供给曲线 D 的起点和运行方向。按照市场交易基本原则,d、P 交叉点为供给曲线 S 的起点,即从最低市场水价 P_d 开始,供水工程开始供给,随着供给边际成本逐步增加,S 曲线逐步向上,与 b 交叉后即改变运动方向,与 b 重合直线上升,这是农村供水市场的理想状态,也是执行全成本水价的供给曲线。

但现在农村供水工程大多是政府投资新建,前期投入可视为沉没成本,且,由于农村供水工程一般成本较高,而农村居民支付能力较弱,为此,政府一般会管制水价,于是,d'、P 交叉点可能成为另外一条供给曲线 S' 的起点,即以饮水工程的可变成本 P_d' 为起点,供水曲线逐步向上至与 b 相交后上升。为确保全面了解农村供水市场的基本情况,在本书的具体分析中,一般都会考虑这两种供给状况。

二是需求曲线 S 的起点和运行方向。刚性需求曲线 a 是一条垂直的竖线,这是人们的基本饮水需求,它的具体数值可能因人、因地、因时而异,但人人都有。刚性需求曲线 a 与 c' 交叉点为市场需求曲线 D 的起点,即在满足居民基本生活饮

水需求 Q_a 之后,在居民可承受水价之下,价格越低,居民需求越多,因此 D 线呈逐步向下趋势。

三是市场供需均衡点。在有效市场区域内,S 和 D 会相交于 G 点,这是农村供水工程的市场供需均衡点,其中 P_g 为均衡价格,Q_g 为均衡数量。在有效市场区域外,S 和 D 不会相交,没有市场供需均衡点。但在 $<Q_a$ 范围内,市场交易始终存在,这个范围是政府应该关注的重点,也是目前农村饮水安全工程面临的难点,因此是本书研究的重点。

(2)供需区域分析。

一是市场有效区域。在 $a<b_i$ 且 $p_c>p_d$ 的情况下,由刚性需求曲线(a)、最大供水能力曲线(b_i)、居民可承受最高水价($p_{c'}$)和工程最低成本(p_d)合围形成的矩形内,为市场有效范围。供给曲线 D 和市场需求曲线 S 只有在这个范围内相交,才能实现市场供需均衡,也就是说,只有在这个供需范围内(见图5-28),才可以通过市场手段实现供需均衡;超出这个范围即为市场失灵区域,需要政府等外力给予干预,尤其是在居民刚性需求范围的供水。

需要特别注意的是,在 $a>b_i$ 且 $p_c<p_d$ 的情况下,刚性需求曲线(a)、最大供水能力曲线(b)、居民可承受最高水价($p_{c'}$)和工程最低成本(p_d),也会合围形成一个矩形,但这个矩形内为市场无效(见图5-29)。

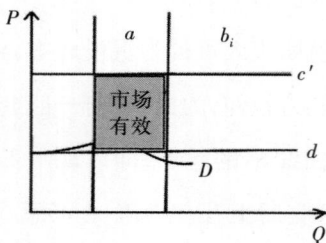

图5-28　市场有效情形　　　　　　　图5-29　市场失灵情形

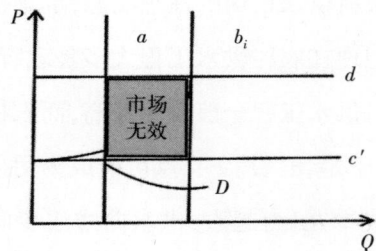

二是超额利润区域。从下图(图5-30)可以看出,供需曲线是否相交,取决于供给曲线 S 或 S' 与刚需曲线 a 的交点,即刚需的市场价格 P_{Sa} 或 $P_{S'a}$。只有当 P_{Sa} 或 $P_{S'a}<P_{c'}$ 时,供需曲线才可能会在市场有效区域内相交,形成市场供需均衡点

(P_g, Q_g)。当 $P_g > P_d$ 时,表示居民可承受水价高于市场水价,且市场水价高于供水工程全成本水价,供水工程有超额利润,当 $P_d > P_g > P_{d'}$ 时,表示市场价格处于全成本水价和可变成本水价之间,此时饮水工程仍可供水,但只能维持基本运转。

三是政府保障范围。Q_o—Q_a 范围内的水量为居民基本生活需求,也是刚性需求,应是政府必须保障的供给范围。从供需分析图(见图5-31)可以看出,在基本生活用水范围内的市场失灵现象可能有三种:一是供水工程制水成本高于居民可承受水价,应通过多种补贴方式给予解决,如政府补贴(见图5-32)、企业内部交叉补贴等。二是村镇供水工程供水能力不足,短期内可采取送水等方式解决,长期应通过现有供水工程扩容和(或)新建供水工程等方式解决(见图5-33)。

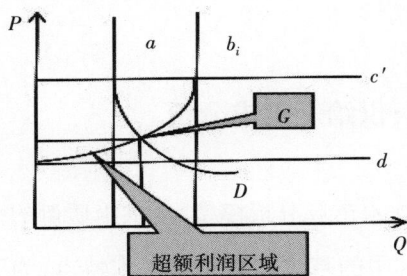

图5-30 企业获得超额利润区域

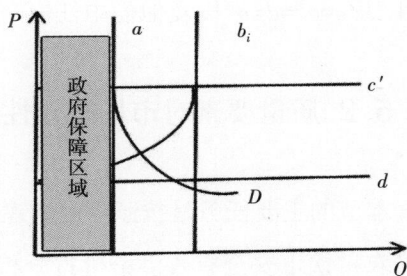

图5-31 政府保障区域

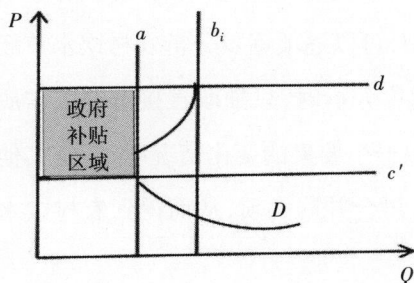

图5-32 政府补贴区域

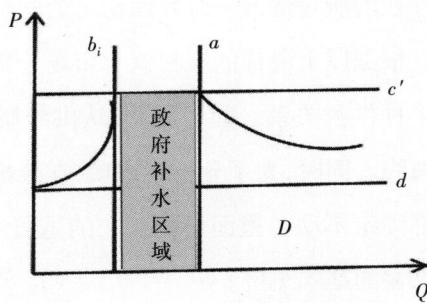

图5-33 政府补水区域

三是当地水资源量不足,若是因为特大干旱、环境污染等原因造成的短期不足,可采取送水等方式解决;若是因为工程型缺水(如降雨量足够或有足够过境水,但拦蓄能力有限)、区域型缺水(如高山型、喀斯特地貌区)、资源型缺水(如降雨不够、容水不多)、水质型缺水(如地方病水源、污染性水源等),应寻找新的水源,或新建工程扩大调水、蓄水能力等。

上面的重点是讨论农村饮水安全有效供给的主要特点,在此基础上构建农村饮水市场分析模型,此模型统筹了价格控制和供求干预两个方面,主要目的是防止因价格干预带来过多的社会损失。需要特别说明的是:模型有多种表现形式,本书选择在常规市场供需分析模型基础上完善,是鉴于此分析模型较为常用。在本书之后的所有分析中,以本章构建模型时遵循的基本原则,两条供给曲线和两条需求曲线的起点和走向,重点考察农村饮水市场的有效性,即供给曲线与需求曲线的相交情况。同时,为讨论方便,本书不讨论 $a=b_1=b_2=b_3$ 及任何两两相等情况,以及 $c=c'=d=d'$ 以及他们中任何两两相等情形。

5.2 质量要素对市场有效性的影响:供给—需求分析

本节的主要任务是按照前面构建的农村饮水市场分析模型,从供给质量的角度对农村饮水安全有效供给进行分析,找出其中的基本类型及其基本特点,为下一步综合分析农村饮水市场的有效性奠定基础。本节分析分三大步:从理论上找出存在的所有情况—合并理论上的同类项—删除事实上不存在的理论项。

根据以上设计的农村饮水市场分析模型,可以逐项逐步分析农村饮水市场的若干种供需关系。为了简便,从供给质量角度分析时,只抽取直接影响供需质量的曲线。同时,为了分析不漏项,在分析其中一个要素的变化情况时,假定其他要素都固定不动。里面可能存在的重复情况,再合并同类项,从而得到农村饮水安全供需的基本类型。

5.2.1 基本类型

5.2.1.1 按要素逐一分析

首先假定 a 动,其他要素不动。如图 5-34 所示,a 会出现 a_1、a_2、a_3、a_4 四种情形,与 b_1、b_2、b_3 形成 24 种不同的关系。即:a_1 情形下有且只有 6 种情况:$a_1<b_1<b_2<$

b_3、$a_1<b_1<b_3<b_2$、$a_1<b_3<b_2<b_1$、$a_1<b_3<b_1<b_2$、$a_1<b_2<b_3<b_1$、$a_1<b_2<b_1<b_3$。a_2情形下有且只有6种情况：$b_1<a_2<b_3<b_2$、$b_1<a_2<b_2<b_3$、$b_2<a_2<b_3<b_1$、$b_2<a_2<b_1<b_3$、$b_3<a_2<b_1<b_2$、$b_3<a_2<b_2<b_1$。a_3情形下有且只有6种情况：$b_1<b_3<a_3<b_2$、$b_1<b_2<a_3<b_3$、$b_2<b_1<a_3<b_3$、$b_2<b_3<a_3<b_1$、$b_3<b_1<a_3<b_2$、$b_3<b_2<a_3<b_1$。a_4情形下有且只有6种情况：$b_1<b_2<b_3<a_4$、$b_1<b_3<b_2<a_4$、$b_2<b_3<b_1<a_4$、$b_2<b_1<b_3<a_4$、$b_3<b_1<b_2<a_4$、$b_3<b_2<b_1<a_4$。

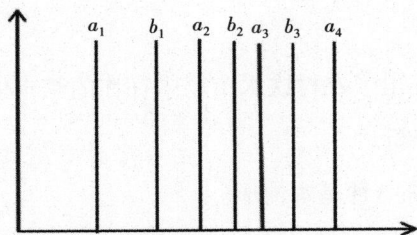

图5-34　要素a变，其他要素不变的情形

据此，可先后分别假设b_1、b_2、b_3动、其他要素不动，共得到96种情形。

5.2.1.2　合并同类项

综合发现有些项在实质是相同的，分别设a、a_1、a_2、a_3、a_4为a_i，b_1、b_{11}、b_{12}、b_{13}、b_{14}为b_{1i}，b_2、b_{21}、b_{22}、b_{23}、b_{24}为b_{2i}，b_3、b_{31}、b_{32}、b_{33}、b_{34}为b_{3i}，b_4、b_{41}、b_{42}、b_{43}、b_{44}为b_{4i}，代入上述96种情形中，合并同类项，可推出农村饮水安全工程的24种基本供需关系，为：以a_i为第1项的6种：$a<b_{1i}<b_{2i}<b_{3i}$，$a<b_{2i}<b_{1i}<b_{3i}$，$a<b_{1i}<b_{3i}<b_{2i}$，$a<b_{2i}<b_{3i}<b_{1i}$，$a<b_{3i}<b_{2i}<b_{1i}$，$a<b_{3i}<b_{1i}<b_{2i}$，以b_{1i}为第1项的6种：$b_{1i}<a_i<b_{2i}<b_{3i}$，$b_{1i}<a_i<b_{3i}<b_{2i}$，$b_{1i}<b_{3i}<b_{2i}<a_i$，$b_{1i}<b_{2i}<b_{3i}<a_i$，$b_{1i}<b_{3i}<a_i<b_{2i}$，$b_{1i}<b_{2i}<a_i<b_{3i}$，以b_{2i}为第1项的6种：$b_{2i}<b_{3i}<a_i<b_{1i}$，$b_{2i}<b_{1i}<a_i<b_{3i}$，$b_{2i}<b_{3i}<b_{1i}<a_i$，$b_{2i}<b_{1i}<b_{3i}<a_i$，$b_{2i}<a_i<b_{1i}<b_{3i}$，$b_{2i}<a_i<b_{3i}<b_{1i}$，以b_{3i}为第1项的6种：$b_{3i}<a_i<b_{2i}<b_{1i}$，$b_{3i}<a_i<b_{1i}<b_{2i}$，$b_{3i}<b_{2i}<a_i<b_{1i}$，$b_{3i}<b_{2i}<b_{1i}<a_i$，$b_{3i}<b_{1i}<a_i<b_{2i}$，$b_{3i}<b_{1i}<b_{2i}<a_i$。

5.2.1.3　删除不合常理项

前面讨论得知，b_2恒小于或等于b_3，即现实生活中，$b_3<b_2$的情形是不存在的，为此，去掉上面24个基本项中存在$b_{3i}<b_{2i}$的情形，共12项。即：以a_i为第1项的3种：$a<b_{1i}<b_{3i}<b_{2i}$，$a<b_{3i}<b_{2i}<b_{1i}$，$a<b_{3i}<b_{1i}<b_{2i}$，以b_{1i}为第1项的3种：$b_{1i}<a_i<b_{3i}<b_{2i}$，$b_{1i}<b_{3i}<b_{2i}<a_i$，$b_{1i}<b_{3i}<a_i<b_{2i}$，以b_{3i}为第1项的6种：$b_{3i}<a_i<b_{2i}<b_{1i}$，$b_{3i}<a_i<b_{1i}<b_{2i}$，$b_{3i}<b_{2i}<a_i<b_{1i}$，$b_{3i}<$

$b_{2i}<b_{1i}<a_i$，$b_{3i}<b_{1i}<a_i<b_{2i}$，$b_{3i}<b_{1i}<b_{2i}<a_i$。

得到现实生活中，农村饮水安全工程存在的12种基本情形：以 a_i 为第1项的3种：$a_i<b_{1i}<b_{2i}<b_{3i}$，$a_i<b_{2i}<b_{1i}<b_{3i}$，$a_i<b_{2i}<b_{3i}<b_{1i}$，以 b_{1i} 为第1项的3种：$b_{1i}<a_i<b_{2i}<b_{3i}$，$b_{1i}<b_{2i}<b_{3i}<a_i$，$b_{1i}<b_{2i}<a_i<b_{3i}$，以 b_{2i} 为第1项的6种：$b_{2i}<b_{3i}<a_i<b_{1i}$，$b_{2i}<b_{1i}<a_i<b_{3i}$，$b_{2i}<b_{3i}<b_{1i}<a_i$，$b_{2i}<b_{1i}<b_{3i}<a_i$，$b_{2i}<a_i<b_{1i}<b_{3i}$，$b_{2i}<a_i<b_{3i}<b_{1i}$。

5.2.2 有效性分析

以上利用模型推导出了农村饮水市场中存在的基本供需关系，共12种，下面对其市场有效性进行分析。

首先以 a_i 为第1项的3种基本情形。

当 $a_i<b_{1i}<b_{2i}<b_{3i}$ 时，供需曲线可能存在也只能存在3种状态，如图5-35至图5-37。其中，图5-35、图5-37供需曲线相交，表示在这种情况下市场有效。

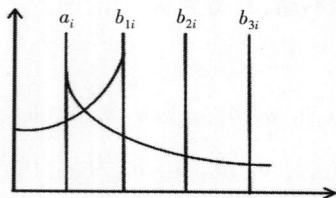

图5-35　农村饮水市场有效性分析1　　　图5-36农村饮水市场有效性分析2

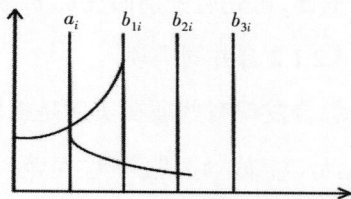

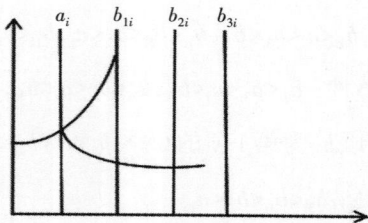

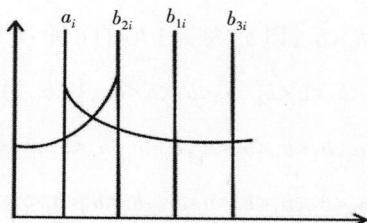

图5-37农村饮水市场有效性分析3　　　图5-38农村饮水市场有效性分析4

当 $a_i<b_{2i}<b_{1i}<b_{3i}$，供需曲线可能存在也只能存在3种状态，如图5-38至图5-40。其中，图5-38、5-40中供需曲线相交，表示在这种情况下市场有效。

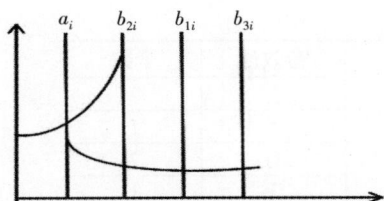

图5-39农村饮水市场有效性分析5

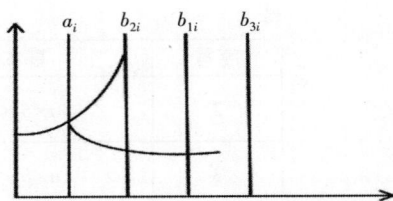

图5-40 农村饮水市场有效性分析6

当$a_i<b_{2i}<b_{3i}<b_{1i}$时,供需曲线可能存在也只能存在三种情形,见图5-41至图5-43。其中,图5-41、图5-43中供需曲线相交,表示在这种情况下,市场有效。

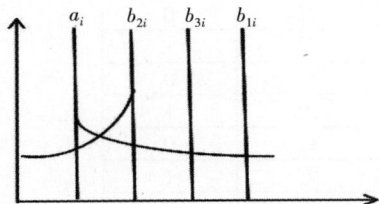

图5-41农村饮水市场有效性分析7

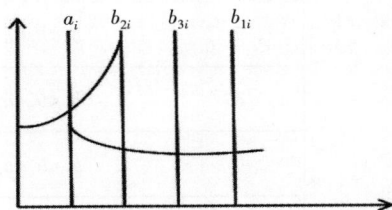

图5-42 (农村饮水市场有效性分析8

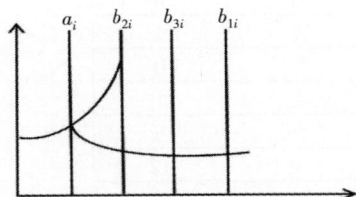

图5-43农村饮水市场有效性分析9

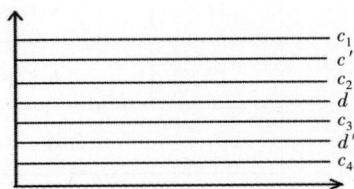

图5-44农村饮水市场有效性分析10

参照以上分析方式,分别以b_{1i}、b_{2i}为第1项进行分析,得到结论:从构建的农村饮水市场模型分析来看,仅考虑供给质量共存在12种基本供需关系,存在18种供需可能性,在不考虑交易供给成本或价格前提下,市场有效的只有6种情形,其余12种情形全部处于市场失灵状态,占2/3。详见表5-1。

表5-1 农村饮水供需关系总表

序号	基本特征	有效性	个数
1	$a_i<b_{1i}<b_{2i}<b_{3i}$	有	2
		无	1

续表

序号	基本特征	有效性	个数
2	$a_i<b_{2i}<b_{1i}<b_{3i}$	有	2
		无	1
3	$a_i<b_{2i}<b_{3i}<b_{1i}$	有	2
		无	1
4	$b_{1i}<a_i<b_{2i}<b_{3i}$	有	0
		无	1
5	$b_{1i}<b_{2i}<b_{3i}<a_i$	有	0
		无	1
6	$b_{1i}<b_{2i}<a_i<b_{3i}$	有	0
		无	1
7	$b_{2i}<b_{3i}<a_i<b_{1i}$	有	0
		无	1
8	$b_{2i}<b_{1i}<a_i<b_{3i}$	有	0
		无	1
9	$b_{2i}<b_{3i}<b_{1i}<a_i$	有	0
		无	1
10	$b_{2i}<b_{1i}<b_{3i}<a_i$	有	0
		无	1
11	$b_{2i}<a_i<b_{1i}<b_{3i}$	有	0
		无	1
12	$b_{2i}<a_i<b_{3i}<b_{1i}$	有	0
		无	1
合计		有	6
		无	12

综合以上分析发现,$a_i<b_i$是农村饮水市场有效的基本条件,也就是说必须首先保证可供水量大于人们的刚性需求。由此也可见,农村饮水市场以市场失灵为常态,以市场有效为例外,需要政府高度重视和密切关注。

需要特别说明的是,此分析是建立在所有情形出现概率相同的前提下,而实际情况中,上述分析中市场有效的情况出现的概率要小得多。

5.3 价格要素对市场有效性的影响:成本—收益分析

参照供给质量要素分析逻辑和形式,逐项逐步分析农村饮水安全有效供给中的价格要素。为了简便,在分析供给价格时,只抽取直接影响供给价格的曲线,即只研究c、c'、d、d'四者之间的关系。同时,为了分析不漏项,按照三步骤分析方法,在分析其中一个要素变化情况时,假定其他要素都固定不动,存在的重复情况合并同类项,从而得到其基本类型。

5.3.1 基本类型

5.3.1.1 按要素逐一分析

首先假设c动、其他要素不动。如图5-44所示,c会出现c_1、c_2、c_3、c_4四种情形,与c'、d、d'形成24种不同的关系。即:

c_1情形下有且只有6种情况:$c_1>c'>d>d'$,$c_1>c'>d'>d$,$c_1>d>d'>c'$,$c_1>d'>d>c'$,$c_1>d'>c'>d$,$c_1>d>c'>d'$。c_2情形下有且只有6种情况:$c'>c_2>d>d'$,$c'>c_2>d'>d$,$d>c_2>c'>d'$,$d'>c_2>c'>d$,$d>c_2>d'>c'$,$d'>c_2>d>c'$。c_3情形下有且只有6种情况:$c'>d>c_3>d'$,$c'>d'>c_3>d$,$d>c'>c_3>d'$,$d'>c'>c_3>d$,$d>d'>c_3>c'$,$d'>d>c_3>c'$。c_4情形下有且只有6种情况:$c'>d>d'>c_4$,$c'>d'>d>c_4$,$d>c'>d'>c_4$,$d'>c'>d>c_4$,$d>d'>c'>c_4$,$d'>d>c'>c_4$。

据此,先后分别假设c'、d、d'动、其他要素不动。可先后得到96种情形。

5.3.1.2 合并同类项

综上,不难发现96种情形中有实质相同的项,分别设c、c_1、c_2、c_3、c_4为c_i,c'、c_1'、c_2'、c_3'、c_4'为c_i',d、d_1、d_2、d_3、d_4为d_i,d'、d_1'、d_2'、d_3'、d_4'为d_i',代入上述96种情形中,合并同类项,可推出农村饮水安全工程关于成本—收益的24种基本供需关系,为:以c_i为第1项的有且只有6种情况:$c_i>c_i'>d_i>d_i'$,$c_i>c_i'>d_i'>d_i$,$c_i>d_i>d_i'>c_i'$,$c_i>d_i'>d_i>c_i'$,$c_i>d_i'>c_i'>d_i$,$c_i>d_i>c_i'>d_i'$。c_i'为第1项的有且只有6种情况:$c_i'>c_i>d_i>d_i'$,$c_i'>c_i>d_i'>d_i$,$c_i'>d_i>d_i'>c_i$,$c_i'>d_i'>d_i>c_i$,$c_i'>d_i'>c_i>d_i$,$c_i'>d_i>c_i>d_i'$,以d_i为第1项的有且只有6种情况:$d_i>c_i'>d_i'>c_i$,$d_i>c_i>d_i'>c_i'$,$d_i>c_i>c_i'>d_i'$,$d_i>c_i'>c_i>d_i'$,$d_i>d_i'>c_i>c_i'$,$d_i>d_i'>c_i'>c_i$,以d_i'为第1项的有且只有6种情况:$d_i'>c_i'>d_i>c_i$,$d_i'>c_i>d_i>c_i'$,$d_i'>c_i>c_i'>d_i$,$d_i'>c_i'>c_i>d_i$,$d_i'>d_i>c_i>c_i'$,$d_i'>d_i>c_i'>c_i$。

5.3.1.3 删除不合常理项

前面已经论述过,现实生活中任何一个农村供水工程都存在或多或少的固定成本,也就是说,饮水工程的平均全成本恒大于平均可变动成本,即 d 恒大于 d',为此,可以直接剔除5.3.1.2中不符合这个条件的选项,共计12个,即:以 c_i 为第1项的3项: $c_i>c_i'>d_i'>d_i$,$c_i>d_i'>d_i>c_i'$,$c_i>d_i'>c_i'>d_i$,以 c_i' 为第1项的3项: $c_i'>c_i>d_i'>d_i$,$c_i'>d_i'>d_i>c_i$,$c_i'>d_i'>c_i>d_i$,以 d_i' 为第1项的6项: $d_i'>c_i'>d_i>c_i$,$d_i'>c_i>d_i>c_i'$,$d_i'>c_i>c_i'>d_i$,$d_i'>c_i'>c_i>d_i$,$d_i'>d_i>c_i>c_i'$,$d_i'>d_i>c_i'>c_i$。

由此得到农村饮水安全工程中成本—收益分析中存在的最基本类型,共12项,即:以 c_i 为第1项的有3项: $c_i>c_i'>d_i>d_i'$,$c_i>d_i>d_i'>c_i'$,$c_i>d_i>c_i'>d_i'$,以 c_i' 为第1项的有3项: $c_i'>c_i>d_i>d_i'$,$c_i'>d_i>d_i'>c_i$,$c_i'>d_i>c_i>d_i'$,以 d_i 为第1项的有6项: $d_i>c_i'>d_i'>c_i$,$d_i>c_i>d_i'>c_i'$,$d_i>c_i>c_i'>d_i'$,$d_i>c_i'>c_i>d_i'$,$d_i>d_i'>c_i>c_i'$,$d_i>d_i'>c_i'>c_i$,以 d_i' 为第1项的没有。

5.3.2 有效性分析

利用构建的分析模型,推导出了农村饮水市场中,从成本—收益角度分析存在的12种基本关系,这也是所有可能存在的情况,没有例外。下面参照供给—需求分析方式逐个对其市场有效性进行分析。鉴于目前农村饮水安全工程大多是政府投资兴建,固定投入可看作沉没成本,为此,在成本—收益分析时,都分全成本水价和可变成本水价两个角度探讨其有效性,也就是供给曲线分别从 d_i 和 d_i' 起点出发向上,需求曲线从 c_i' 出发向下。

首先以 c_i 为第1项的3种情形:

当 $c_i>c_i'>d_i>d_i'$ 时,可能有只可能出现6种情形,见图5-45至图5-50。其中4种市场有效,2种市场失灵。

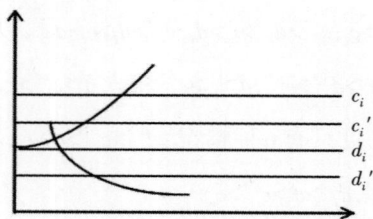

图5-45农村饮水市场有效性分析11　　图5-46农村饮水市场有效性分析12

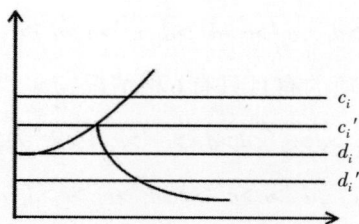

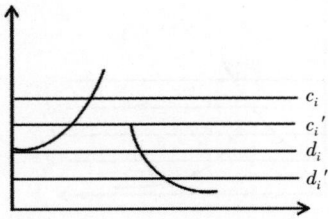

图 5-47 农村饮水市场有效性分析 13

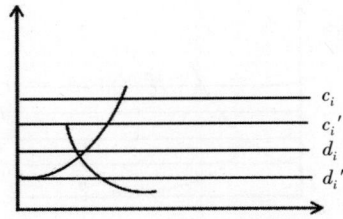

图 5-48 农村饮水市场有效性分析 14

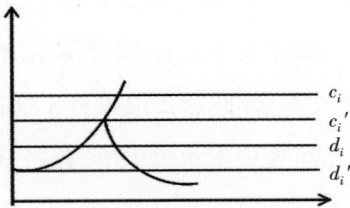

图 5-49 农村饮水市场有效性分析 15

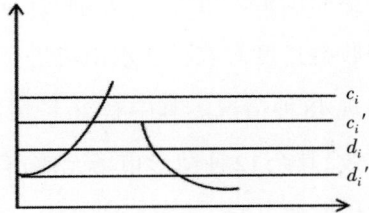

图 5-50 农村饮水市场有效性分析 16

当 $c_i > d_i > d_i' > c_i'$ 时,只有 2 种情况,见图 5-51、图 5-52,均为市场失灵现象。

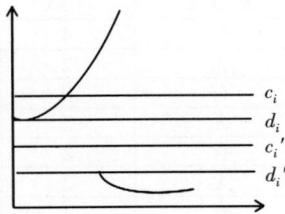

图 5-51 农村饮水市场有效性分析 17

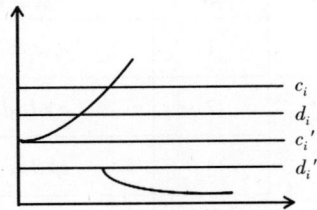

图 5-52 农村饮水市场有效性分析 18

当 $c_i > d_i > c_i' > d_i'$ 时,有且只有 4 种情况,见图 5-53 至图 5-56,其中 2 种情形市场有效,2 种情形市场失灵。

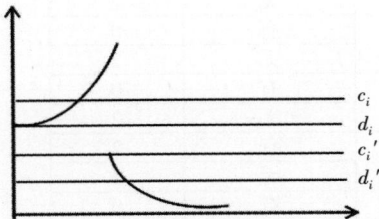

图 5-53 农村饮水市场有效性分析 19

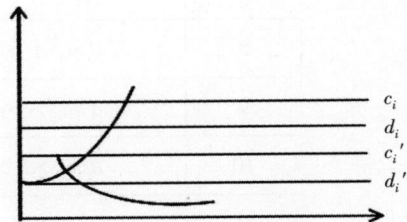

图 5-54 农村饮水市场有效性分析 20

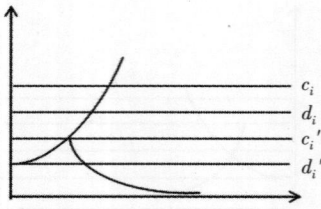

图 5-55　农村饮水市场有效性分析 21　　图 5-56　农村饮水市场有效性分析 22

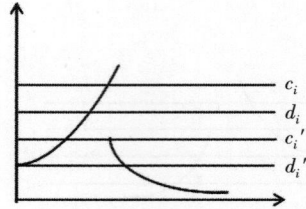

　　参照以上分析方式,分别对以 $c_i{}'$、d_i 为第 1 项的情形进行分析,可以发现从成本—收益角度对农村饮水市场进行分析时,农村饮水市场存在 12 种基本情形,可能出现 48 种情况。其中有 20 种情况可能是全成本水价供给,但只有 8 种情形市场有效,其余 12 种情形市场无效;有 28 种情况是可变成本水价供给,其中 16 种情形市场有效、12 种情形市场无效。具体见表 5-2。

表 5-2　供需有效性关系总表

序号	基本特征	有效性	个数
1	$c_i>c_i{}'>d_i>d_i{}'$	有	4
		无	2
2	$c_i>d_i>d_i{}'>c_i{}'$	有	0
		无	2
3	$c_i>d_i>c_i{}'>d_i{}'$	有	2
		无	2
4	$c_i{}'>c_i>d_i>d_i{}'$	有	4
		无	2
5	$c_i{}'>d_i>c_i>d_i{}'$	有	4
		无	2
6	$c_i{}'>d_i>d_i{}'>c_i$	有	4
		无	2
7	$d_i>c_i>c_i{}'>d_i{}'$	有	2
		无	2
8	$d_i>c_i>d_i{}'>c_i{}'$	有	0
		无	2
9	$d_i>d_i{}'>c_i>c_i{}'$	有	0
		无	2
10	$d_i>c_i{}'>d_i{}'>c_i$	有	2
		无	2
11	$d_i>d_i{}'>c_i{}'>c_i$	有	0
		无	2
12	$d_i>c_i{}'>c_i>d_i{}'$	有	2

续表

序号	基本特征	有效性	个数
		无	2
	合计	有	24
		无	24

综上分析，$c_i'>d_i'$ 是市场供水的基本前提，$c_i'>d_i$ 是饮水工程盈利的基础条件，但满足这个条件也不一定市场都有效，而需要同步考察供需情况。

5.4 农村饮水市场有效性综合分析

前面从农村饮水安全有效供给的独特性出发，构建了农村饮水安全有效供给的市场分析模型，并从供给质量和供给价格两个方面，按照逐项逐步分析找出理论上存在的全部情况—合并同类项—删除不符合常理项三个步骤，对农村饮水安全有效供给市场进行单向和初步分析，目标是从纷繁复杂的农村饮水市场现象和饮水问题中，找到农村饮水市场中存在的基本关系和基本规律，其中供给质量和价格各有12种基本类型，为综合分析农村饮水安全有效供给市场奠定基础。

从前面的论述不难看出，农村饮水市场受饮水工程的建设情况、本地水源的多少和方便程度、人们的生活习惯、当地的经济条件、居民的支付能力等多种因素影响，存在多种情形。从供给质量角度分析看，12种常见情形中，市场可能有效的只有3种，即：$a_i<b_{1i}<b_{2i}<b_{3i}$；$a_i<b_{2i}<b_{1i}<b_{3i}$；$a_i<b_{2i}<b_{3i}<b_{1i}$，市场无效的有9种；从供给价格角度看，12种常见情形中，市场可能有效的有8种，即：$c_i>c_i'>d_i>d_i'$，$c_i>d_i>c_i'>d_i'$，$c_i'>c_i>d_i>d_i'$，$c_i'>d_i>c_i>d_i'$，$c_i'>d_i>d_i'>c_i$，$d_i>c_i>c_i'>d_i'$，$d_i>c_i'>d_i'>c_i$，$d_i>c_i'>c_i>d_i'$。市场无效的有4种，$d_i>c_i>d_i'>c_i'$，$d_i>d_i'>c_i>c_i'$，$d_i>d_i'>c_i'>c_i$，$c_i>d_i>d_i'>c_i'$。但农村饮水市场是否真正有效，仅仅从某一个侧面看是不够的，还需要统筹考虑供给质量和供给价格的交互情况，本章将对此进行分区分析。其目的在于：一是找到农村饮水安全"市场失灵"的区域，为政府和市场在农村饮水安全有效供给责任中划分界限；二是找到导致农村饮水安全"市场失灵"的原因，为政府创新制度、提供有效供给创造条件。根据质量和价格两个要素的有效性，把农村饮水安全有效供给市场分为4个板块,即ABCD区域。将分区逐项对其市场有效性进行分析,为了确保不漏项,在具体分析中采用的方法是:先锚定一种情形,然后跟对应的情况发生交互,依据构建的农村饮水市场分析模型画出图形并得到是否有效的判断结果,具体见表5-3。

表5-3 农村饮水市场有效性分析

交互效果		供给价格要素(12种基本情形)	
		可能有效8种	无效4种
供给质量要素 (12种基本情形)	可能有效3种	可能有效(A)	无效(B)
	无效9种	无效(C)	无效(D)

5.4.1 模型分析及结果

按照农村饮水安全有效供给市场分析模型,对农村饮水安全A、B、C、D四个区域市场有效性进行逐一分析,可以看到在考虑农村供水水量、水质和水价等核心因素条件下,如果政府不干预,农村饮水市场主要表现为市场失灵,在可能出现的360种情形中,市场有效的只有72种,占总量的20%,其余288种情形为市场失灵,占80%,详细见表5-4。

表5-4 农村饮水市场有效性分析总表

交互效果		供给价格要素(12种基本情形)		综合有效性分析
		可能有效8种	无效4种	
供给质量要素(12种基本情形)	可能有效3种	72种	0种	有效
		48种	24种	无效
	无效9种	0种	0种	有效
		144种	72种	无效

从导致农村饮水市场失灵的主要原因看,大致有资源型缺水、工程型缺水、水质型缺水、成本型缺水和管理型缺水等,这些问题或单一出现、或交互叠加,使本就复杂的农村饮水市场变得更加扑朔迷离。其中:

资源型缺水是因为水源缺乏造成的,这在我国北方比较普遍,一方面是降雨量少,二是因为过境水量不够或拦蓄能力不强。瑞典水文学家佛肯马克根据人均水资源量的多少给出了资源型缺水的指标,已经成为国际普遍接受的标准(见表5-5)。例如我国黄河流域、海河流域、河西走廊等地人均水资源量低于500立方米,这些地方多属于资源型缺水。解决问题的办法:一是增加供给,通过跨流域调水、海水淡化、中水回用等多种方式增加可用水资源,如我国的南水北调工程;二是压缩需求,加强节约用水教育和引导,抑制不合理的水需求。

表5-5　资源型缺水指标

单位:米³

人均水资源量	≥1 700	1 000—<1 700	500—<1 000	<500
所属类别	富裕	稍有压力	水资源紧张	水资源非常紧张

工程型缺水是指当地有丰沛的水资源,但因为缺少农村供水工程而产生的饮用水缺乏。例如云南境内金沙江、澜沧江、怒江并流地区的居民,因为他们居住在陡峭的山上,修建供水工程难度大,有水从山下过也用不上。又如贵州大部分地区属南方喀斯特地貌,难以修建蓄水工程。只有通过建设新供水工程或扩容已建工程,来增加供给能力。

水质型缺水是指当地有水但水被污染、水质不符合要求而引起的缺水,如氟超标等。随着经济社会的快速发展,目前这个问题比较明显,且越来越严重。如太湖蓝藻暴发引起的无锡自来水危机,咸潮引起上海、广州等饮水困难等。解决的办法有两个:一是通过新找水源,代替被污染的水源,二是加大处理力度,把不合格的水处理合格。

成本型缺水是指由于水价太高导致的缺水,在这种情况下,居民有饮水需求,供水工程也有水供给,但因为出厂水的成本太高,水价超过了居民的可承受能力,居民看到水买不起、水厂有水卖不出。可从三个方面入手解决:一是通过技术改造等多种方式,降低成本;二是通过政府补贴降低水价,促使两者交易;三是通过发展生产等多种方式增加居民的可支配收入,增强其水价承受力。

管理型缺水是指由于供水工程的运行机制、管理制度、产业政策等方面原因造成水资源管理粗放、配置不科学、浪费严重、使用效率低等而导致的缺水。如过度补贴、免费水等导致的"长流水""白流水""福利水"等,只有通过优化管理、完善制度等方式来加以解决。

5.4.2 主要特点

在农村饮水市场可能存在的 360 种情况中,只有 72 种情形市场有效(占 20%),其余 288 种情形(占 80%)为市场失灵,表明现实生活中农村饮水安全工程出现大量供给无效或低效的问题是自然的,也是必然的,更是常态的,这就是现行管理体制和运行机制下的客观规律、基本现状和主要特点。

5.4.2.1 市场失灵是农村饮水市场的主体表现

在这 72 种有效市场里,只有 44 种情形存在超额利润,4 种情形是零利润,而 288 处无效市场全部处于亏本状态,这是农村饮水市场的基本面。供给是否有效是划分政府和市场在农村饮水安全有效供给中职责界限的依据,其失灵的原因或种类也是政府出面干预决策的依据,这些为政府介入农村饮水市场提供了理论基础。

表 5-6   农村饮水市场有效性及责任主体划分

有效性	市场有效	市场失灵			
		工程型	水质型	资源型	成本型
数 量	72种	144种	192种	96种	216种
责任主体	市场	政 府			

5.4.2.2 成本分摊是农村饮水市场的核心问题

统计显示,在 288 种市场失灵情形中,有 216 种失灵情形跟供水水价高于居民可承受能力有关,这在我国西部落后地区,尤其是偏远山区、高海拔地区、干旱地区尤其突出:一方面,因为农村居民居住分散,海拔差距大,饮水工程的前期投入大,同时用水量小,难以形成规模效益;另一方面,因为农村地区经济不发达,居民的经济收入低,水价可承受能力弱,收支之间形成明显的倒挂,需要政府兜底解决。这为政府补贴农村饮水市场提供了政策依据。

5.4.2.3 问题叠加是农村饮水市场的主要特征

从上面的分析可以统计到,288种失灵状态下共存在648个问题,平均每种情形存在2.25个问题,其中存在单一问题的只有96种,其余192种状态下均存在问题的交错叠加,其中2种问题交错的72个、3种问题叠加的72个、4种问题都存在的48个。因此,对大量存在问题的农村供水工程,只采取单一措施是无法解决市场失灵问题的,需要统筹兼顾、多措并举、综合施策。

5.5　调查数据分析

农村饮水安全的市场有效性调查数据证实,上述推导结果基本正确,农村饮水市场大规模市场失灵,全国49%不可持续,C市38%可持续。

5.5.1 抽样调查分析

5.5.1.1 集中供水工程抽样调查

C市水利发展研究中心以全市建制乡镇、集镇、农村20吨/天及以上的集中供水工程为研究对象,在了解全市农村供水集中工程数量、分布、规模、运行管理主体、水费执行情况等基础上,综合考虑区域分布、设计供水能力、水源类型、用水对象、运行管理模式、管理机构等因素,从1万多处集中供水工程中,优先选择42个有水价测算基础的典型农村集中供水工程作为样本进行调查,发现已建工程的供水率都比较低(见图5-57)。

42个工程按水源分:水库16处,溪河水9处,地下水、山泉水8处,混合水源工程7处,山坪塘1处,雨水集蓄1处;按设计规模分:≥5 000米³/天、1 000—< 5 000米³/天、200—< 1 000米³/天、< 200米³/天分别为8处、10处、12处、12处;按管理主体性质分:国企14处,混合制或股份制4处,私营企业3处,乡镇管理1处,村集体或协会管理20处;按处理工艺分,一体化处理4处、常规处理29处、仅消毒或过滤3处、未处理6处。除K州QF村供水工程和GQ村饮水安全工程外,其他均有售水数据,设计总供水规模为89 010米³/天,年售水量881万米³,平均年售水量22万米³,

其中H区金沙水厂最高(16.4%)，W区桐坝水厂最低(0.09%)。

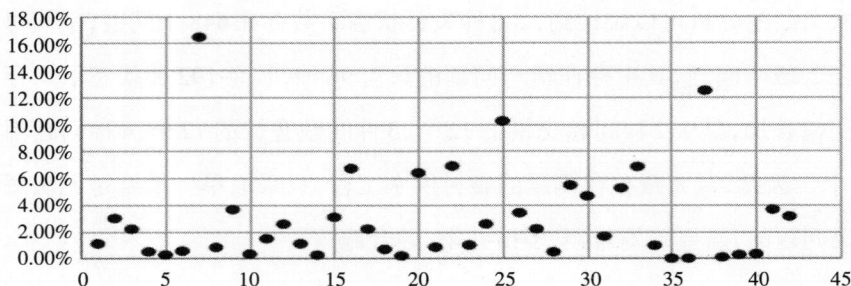

图5-57 抽样调查的42个农村供水工程的供水率

42个样本平均水价2.58元/吨，其中2元/吨以下有8处，而4元/吨以上的只有5处，最高的为Y区兴隆水厂4.5元/吨，最低为W区土坎镇玉龙村供水池0.3元/吨。在不计折旧费和不确定收入的情况下，有15个有微利或盈利、24个亏损、3个持平，总亏113.25万元，每处年均亏2.69万元。

5.5.1.2 典型工程运管费调查

受C市水利局委托，长江水利委员会长江水科院2019年选取R、L、F、Q、S、B等6个区县18个工程为样本，测算农村饮水安全工程运行管护费。经测算，一级工程（设计供水规模大于或等于1 000米³/天）12个，年均运维费106万元，其中8个存在缺口，平均缺口为每年22万元；二级工程（设计供水规模小于1 000米³/天、大于100米³/天）5个，年均运维费24万元，其中4个存在缺口，平均缺口为每年19.44万元；三级工程（设计供水规模小于或等于100米³/天）1个，年均运维经费2.8万元，缺口1.06万元。具体见表5-7。

表5-7 农村饮水安全工程运行管护经费定额、差额标准测算

工程等级	一		二		三	
定/差额	定额	差额	定额	差额	定额	差额
工程投资占比	20%	2%	10%	6%	6%	2%
饮水人口为基准(元/人)	59.6	8.2	85.4	21.2	140.0	53.0
工程数量为基准(万元/处)	106.2	21.9	24.3	19.4	2.8	1.1

　　据此可测算出 C 市在全面强化有偿供水、计量收费的前提下,每年供水总成本费用为 23.58 亿元,水费总收入为 11.14 亿元,经费缺口为 12.44 亿元,人均差额为 56.05 元。如考虑统筹城乡供水服务均等化,逐步提高农村供水价格,与城市水价基本持平,并将管网漏损率控制在 15% 以内,水费回收率提高到 90% 以上,全市农村供水工程运行管护资金缺口可控制在 5.41 亿元,人均 24.3 元。见表5-8。

表5-8　C市农村饮水安全工程运行管护经费缺口测算

工程级别	工程数量/处	供水人口/万人	运行管护经费/万元	经费缺口/万元	人均差额/ (元/人)
一类	814	1 155	68 838	9 471	
二类	1 898	471	40 208	10 001	22.96
三类	396 916	593	83 155	31 479	
合计			192 201	50 951	

5.5.2 典型调查分析

5.5.2.1 深度贫困乡镇饮水市场调查

　　C 市 18 个深度贫困乡镇共有 31.34 万人,其中常住 25.74 万人,已投入 2.1 亿元建农村饮水安全工程 2 269 处,基本解决了 23.71 万人"有水喝"的问题,占总人口的 75.7%,另 7.63 万人靠自行解决,占 24.3%(见图5-58),主要问题是:一是没有水源保证,主要以小溪流、小水塘、岩溶泉为主,基本没有水库或流量较大的河(溪),饮水安全保障率低(见图5-59),其中饮水安全保证率低于 90% 的人口 15.9 万人,占 50.7%,其中 9.23 万人饮水安全保证率低于 50%(即一年中有半年以上得不到保障),占比 29.5%。二是集中供水度不高,集中供水人口约 16.96 万人(主要通过城镇供水工程管网延伸实现),集中供水率 54.1%,低于全市平均水平 32 个百分点;其余 14.38 万人分散式供水。如 P 县 SY 乡场镇不仅没有标准化的水处理设施,而且水源为流量小且不稳定的山泉水,随时停水,部分农户饮水仍主要依靠屋顶收集雨水和山泉取水。三是水质不达标,配有净化消毒设备的供水工程覆盖供水人口仅 5.9 万人,占 18.8%;满足 42 项水质检测指标要求的供水人口 4.24 万人,占比为13.5%,比全市农村平均水平低50多个百分点,有6.42万人的饮水开展9项检测,占20.5%,其他小型供水和分散式供水工程不具备开展日常水质检测的条件。四是水价倒挂情况严重,平均执行水价仅为成本水价的2/3。

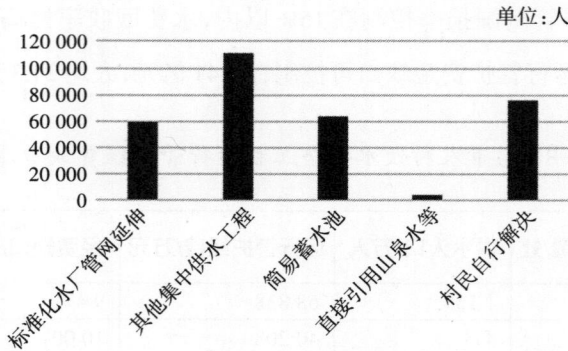

图5-58　18个乡镇饮水安全分类供给情况

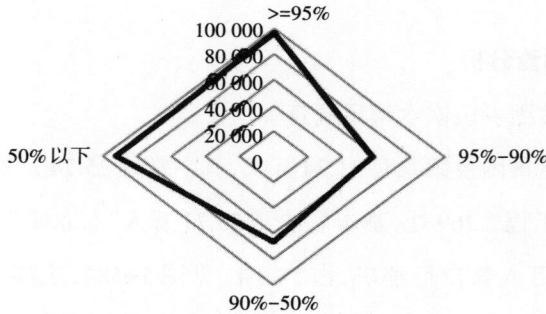

图5-59　18个贫困乡镇饮水安全保障率

5.5.2.2 集镇饮水市场调查

对48个农村集镇供水工程进行了问卷调查,对每个工程的基本情况、水源情况、经营情况等三个方面的18个指标进行了调查,除了上述情况外,还发现一个农村饮水安全工程存在的共性问题:执行水价全部低于成本水价(见图5-60),有水价数据的42个场镇供水工程平均成本水价4.65元/吨,实际执行平均水价2.01元/吨,有的供水工程收费远远不及成本,导致工程在一定范围内表现出"规模不经济"现象,意味着供水企业卖得越多亏得越厉害。当年42家场镇水厂总收入为1 787万元,总支出为2 577万元,年亏损790万元,平均每个供水工程亏损18.8万元。其中有3个供水工程因当年发展新用户较多,收了部分入户费用,才实现账面盈利。2017年C市农村供水平均全成本水价为4.18元/米³,平均运行成本水价3.14元/米³。平均执行水价2.56元/米³,为平均全成本水价的61.2%、平均运行成本水价的81.5%。

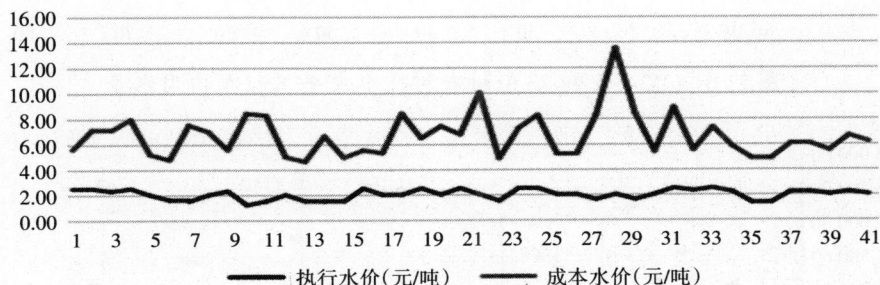

图5-60　C市Y县42个农村场镇供水工程水价

5.5.2.3 村社饮水市场调查

X县Y镇森林覆盖率高,本地水源好,调查的73个村级供水工程全部引用山泉水,不仅水质好、基本不需要处理,而且全是自流水、成本低。所有供水工程均没有安装水处理设施和水质检测设备,山泉水通过管网进入蓄水池,再通过管网自流到居民家中,是纯粹的"直饮水",运行成本几乎为零,所以绝大部分供水工程不收取水费,只有极少数适当收取费用。当然,这就造成当地的人均用水量比较大(见图5-61),平均每人每天用水130升,并且大多数人每天用150升左右。

通过比较分析,不难发现,在这种各个条件都十分优良的状态下,农村饮水安全工程的建设成本差距非常大:从人均投资来看,总体平均为526.23元/人,比较符合当前全社会的投资单价,但每个工程之间相差甚远(见图5-62),最高的人均投资达1 787.88元,最低的68元/人;从单位供水量来看投资成本,差距也非常大(见图5-63),总体平均为403.01元/米³,比较符合当前全社会的投资额度,但最高的投资达3 215元/米³,最低的仅为42.5元/米³。这就为当前农村供水工程的投资方式带来了挑战。

单位:米³/天

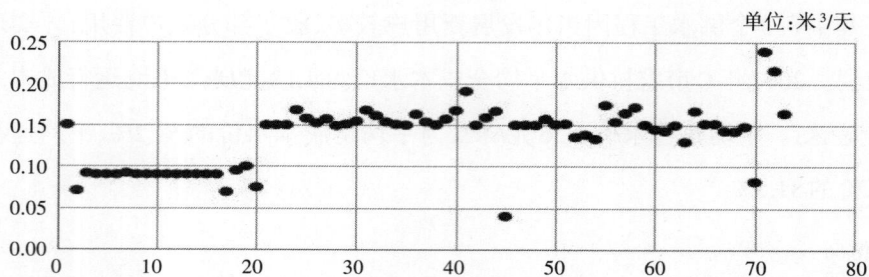

图 5-61　X县Y镇73个村农村饮水安全工程人均用水量

单位:元/人

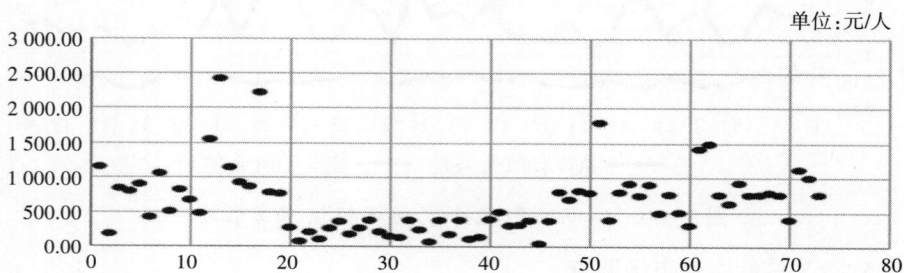

图 5-62　X县Y镇73个村农村饮水安全工程人均投资额

单位:元/米³

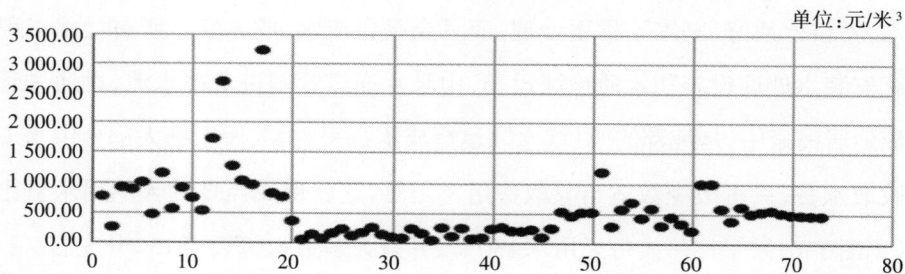

图 5-63　X县Y镇73个村农村饮水安全工程平均投资成本

5.5.3 居民反馈数据分析

群众反映涉水情况主要包括两个渠道:一是直接给政府、水利部写信打电话,或亲自去办公点反映,二是通过传统媒体或新媒体自媒体反映情况。

从历年群众来信(见表5-9)来电来访情况看:农村饮水安全一直是重点,占反映涉水问题总量的1/3左右,准确率高,属实率高于90%;其他诸多涉水事项如水事纠纷、河道管理、采砂管理、水利工程建设、移民政策落实等只占2/3。

　　从时间上看,从2013—2015年群众反映农村饮水安全问题有逐年下降趋势(见图5-64),说明当时解决农村饮水安全问题的力度在不断加大、农村饮水安全问题正在逐步得到改善,考察事实正是如此。当年当地党委、政府把农村饮水安全列入民生实事,每年投入30亿元以上;但从2016年开始,投诉量又呈上升趋势,主要体现在供水不足、饮水困难、自来水水质差、水费高及设施维护差、自来水公司服务不好等问题,这与2016年国家开始大规模减少农村饮水安全投入有很大关系。2016年没有明显表现出来,是因为前期投资政策有翘尾效应,而当年减少投资政策有延后效应。

表5-9　2013—2018年群众涉水来信情况

年份	来信总数/件	涉及农饮数/件	属实率	占比
2013	302	153	95%	50.66%
2014	385	164	96%	42.60%
2015	500	139	90%	27.80%
2016	516	99	88%	19.19%
2017	396	100	92%	25.25%
2018	367	123	95%	33.51%
合计	2 466	778	92.67%	31.55%

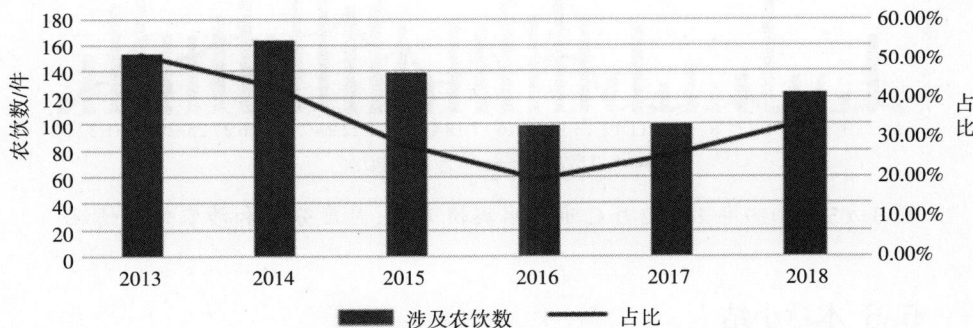

图5-64　2013—2018年群众投诉农村饮水安全情况

　　从最近一年传统媒体或新媒体自媒体曝光的农村饮水安全问题看:2019年,C市水利信息中心利用技术手段对涉水舆情进行全面监测,包括新闻、微信、论坛、微博,共收集涉水舆情信息654 774条,其中负面信息438条,占信息总量的

0.07%。这些负面舆情主要来自阳光C市(161条)、C市网络问政平台(129条)、新浪微博(65条)、天涯论坛(14条)、人民网地方领导留言板(14条),其余少数分布在地方论坛、网站等其他平台(见图5-65)。从时间上看,主要集中在夏季;从网民关注度看,较高的负面舆情主要集中在区县农村饮水水质差、偏远地区饮水困难、三峡库区移民问题、非法采砂等四个方面。从2019年33期舆情分析报告上看,比较典型的275次负面舆情中,123次涉及农村饮水安全,占44.73%,反映的主要问题是农村饮水的水质、水量、水价等问题。

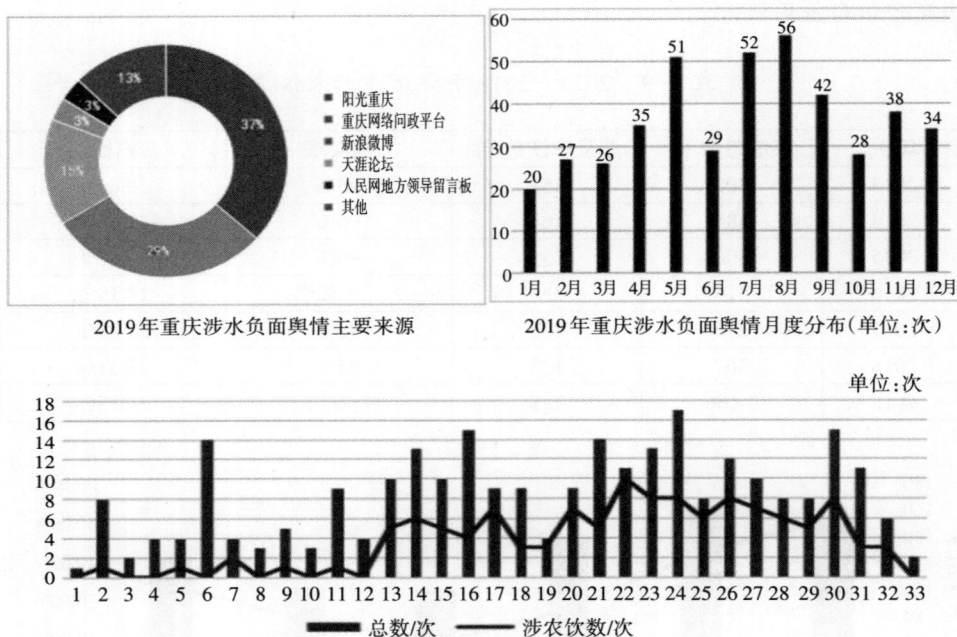

2019年重庆涉水负面舆情主要来源　　　2019年重庆涉水负面舆情月度分布(单位:次)

图5-65　2019年1—12月C市涉水舆情来源、月度分布和涉农饮水情况

5.6 本章小结

本章结合第3章分析的特征构建了农村饮水市场分析模型,并对农村水市场进行了有效性分析,找出其有效和失效的基本规律和总体情况,为之后的制度改进和创新提高、制度有效性分析、制度针对性和实用性增强奠定了基础。

第6章　农村饮水安全制度的设计冲突及创新

本章基于第5章构建的农村饮水有效供给市场模型有效性分析,结合38个现行制度,系统考察了导致农村饮水市场典型问题的制度根源,从制度设计的角度出发,剖析设计制度失灵的影响机理,探寻针对制度的"卡尔多改进",提出了分区定性制度和"双通道"决策制度等制度创新策略。

6.1　制度设计冲突的主要表现

本节首先针对上述38个农村饮水制度进行逐一分析,深入探究其在制度设计方面导致市场失灵的主要原因,包括:混淆不准的定性制度、高标低配的水质制度,以及人畜同饮的供给制度。

6.1.1 产品定性模糊化:混淆不准的定性制度

农村饮水混淆不准的定性制度导致了产品定性模糊化的问题。农村饮水安全究竟是否为公共产品?这是本书的核心科学问题,也是长期困扰基层工作的实际问题,对此,不同时期、不同专家从不同角度有不同的理论阐述,导致目前农村饮水"泛市场化"和"泛公益化"理论混杂,农村饮水安全的"混合品""准公共产品"定义繁多,导致市场和政府职责不清、相互推诿。

从现行的农村饮水安全制度看，12个省级和10个地区级供水制度中，14个地方把农村饮水工程定义为公益性基础设施，或与民生紧密相关的公用事业，明确是政府应当提供和保障的公共服务，规定县级或以上人民政府是农村饮水安全的责任主体，要求政府应当把村镇供水纳入当地国民经济和社会发展规划，统一编制规划，健全管理机制，落实扶持政策，明确优惠政策，实行规范运行，保障供水需求和饮水安全。具体包括加大对村镇供水工程建设和管理的投入，把工程建设用地作为公益性基础设施用地，列入计划，优先安排，确保供应，村镇供水工程可采用征用、划拨或者集体土地内部调剂等方式提供用地，占用农用地的应当依法办理农用地转用和使用手续。其中，湖北等省还要求从用电优惠、免征水资源费、水质监测免费、税收优惠等方面给予鼓励和扶持。但因农村饮水安全工程大多具有网络垄断性和排他性，不具备纯公共产品的性质，且水是稀缺资源，在一定范围内存在"拥挤效应"。于是，不少地方又把农村供水工程供给的产品当成"商品"，要求通过市场手段进行调剂和供给。这种"混合品""准公共产品"的属性，使"政府"和"市场"在饮水供给责任中定位不准、界限不清。

6.1.2 供给质量理想化：高标低配的水质制度

我国高标低配的水质标准导致了农村饮水供给质量理想化的问题。饮用水水质直接影响人体健康水平，据世界卫生组织（WHO）报道：全世界80%的疾病、50%的儿童死亡与饮用水水质不良有关。饮用安全、卫生的水，肠道传染病发病率可降低70%—90%，传染性肝炎、痢疾等的发病率可降低75%—85%，因此，水质是供水系统的核心。农村饮水的供给数量、质量和价格是影响其供给安全有效最突出的三大问题。农村和城市供水差别显著，城市供水水质基本可得到保障，而农村供水大多是"自流水"和"直饮水"，导致农村饮水产品缺乏市场竞争力。

有关农村供水水质的制度变迁，已在第3章3.1.2中有比较完整的回顾和论述，从检测指标不断增长的趋势看，百姓对水质的要求越来越高。本书考察的供水制度中，无一例外都涉及水质这一问题，要求把水质要求贯穿于农村饮水工程从设计到运行、养护的全过程，涉及的软硬件设施设备都要到位，水质要求包括水质论证、水质净化、消毒以及水质检测设施建设等内容,并且按规定开展卫生学评价工作,划定水源保护区或水源保护范围,明确保护措施,实现工程建设和水源保护"两同时"。主要特点有三:一是统一标准,现行国家水质标准中指标由35项增加至106项,且不分城乡都执行同一标准,包括农村各类集中式供水工程和分散式供水工程,这从制度上保证了城乡供水一体化。二是分类管理,对供水规模大的要求更高,如国家制度中规定日供水1 000米³或供水人口1万人以上的工程,还应建水质检验室,配置相应的水质检测设备和人员,落实运行经费。三是分级管理,《农村饮水安全工程卫生学评价管理办法(试行)》中明确,日供水能力大于3 000米³的农村供水工程由省级卫生部门负责,其他的由县或市级卫生部门负责。比较遗憾的是,水利行业现行的《农村饮水安全评价准则》(中国水利学会2018年发布实施)把这一制度降格处理了,如农村分散式供水工程的基本达标水质标准改为:饮用水中无肉眼可见杂质、无异色异味、用水户长期饮用无不良反应。检测方法也相应改为了"望、闻、问、尝"等。这为农村供水工程的"直饮水"提供了制度依据。

6.1.3 农村供水类型单一化:人畜同饮的供给制度

农村人畜共饮的供给制度导致农村供水类型单一化。相较而言,农村饮水需求和供给都具有多元性,农村除了与城镇类似,需要淘菜做饭、洗漱洗涤外,还有牲畜饮用、农业浇灌的需求。然而,在我国农村饮水安全的发展进程中,这种差别一直未被重视,导致人畜共饮。如:1980年国家农委批转水利部的文件《关于农村人畜饮水工作的暂行规定》(草案)和1984年国务院办公厅转发水利电力部报告《关于加速解决农村人畜饮水问题的报告》《关于农村人畜饮水工作的暂行规定》,均统一涉及农村人畜饮水问题,内容包括解决的范围、缺水的标准、饮水的标准等,只在饮水数量上做了区别,如规定干旱期间,北方每人每日应供水10公斤以上;南方40公斤以上。每头大牲畜每日应供水20至50公斤,每头猪、羊每日供水5至20公斤。平均年降雨量在600毫米以下利用旱井、旱窖的地方,蓄水量以蓄1年够1至2年用为宜。南方地区,70天至100天不下雨保证有水吃。此外,

1991年国务院办公厅转发水利部报告《关于进一步做好农村人畜饮水和乡镇供水工作的报告》《全国农村人畜饮水、乡镇供水10年规划和"八五"计划》,也对人畜饮水统一做了部署和安排。这种人畜同饮的制度直到2000年才有所改变,但其影响直到现在未被完全消除,农村人畜饮水至今仍未建立分类供给、循环使用的办法或制度,从而刺激了水资源浪费,尤其是干旱地区和时段,增加了供水的难度和成本。

6.2 制度设计失灵的内在机理

本节基于农村饮水安全制度设计的冲突表现,针对制度设计失灵的影响机理,分别从定性、质量和分类三个因素进行了深入探究。

6.2.1 定性制度失灵分析

把农村饮水笼统定性为公益品,要求政府大包干"无差别"供给,是导致出现当前农村饮水工程各种怪象的理论根源。这个理论忽略了百姓对水的基本需求和非基本需求的本质区别和辩证关系,一篮子定性让农村饮水的非基本需求部分轻轻松松搭上基本需求的"便车",形成了超额的"免费水""福利水""大锅水",这不仅会让政府背上过重的供给包袱、百姓因获取便宜而浪费严重,而且导致政府和市场权责不清、界限不明,政府越位供给形成强大的"挤出效应",使本就"市场失灵"的农村饮水市场雪上加霜。

如图6-1所示(左为一般公共产品分析模型曲线,右为本书设计的分析模型曲线,分析结果相同):P为供水价格、Q为供给数量,S为农村供水需求曲线(价格越低,需求越大,所以曲线向下),D为供给曲线(因为农村供水价格为政府确定,一般以均价定额,所以供给曲线为一条水平直线,阶梯水价等特殊情况暂不考虑),a为当地百姓基本需求(为数量相对固定的刚性需求,所以为一根垂直的竖线)。按照政府应提供公益品的职责,在市场失灵的情况下,A部分的水量应由政府兜底提供,不论盈亏,而B部分的水量应采取市场方式供给,至少要保本或者要有微利。但是,如果不考虑百姓基本需求和非基本需求的差别,那么市场将在 m_1 点取得平衡,即供水量和用水量均为 Q_1,这将会导致人们在满足基本需求水量 A 以后,将随意低价多使用 B 部分的水,既造成浪费,又增加政府的供给负担。当然,在不堪重负的情况下,政府也是利己的,它将通过多种制度设计甩掉自己背上的包袱:要么让 A 去搭 B 的便车,把政府责任"市场化";要么层层签订责任书,把上级责任"基层化";要么组织百姓建立用水合作组织等方式,把政府责任"社会化"。

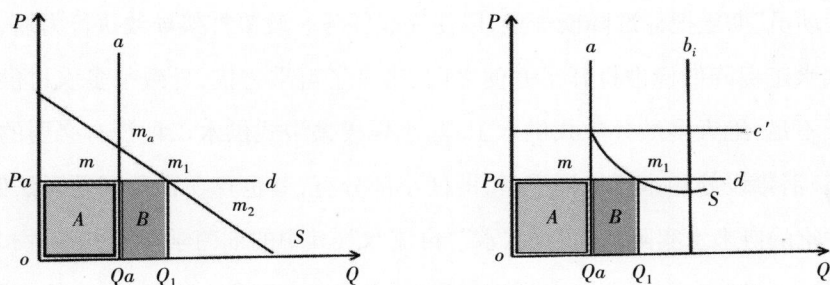

图 6-1　农村饮水"无差别供给"分析图

农村饮水具有公益性和经营性,目前"泛市场化"和"泛公益化"都存在,可参照现行农村教育、医疗等成功做法,严格区分农村百姓饮水的公益性事务和经营性事务,分段定性、分段定责、分段供给,政府有进有出。其中基本需求部分是刚需,把这部分定性为公益品,由政府兜底保障,把非基本需求定性为市场品,由市场提供,或政府采取市场化手段供给,减轻负担。

6.2.2 质量制度失灵分析

调查数据显示,我国农村饮水工程供水水质合格率普遍偏低,卫生部门按工程量统计的水质合格率仅为 35.7%,对 29 个省区市和新疆建设兵团等 2.8 万处农村集中供水工程进行水质监测,合格率为 37.94%。由于缺乏专门经费与人员,水质检测部门对农村饮用水质疏于管理,水质检测都以村民自愿送检为主,供水部门和检测部门对水质好坏不承担责任,对检测不合格的水源、水质也没有相应的处置措施。C 市 540 多个建制镇水厂中,80% 以上的水厂无化验室和消毒设备,设施设备相当落后,且只有338个建制镇水厂建设有简易澄清池和滤池。C市卫生健康委2018年开展农村饮水卫生监测结果显示:农村饮水总达标率为52.7%,其中集中式供水水质为55%,分散式供水水质为17.5%,农村学校供水水质为45.9%,深度贫困乡镇水质达标率为35.9%,与国家水质卫生标准(合格率要求93%)差距大。

导致现行农村饮水质量制度失灵的主要原因:一方面"运动员"和"裁判员"之间存在博弈,"裁判员"期望把水质标准提到最高层级,确保农村饮水安全万无一失,"运动员"期望把标准降低一些,以便完成任务。政策打架导致执行力弱,这给农村供水工程降低标准打开了方便之门、带来了可乘之机,导致很多农村供水工程先天不足:绝大多数分散式供水工程、小规模集中式供水工程没有必要的水处理设施、消毒设施和水质检测设备,即使小部分有,其也存在种种问题无法使用,老百姓吃的自来水实际就是"直饮水""自流水",其中的细菌学指标、污染物、有害物质超标。另一方面,"直饮水"和"自流水"之间存在竞争。农村的"直饮水"是指山泉水、溪沟水、池塘水等不经过处理、直接流进百姓家的水,城市的"直饮水"是指水质特别好、不需要处理就可直接饮用而对身体无伤害的水。两者之间差别巨大,尤其是在水质方面有天壤之别,前者是"望天水",来水有多浑、多脏,饮水就多浑、多脏,百姓完全无法控制、听天由命,这类情况还大量存在。在这种情况下,农村饮水工程的供水与老百姓自备的井水等"自留水"在水质上没有区别,可能还稍差一些,如果还要收费,即使是象征性的低收费,也没有丝毫竞争力,工程被废弃也是情理之中、理所当然。

要正视当前这种高标准制度的低执行问题,一方面要降标准,改进当前这种不合理的制度设计,"标准"不是"标杆",应是"标配",与其好高骛远设定一个在短期内绝大部分农村饮水工程都很难实现的"顶配"指标体系,大家叫好不叫座,不如实事求是分阶段、分步骤科学规划,设置出不可突破的底线,要求全部农村供水工程必须执行。另一方面要提质量,切实加快农村饮水工程巩固提升工程建设,尽快建立起以水质为核心的质量管理体系,通过定期抽检、不定期抽查、现场督查、智能巡查等多种方式,运用物联网、大数据等现代技术手段对饮水工程的进水、出水和进户末梢水进行全面监控,力争实现从"水源头"到"水龙头"的全程保护,只有政策"接地气",才能"聚人气",才能坚守住农村居民的健康。

6.2.3 分类制度失灵分析

不同饮水需求对水质要求不同,因此可分类供给、循环利用,如烧饭炒菜用自来水、洗衣拖地用山泉水、淘米水可以喂养牲畜、洗涤水可以浇灌田园。这不仅是节约水资源、降低农村供水压力的需要,也是遵循农村供水特性、形成节俭等良好风气的需要。但现行农村饮水制度中没有提及分类供水,甚至一些地方还设计出用量保底、包干收费等刺激无节制用水的制度,使牲畜饮水搭上居民饮水的便车、生活用水搭上饮用水的便车,导致供水主体更注重数量而不注重质量、更注重开发而不注重节约、更注重当前而不注重长远,直接拉低了农村居民饮水水质。

6.3 制度设计创新的基本思路

基于上述针对农村饮水安全制度的主要设计冲突和制度失灵的影响机理,本书提出了分区定性制度和"双通道"决策制度两种制度创新策略。

6.3.1 分区定性制度创新

基于前面的分析,当前针对农村饮水安全工程,由于混淆了"公益性"和"经营性"而进行笼统定性,是导致政府和市场权责边界不清的核心关键,使人们对农村饮水的"泛公益性"和"泛市场化"认识长期处于胶着混沌状态,是造成当前农村饮水市场大面积出现"双失灵"的理论和制度根源。破解理论认识上的这个难题,是划分政府和市场在农村饮水有效供给中职责的前提条件,本书尝试探索建立的农村饮水分区定性制度对破解这一难题进行了有效的回应。所谓分区定性制度就是从源头出发,通过对农村公共产品的理论创新,厘清政府和市场的责任边界,促使政府与市场两只手协调发力。其基本思路是遵循农村居民饮水分基本需求和非基本需求的客观现实,把其中的基本需求部分定性为公共产品、非基本需求部分定性为市场产品,其制度目标是从根本上破解农村饮水产品定性混淆问题,还可为农村饮水分类供给制度创新创造条件。在确保农村居民基本饮水需求之后,可充分利用农村饮水多元供给和多元需求的特性,对"进口水"与生活水、人饮水与牲畜饮水进行分类分质供给,降低政府保障成本和供给负担。

6.3.1.1 创新基础

如前所述,对制度进行分区定性,须严格区分农村百姓饮水的基本需求和非基本需求,分区定性、分段定责、分量定价供给,把基本需求部分定性为公益品,由政府兜底保障;把非基本需求部分定性为市场品,由市场提供,或政府采取市场化手段供给。

一是从外部看,有成功经验可借鉴:现行我国农村教育、农村文化、农村交通、农村医疗等领域均存在分区定性、分段定责、分量计费的情况,基本需求部分免费或少交费(见表6-1),非基本需求部分按市场法则供给。

表6-1　我国农村教育、交通、医疗、文化等分段供给情况

类别	农村教育	农村交通	农村医疗	农村文化
全民免费享有的基本需求	义务教育	省、市、县、乡、村道	新农合	文化事业
交费购买的非基本需求	高等教育、贵族学校、留学等	全封闭高速公路	基本医疗保障以外	文化产业

二是从内部看,有基础条件可参照:之前我国农村饮水安全指标体系已有分区分段概念,如1989年《农村生活饮用水量卫生标准》(见表6-2),根据气候条件把全国分为5个区,每个区的水量不同,同时按照水龙头安装情况、洗涤条件、收费情况等又分别分为2个段,每个段的水量不同;现行的《农村饮水安全评价准则》(2018年发布实施)也根据年降雨量有不同标准,部分地区达标为不低于60升/(人·天)或40升/(人·天),基本达标为不低于35升/(人·天)或20升/(人·天)。同时,我国城市阶梯水价制度已对城市居民用水进行了"基本需求"和"非基本需求"的分区设置(见表6-3和表6-4),这为我们设计村镇分区分段分类供水制度提供了借鉴和参考。

表6-2 农村生活饮用水量卫生标准(最高日)

单位:升/(人·天)

气候分区	供水条件	给水卫生设备类型及最高日生活用水量		
		集中给水龙头	龙头安装到户	
			无洗涤池	有洗涤池或有洗涤池及淋浴设备
I	计量收费供水	20—35	30—40	40—70
II		20—35	30—40	40—70
III		30—50	40—70	60—100
IV		30—50	40—70	70—100
V		20—40	35—55	50—80
I	免费供水		40—60	85—120
II			50—70	90—140
III			60—100	100—180
IV			70—100	100—180
V			50—90	90—140

表6-3 我国现行阶梯水价制度设计情况

阶梯分布	水量性质	数量设置	功能设置	价格比例
第一级	基本需求	按覆盖80%居民家庭用户的月均用水量确定	保障居民基本生活用水需求	一、二、三级阶梯水价按不低于1:1.5:3的比例安排
第二级	非基本需求	按覆盖95%居民家庭用户的月均用水量确定	改善和提高居民生活质量的合理用水需求	
第三级		超出第二级水量的用水部分		

表6-4 各地城市居民生活用水阶梯水量建议值

单位:吨/(人·月)

地 区	地域分区	阶梯水量建议值	
		第一级	第二级
内蒙古、辽宁、吉林、黑龙江	1	2.4	4.1
北京、天津、河北、山西、山东、河南、陕西、甘肃、宁夏	2	2.6	4.3
上海、江苏、浙江、安徽、福建、江西、湖北、湖南	3	3.6	5.5
广东、广西、海南	4	4.6	6.7
重庆、四川、贵州、云南	5	3.0	4.3
西藏、青海、新疆	6	2.6	4.3

注:1.表中地域分区及阶梯水量建议值参考了《城市居民生活用水量标准》(GB/T 50331-2002);

2.《城市居民生活用水量标准》中第6区三省份居民生活用水量标准较实际偏低,调整为按第2区执行;

3.考虑到地区差异,各地可结合近三年居民实际用水量做适当调整。

6.3.1.2 创新思路

农村饮水分区定性基本思路是:把农村居民的饮水需求分为两部分:基本需求和非基本需求,其中分区定性是指把基本需求区域定性为农村公共产品,非基本需求定性为市场产品;分段定责是指基本需求部分由政府负主责,兜底保障,非基本需求部分由市场负责,政府不参与、不干预;分量计费是指基本需求部分定低价,包括零水费、运行成本水价、可承受水价、与当地城镇联动联调水价等,非基本部分为市场价,包括全成本加合理利润水价、惩罚性水价等(见表6-5)。

表6-5　农村饮水分区定性分段定责分量定价制度设计

需求类型	分区原则	分区定性	分段定责	分量定价
基本需求	涉及"进口"的水	公共产品	政府为主兜底保障	低水价(包括零水价、运行成本水价、可承受水价、与当地城镇联动联调水价)
非基本需求	其他用水	市场产品	市场为主	高水价(全成本加合理利润水价、惩罚性水价等)

基本需求量如何确定? 一是既要考虑人的基本生理需求,确保饮水安全的底线不突破,又要防止生活用水"搭便车"增加负担。建议参照当前《农村饮水安全评价指标体系》并适当缩小范围、减少数量,可只包括每人每天必须要喝或用的水量("进口"水),包括喝茶(水)、烹饪、洗菜等用水,可不包括洗澡、洗衣等其他生活用水,涉及饮水安全之外的需求可采取分质供水方式给予解决,避免出现用煮饭水冲马桶的现象,既浪费水资源,又增加供水工程制水和财政补贴的压力。二是既要考虑不同地区的水资源状况,如分为高山区/低山区、干旱区/丰水区、城镇区/农村区;又要考虑同一地区不同时段的情况,如丰水年/干旱年、枯水期/主汛期、用水高峰期(春节、夏天)/用水低谷期等。这个具体数量需要各地结合实际综合权衡科学确定并不断调适,基本需求定量太高不仅会造成浪费,也会增加财政负担,太低又不能满足百姓基本需求。根据《农村饮水安全评价准则》,在水量方面,对丰水地区和缺水地区进行分类规定,丰水地区每人每天可获取的水量不低于35升,缺水地方不低于20升,为基本达标。

6.3.1.3 注重两个转变

创新分区定性制度后,政府的供给数量责任减轻了,但供给质量要求应有所提高,应特别注重以下两个转变:

一是供给数量从保底供给向限高供给转变。如已经存在的饮水分量指标可以作为参考和借鉴,但需要按照新战略调整相关思路、项目和指标:之前确定的水量指标是群众需求的底线数量,也就是保障群众生活饮水安全的底线,反之,在确定政府兜底责任时,这要变成基本需求的供给高限,把它作为政府和市场责任的分界线,超过部分即采取市场方式满足和供给。

二是关注重点从供给数量向供给质量转变。政府对供水水质要求应有所提高,为此应配套建立在线检测制度。其基本思路是利用物联网等先进技术,以中央正在实施的农村饮水巩固提升工程为契机,对农村供水工程进行智能化改造,实现农村饮水水质的自动、实时和常态化监控,可克服三个问题:一是现行农村饮水质量监控"两张皮"问题,目前水利和卫生部门分别作为"运动员"和"裁判员"开展自检和抽检,存在重复投资、重复检测、重复监督等问题,增加了基层负担,检测结果迥异,可信度低。二是抽检的准确率问题,抽检制度存在以点带面、以偏概全的问题,检测结果因人、因时、因季而异,难以掌握全面真实情况,也给基层弄虚作假应付检测创造了机会。三是可持续改进问题,目前的农村饮水质量监控体系改进速度缓慢,改进办法不多。可利用在线检测结果形成的大数据追溯历史状态、探寻变化规律、分析发展趋势,为稳定和提高水质提供科学依据,以彻底解决饮水安全问题。

6.3.2 "双通道"决策制度创新

通常农村饮水存在"市场有效"和"市场失灵"两种情形,因此农村饮水有效供给应充分发挥市场在资源配置中的决定性作用,借助市场手段和力量。对市场有效部分,政府不干预不参与,由市场机制进行调节。政府只针对"市场失灵"部分进行调配、调节和调控。为此须彻底改变当前政府在农村饮水供给中"独揽大权"的现状,变供给"独木桥"为"双通道"(见图6-2)。

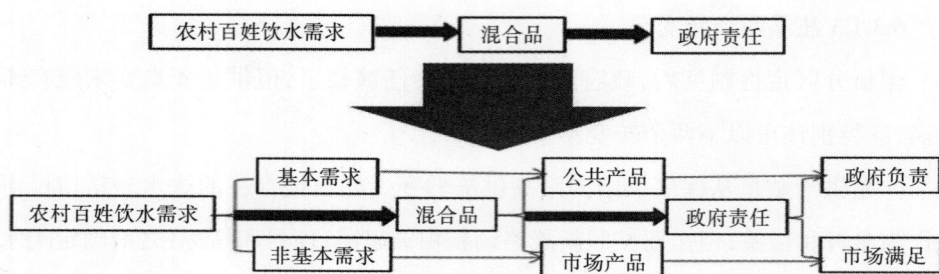

图6-2 农村饮水有效供给路径从"独木桥"变成"双通道"

至于如何科学划分政府和市场之间的权责边界,前面已从理论上进行了详细论述,在此拟就如何决策执行进行探讨,主要思路是借助决策树(Decision Tree)模式对我国农村饮水工程发展的决策过程实施流程再造,从决策流程上实现职责分界、工作分流。"决策树"的优点是可把全国所有饮水工程可能存在的全部情况和决策流程统筹在一个张图上,用不同的分支表示不同的情形和不同的处理方式,非常直观,让人一目了然,基本可以做到"一树在手、决策全有"。

6.3.2.1 制作说明

在制作针对农村饮水的决策树型流程图时,应做到以下几点:

一是表达力求简单,每个分支部分都尽量用是(Y)/不是(N)、能(can)/不能(can't)来判断、区分和标识。

二是分析力求清晰,此树的核心在于厘清政府和市场的边界,回到两个基本问题:"哪些该政府干?""政府该怎么干?"该市场负责的直接交给市场,该政府负责的找到针对各种情形的科学对策,凡是不涉及这两个核心问题的都一概忽略不讨论。

三是逻辑力求严密,始终坚持三个基本原则:1)需求导向原则。民之所需,政之所向,本决策树型流程图只研究百姓有效需求的农村饮水部分。2)市场导向原则。充分发挥市场在资源配置中的决定性作用,把市场作为第一手段,能够市场化解决的坚决放手让给市场,政府干预"市场失灵"部分也尽量借助市场手段。3)政府有为原则。公共产品领域出现市场失灵,政府要兜底解决百姓的基本需求,不能含糊当"翘脚老板"和"甩手掌柜",更不能当"看客"和"说客"。因此整个决策树的分析流程大概分三段(见图6-3):第一段判断"百姓是否有需要","有"就继续分析,"无"就中止分析。第二段判断"需求是否为基本需求","是"就继续分析,"不是"就直接交给市场。第三段判断"是否市场有效","有"就直接交给市场不再分析,"无"就继续分析查找原因、寻求对策。

四是结论力求明晰,本书的落脚点是找到政府在促进农村供水工程有效供给中的有效措施,尤其是在制度创新和实施方面,所以决策树的起点是百姓需求、终点是政府对策。其间该市场负责的直接标明市场,具体市场如何配置不予讨论;该政府负责的逐步分析。从前面分析来看,影响农村饮水工程有效供给的核心问题归纳起来就是两个:1)供给数量(包括受水源、水厂、水质和百姓需求等因素影响的供给数量),2)供给成本(包括受制水成本、供水价格、百姓可承受水价等因素影响的供给成本)。最终解决这两个问题的措施有两条:一是送水,二是补贴,送水可兜底解决供给数量不足的问题,补贴可解决供给成本过高的问题。至于如何送水和补贴,限于研究精力和篇幅所限,本书不再深入探讨。

五是标志力求规范,其中: 🚫 表示分析到此结束。 ×× 表示采取的措施,如 政府:送水 表示此时政府应该送水。

××(Y)中的××是分类或判断标准。(Y)表示"是",(N)表示"不",其他以此类推,如:新建(can)表示:能新建工程或制度。

根据之前的分析,我们可以得到一个完整的"决策树"型流程框架图(见图6-3)

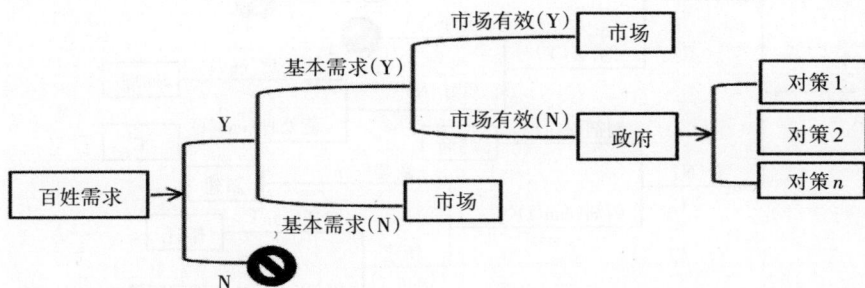

图6-3　"决策树"型流程示意图

6.3.2.2 基本框架

根据以上的分析,我们可将农村饮水有效供给的具体情况代入"决策树"型流程图,从而得到完整、具体的农村饮水有效供给"决策树"型流程图(受页面限制,分为三部分),其中图6-4与图6-5的A部分衔接,图6-6与图6-5的B部分对应,图6-4中"有"分支的3个C分别可与"无"分支的C相接。特别说明的是,受个人研究能力和实地调查范围局限,此"决策树"型流程图不是放之四海而皆准的真理,不一定适应全国各个地方、各个水厂、各个阶段的实际情况,其核心是提供一种思维模式和决策路径,需要各地根据各个工程、各个阶段的特点不断地补充、完善和调整。

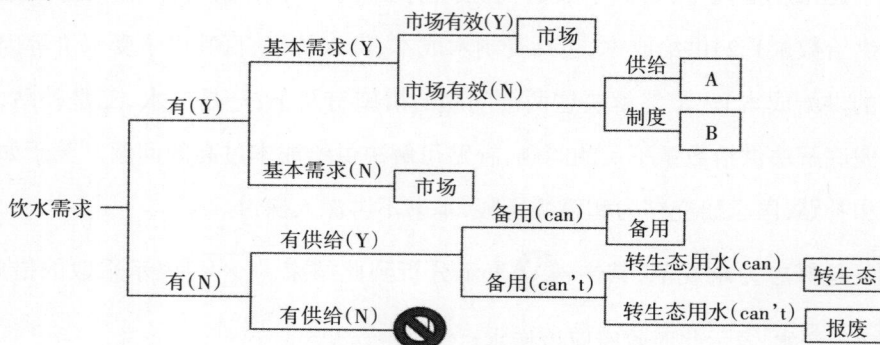

图6-4　农村饮水有效供给"决策树"型流程图1

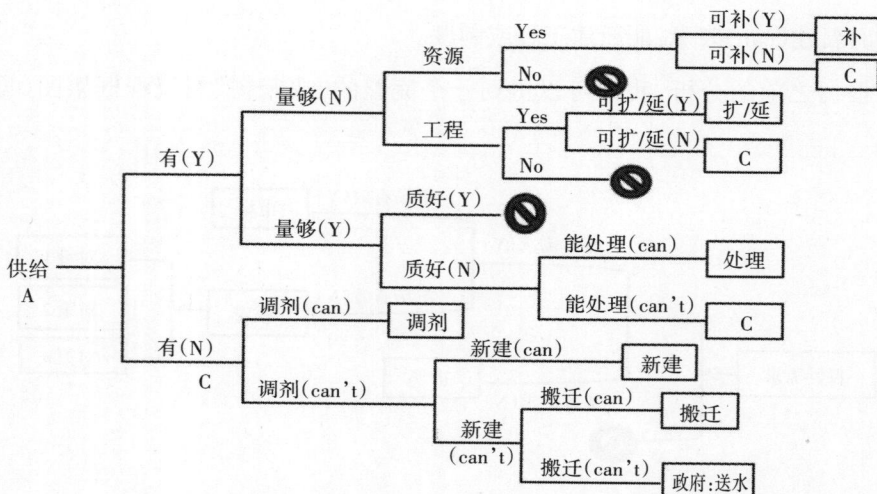

图6-5　农村饮水有效供给"决策树"型流程图2

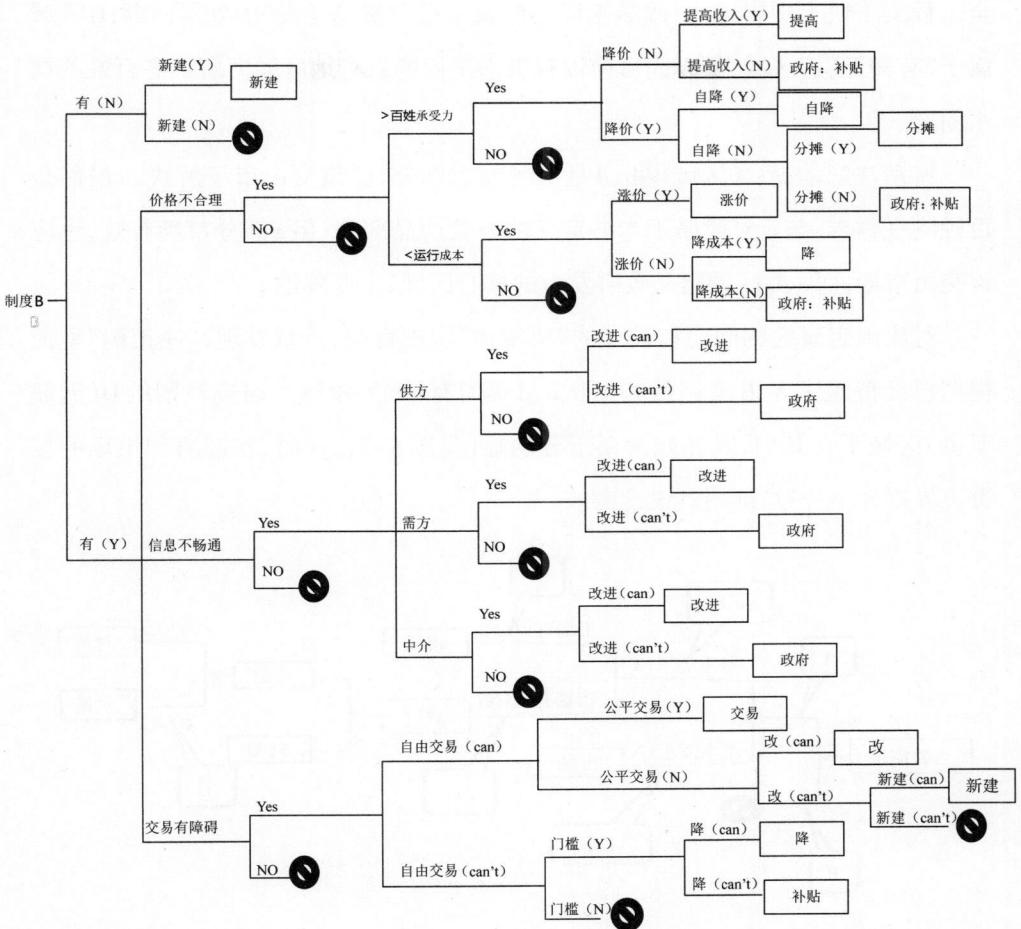

图 6-6　农村饮水有效供给"决策树"型流程图 3

6.3.2.3 有效性和使用

判断设计的"决策树"型流程图是否有效,标准就是看它是否解决了我们之前提出的所有问题。回顾前面我们已经讨论并设计出了研究的范围(见图 4-14),即:重点研究农村供水工程有需(A、C)或有供(A、B)的有效性问题,"无需无供"(D)不存在有效性问题,所以不讨论。其中 A 区域属于"有供有需"区域,是研究农村地区已有饮水工程的有效供给问题,是本书的重点和难点;B 区域属于"有供无需"区域,是研究农村地区无需求但已建工程的处理问题,实质就是农村饮水安全工程大干快上中出现的"政绩工程""形象工程""重复建设"的处置问题；C区域属于"有需无供"区域，是研究目前没有供水工程的农村地区如何解决老百姓的饮水问题。

特别注意的是：A区域内b、d是市场需求部分，应该交由市场解决，a虽然是百姓刚性需求，与c、C同属于本书定义的公共产品部分，但a部分市场有效，也应该交由市场，而c、C区域则是政府发力的核心区域、主要阵地。

对比确定研究的问题和设计的"决策树"型流程图，不难发现，"决策树"型流程图已经覆盖了A、B、C区域和a、b、c、d等所有情形，没纳入研究范围的D（无需无供）区域不在其列，其匹配关系十分明显（见图6-7），同时，在政府和市场的权责边界划分上一致，证明其设计有效。

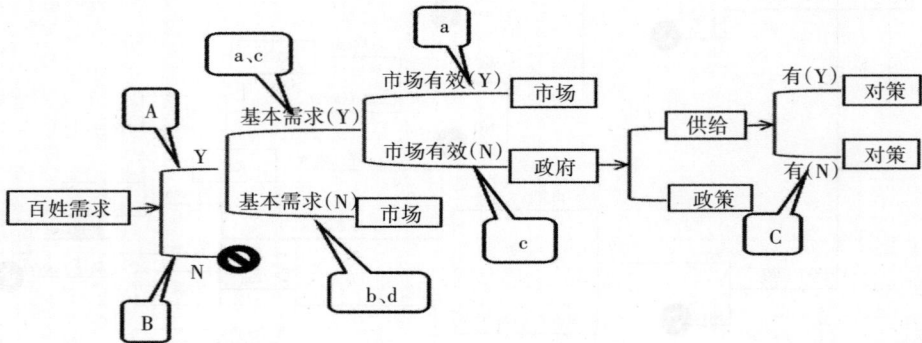

图6-7　研究问题与"决策树"型流程图的匹配关系

"决策树"型流程图使用十分简便，农村饮水工程中遇到具体问题需要决策时按照"决策树"流程从前往后逐步推进，到了分支口，按要求回答一个问题（Y/N，can/can't），并按照所选答案继续前进，遇到多个分支时，同步推进即可。使用流程图不仅可以有效分解农村饮水的工作压力，还有助于调动各个方面参与的积极性，其分解、传导压力的机制十分清晰（见图6-8，其中图中数字为假设值），至于其中所建议采取的对策措施是否有效或有效程度如何，需要各地在实践中统筹把握。

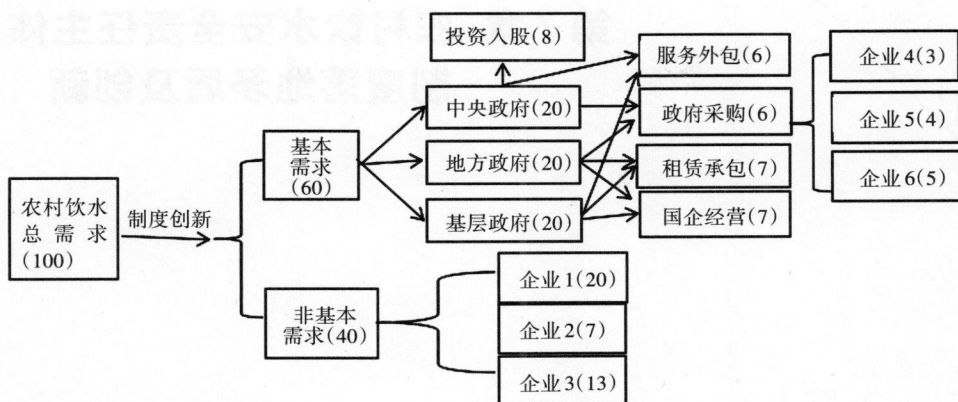

图6-8 农村饮水有效供给的压力分解示意图

6.4 本章小结

本章以搜集到的中央、地方和基层38个农村饮水安全制度为分析对象,从制度设计角度剖析了导致农村饮水市场失灵的制度根源,并有针对性地提出了创新的思路。当前农村饮水市场的非有效供给表现为供大于求或供低于求,而制度失效是该矛盾产生的直接原因,主要表现在三个方面:混淆不准的定性制度导致农村饮水产品定性模糊化、高标低配的水质标准导致农村饮水供给质量理想化、人畜同饮的供给制度导致农村供水类型单一化。而根据全面建成小康社会与乡村振兴的时代要求和农村的发展趋势,需要对现行农村饮水供给制度失灵的部分进行"卡尔多改进",构建起以分区、分段、分量供给制度为核心的制度体系,包括总供给—总需求制度、"双通道"供给制度等,以解决"农村饮水究竟是不是公共产品,究竟该谁负责供给,怎么样供给更有效"等理论与实践问题,力争释放制度改革红利,破解农村饮水有效供给的结构性难题。

第7章 农村饮水安全责任主体制度落地矛盾及创新

本章参照第6章的方法,对农村饮水安全责任主体制度进行了分析,探究了其导致农村饮水市场失灵的根源,主要包括责任主体、融资主体和运管主体等三个方面制度的落地矛盾,然后针对主要矛盾进行制度改进和创新。

7.1 制度落地矛盾的主要表现

7.1.1 责任落实基层化:"层层下移"的责任制度

2013年由国家发展改革委、水利部、卫生计生委、环境保护部、财政部等印发的《农村饮水安全工程建设管理办法》,是在总结完善《农村人畜饮水项目建设管理办法》(2000年)、《农村饮水安全工程建设管理办法》(2007年)和《农村饮水安全项目建设资金管理办法》(2007年)等基础上修订形成并颁布实施的,是当前全国农村饮水工程执行的"上位法",其中明文规定"农村饮水安全保障实行行政首长负责制。地方政府对农村饮水安全负总责,中央给予指导和资金支持",对"农村饮水安全项目管理实行分级负责制",要求通过层层落实责任制和签订责任书,把地方各级政府农村饮水安全保障工作的领导责任、部门责任、技术责任等落实到人。可见农村饮水工作责任制实现了从中央到地方、到乡镇甚至村社的上下贯通,基本做到了层层传导压力、层层落实责任。本章以中央、C市和C市Q区的饮水制度为例,介绍了农村饮水安全项目管理分级负责的制度设计(见图7-1)。

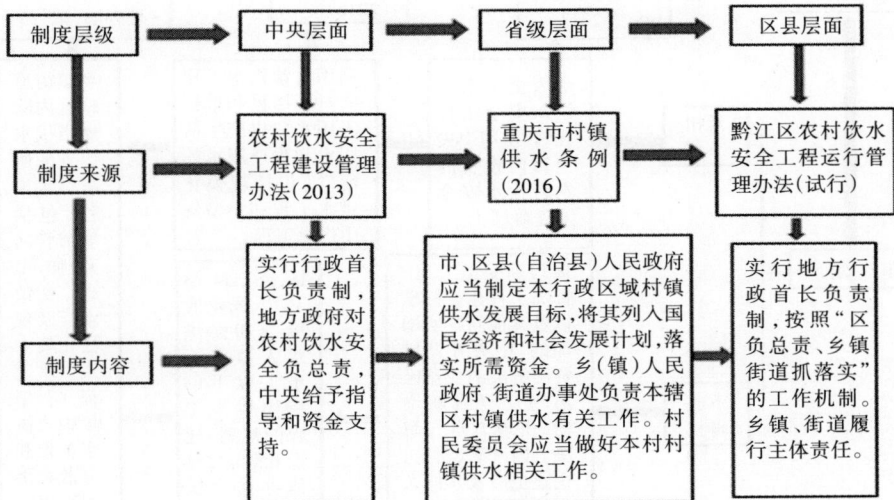

图7-1　中央、C市和C市Q区农村饮水制度

但从同一制度中规定的相应事权看,层层落实责任的机制也成了层层向下推卸责任的渠道,不少具体事项通过层层传导压力下放到了基层,压在承担能力最薄弱的县乡环节(见图7-2)。在中央和省级层面,制度设计中都通过事权划分,只承担了部分事权,甚至只负担比较轻松的部分,如中央只承担了纳入规划的饮水项目的定额补助部分,没纳入规划的、定额不足的、提高标准超支的、已受益区出现反复的,均要求省级负总责或地方自行解决;而C市则明确把20人以下的分散供水工程事权全部下放到区县,这部分事权直接针对最偏远、最困难、需求最大的基层群众,是意义最重大、数量最庞大、责任最艰巨的一部分;Q区在制度中表面承担了全部事权,但在上述层层落实责任过程中,明确乡镇人民政府、街道办事处履行主体责任。

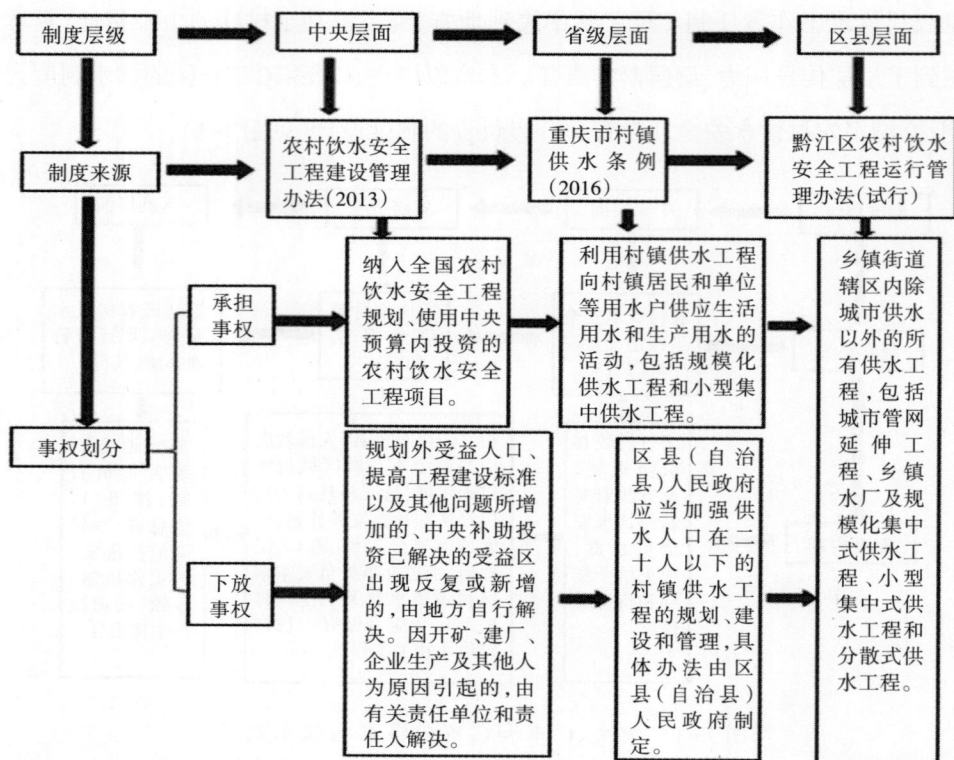

图7-2 中央、C市和C市Q区农村饮水制度有关事权划分

根据相关农村饮水工程管理主体的调查数据,全国集中供水工程有六级管理层级,其中省级管理层级占0.2%,地市级管理层级占0.8%,县级管理层级占32.6%,乡镇级管理层级占43.0%,村级管理层级占19.6%,其他管理层级占3.8%左右。

由此可见,大部分农村集中供水工程的管理责任压在了承担能力最弱的村镇一级,他们构建的管理机构有多种,包括水利部门组建专业机构管、乡镇水管站管、村集体管、农民饮水合作组织管、股份制企业管、农户自行管等,而中央文件规定的责任主体中的县级及以上人民政府只承担了1/3,并且大多是具有一定经营优势的规模供水工程。

从C市情况看,38个区县和W经济开发区的农村饮水工程的运行管理主体大体可分为乡镇政府机关或单位、企业、村委会和用水户4大类。其中乡镇政府机关或单位包括乡镇政府办和乡镇水利管理站；企业包括各区县所属的供水公司和私营供水企业；村委会或用水户作为运营主体是由工程所在地村委或村民商议决定的管理主体。目前C市农村集中供水工程和分散供水工程所占比例分别为7.64%和92.36%，超过九成的分散供水工程均以村委会或用水户管理为主，因此全市农村供水工程管理主体以村委会或用水户为主，专业性不强。

7.1.2 融资主体空心化："补助""配套"的融资制度

从饮水工程建设融资制度看，"补助制""配套制"使农村供水融资主体虚化。国家农村饮水制度明确规定，"农村饮水安全工程投资由中央、地方和受益群众共同负担"。其中，中央补助地方农村饮水安全工程项目投资为定额补助性质，由地方按规定包干使用、超支不补，只是对东、中、西部地区实行差别化的投资补助政策，加大对中西部等欠发达地区的扶持力度。地方投资落实由省级负总责，在中央下达的建设总任务和补助投资总规模内，各具体项目的中央投资补助标准由各地根据实际情况确定，入户工程部分可在确定农民出资上限和村民自愿、量力而行的前提下，引导和组织受益群众采取"一事一议"、筹资筹劳等方式进行建设。同时也鼓励单位和个人投资建设农村供水工程。

除去极少数单位或个人投资外，现行农村饮水工程建设的融资基本就是"财政投入+百姓自筹"。其中财政投入包括"中央补贴"和"地方配套"，"中央补贴"只有国家财政补助一级，"地方配套"根据情况分省（区市）、地（州市）、县等三或四级，2007年颁布实施的《农村饮水安全项目建设管理办法》曾明文规定省级安排的投资不低于全部地方建设投资的30%，2013年修订时取消了配套额度比例，但要求"地方投资落实由省级负总责"，于是有的地方逐步取消了地方配套部分。"百姓自筹"主要有"投资、投劳"两种方式，"投劳"就是群众积极参与到自身受益的农村饮水工程的建设中去，在一定劳动量范围内只干活不取酬。"投资"又分两种方式：一种是平均投资，即按人头或户头交一定的"搭伙费"或"入户费"，另一种是差额投资,即政府负责主体工程和主干管网的建设,百姓负责入户费用,每家每户情况不同,费用不一。由此可见,农村饮水工程融资没有主角,制度规定的责任主体县级或以上人民政府也只有配套职能,而在实际投资中,有的是中央补贴占主体、有的是百姓自筹占主体,县级政府投资额度可以忽略。

7.1.3 运行管理公地化:抓大放小的运管制度

从农村饮水工程的运管制度看,"抓大放小"的实质是"嫌贫爱富"和"挑肥拣瘦"。综合考察农村饮水各项制度,运管制度应是起步最晚、当前最弱、效果最差的制度,也是说起来最简单、做起来最复杂、落实得最不好的制度,当然这是融资、产权、水价、补贴等多项制度交互的结果,也是农村饮水工作发展阶段变化的结果。

从制度变迁角度看,随着运管问题日益凸显,运管制度也经历了从不重视到重视、从不成熟到逐步成熟、从不管用到逐步管用的发展过程,以国家农村饮水工程管理制度为例:2000年《农村人畜饮水项目建设管理办法》中第七章涉及"建后管理与维护",具体内容只有一条,占总条数的1/30,要求"项目验收合格后及时办理交接手续,明确管理主体,制定管理措施,建立健全工程维修、养护、用水、节水、水费计收、水源保护等各项规章制度,确保工程充分发挥效益"。2007年《农村饮水安全项目建设管理办法》在"水源保护"后增加了"水质监测"四个字,这些原则性的要求只明确了方向,但具体措施不清、操作性不强。2013年修订的《农村饮水安全工程建设管理办法》用了1/6的条款详尽阐述了"建后管理"问题,首次明确回答了"如何分类确定管理主体、如何确定水价、如何给予补贴、如何加强服务、如何保护水源及如何分工负责"等基本问题。

从当前具体运管主体或责任上看,其确定主要有两个核心原则:一是按照产权归属分工负责,政府只负责国有投资或财政补助建设的工程,当然具体管理过程中可实行所有权和经营权分离,通过承包、租赁等形式委托给专业机构负责。二是按照大小规模分级负责,原则上万人工程推行公司化运营和专业化管理,千人工程通过政府购买服务、经营权承包等方式推行专业化管理,占比99%的千人以下工程由村委会、用水合作组织、用水户协会管理或托管,也有的按照村规民约,调动农民参与管理,这个制度的本质就是抓大放小:把有一定规模的供水工程收回水管单位等事业单位经营管护,或委托给国有企业管护经营;规模小的放给村委会或村民小组自我管理,或组织农户成立用水户协会管理(见图7-3)。在基层承担能力十分有限的情况下,把大量小型分散农村供水工程交给基层或社会管理,实质上就是重建轻管的具体体现,导致大量工程没有人管、没有钱管,处于废弃状态。村级小规模供水工程回收成本能力极弱,如北京市集中供水水厂水费收取率远远高于村级供水站水费收取率(见图7-4),村级供水站经济上几乎全部陷入资不抵债的困境,如此周而复始地"恶性循环",导致农村饮水工程出现"公地悲剧"。

图7-3　我国部分省区市农村饮水工程管理模式

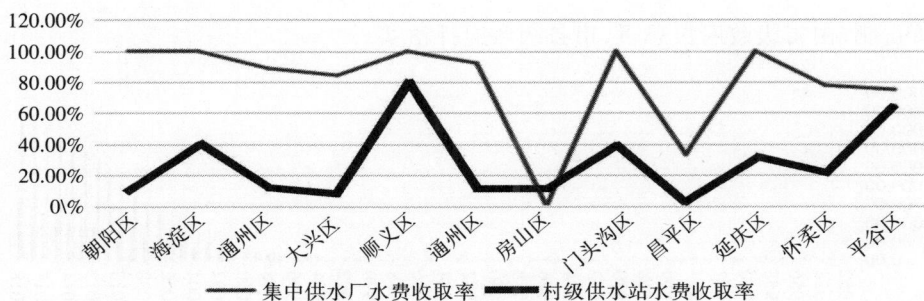

图7-4　北京市部分区农村集中供水厂和村级供水站水费收取率

7.2 制度落地矛盾的内在机理

7.2.1 责任主体制度失灵分析

现行的责任主体制度通过制度设计,变"层层传导压力"为"层层推卸责任",把最繁重的农村饮水安全责任成功传递到了经济实力最差、可配资源最少、承担能力最弱的乡镇一级。此问题一是倒逼基层造假,现在不少农村乡镇受资金、资源限制,运转都十分困难,且农村饮水只是其职责和事务的一小部分,其工作完成率、保障率不言而喻,为了完成上级任务,只能数据造假;二是部分地区的部分部门把提出口号当成落实责任、把布置任务当成完成目标,提高了百姓的期望值,但实际完成效果差,影响了政府形象和再动员能力;三是权责不匹配,问题始终存在,但难以追责,造成农村饮水工程问题重重。

从近年来中央和地方财政收支情况看(见图7-5至图7-8),主要特点是中央和地方财政收入差不多但支出差很多,其中中央财政收得多支得少节余多、地方收得更多支得更多负债更多,因此在统筹解决农村饮水资金这个事权上,中央财政还有调控空间,应承担农村饮水所需经费的筹集,具体事务由省级政府承担。2019年12月31日国家发改委、水利部、农业农村部、应急管理部、海关总署、国家林业和草原局联合发文,在《农村饮水安全巩固提升工程中央预算内投资专项管理办法》第五章第二十三条中明确要求:农村饮水安全巩固提升工作实行行政首长负责制,由省级政府负总责,市县级政府抓落实。

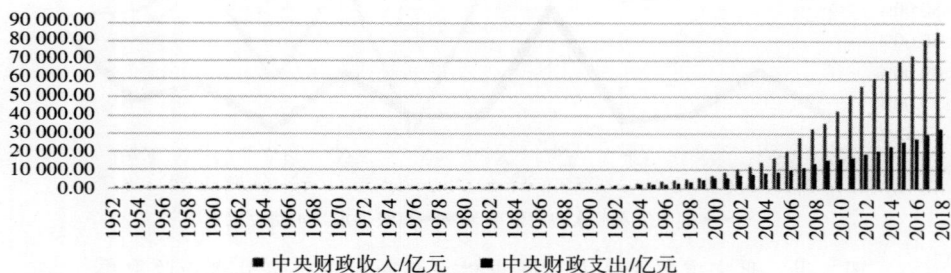

图7-5　1952—2018年中央财政收支情况

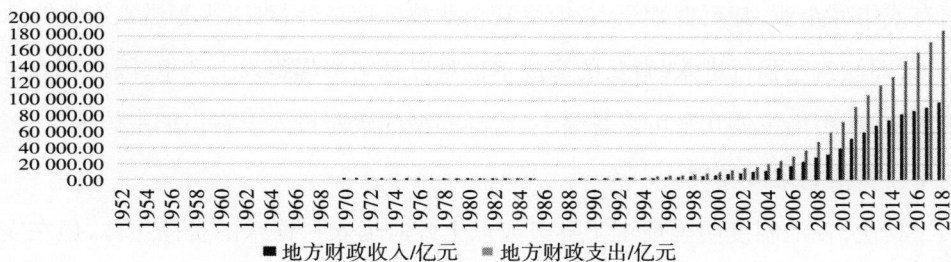

图7-6　1952—2018年地方财政收入和支出情况

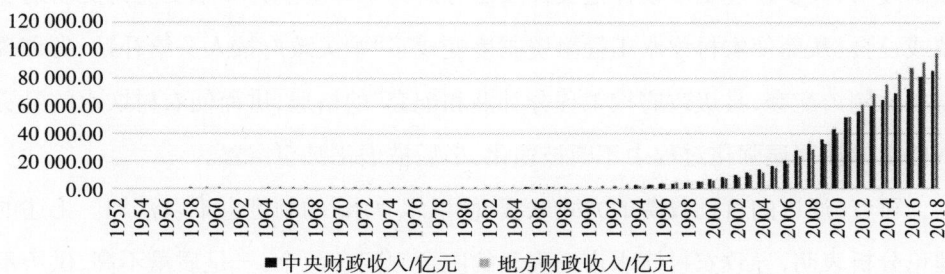

图7-7　1952—2018年中央和地方财政收入情况

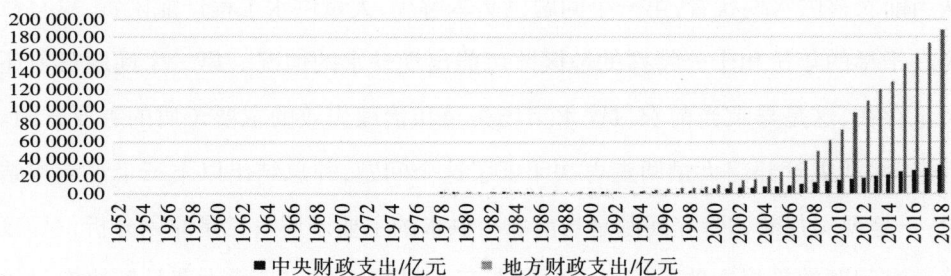

图7-8　1952—2018年中央和地方财政支出情况

7.2.2 融资主体制度失灵分析

首先,政府给予的项目"补贴、配套"政策"挤出效益"十分明显,虽然不少地方的农村饮水制度都明文鼓励和引导社会资本、民营资本积极参与其中,中央文件也明确提出要鼓励和引导多种形式的直接或间接融资,加快建立以政府投资为导向、农民投入为基础、其他各方积极参与的多元化投融资格局,但为了防止国有资产流失、确保财政投资保值增值,大多数地方财政投入的饮水"补贴、配套"只针对国有或集体企业,甚至百姓个人,而民营企业被排挤在外,难以平等进入农村饮水市场,即使自己强行进入,背负的高成本也难以在同一起跑线上竞争,因此在农村饮水领域,市场主体几乎可以忽略不计,导向型的政府投入一直占据主体地位,多元化投资格局难以实现。

其次,各地制度明确规定了县级或以上政府为农村饮水的责任主体,但在实际融资过程中,县级政府因财力不足无法承担相应的责任,从县级的农村饮水规章制度看,大多通过制度设计把责任层层分解到了融资能力和承受能力更弱的乡镇或社会,从而使农村饮水工程融资制度变成了"中央政府按人头给补贴、省市政府按比例给配套,县级政府按工程分补贴和配套"的格局,进而使农村饮水的融资责任主体在层层强化过程中不断被弱化,最后被虚化甚至空置。

再者,通过向百姓收费的方式来实现"以水养水"的制度也难以落地。上述的理论分析表明,导致农村饮水市场失灵的主要原因有两个:一是质量不高,供给不能满足需求;二是价格太高,工程能承受的最低水价高于百姓支付能力和意愿。从当前农村供水现状看,第一个问题已基本解决,大量供水工程产能闲置,只有在极其干旱的年份和十分特殊的地区才可能出现缺水的情况。第二个问题目前还大量存在,这是导致当前农村饮水市场失灵和治理失效的主要矛盾的主要方面。近来,水利主管部门大量调查再次印证了这个问题,并总结出以下三个观点和结论:一是现实判断,"管养问题是当前农村供水的主要矛盾";二是原因分析,"导致管养有问题的最根本的原因即是缺钱";三是对策措施,"收缴水费是解决农村供水工程管养不够的根本措施",并且要求按照全成本收取水费。基于此,水利部采取了积极而强硬的措施,并于2019年在宁夏召开各省区市厅局长专题会议,专门下发了《关于加快推进农村供水工程水费收缴工作的通知》,核心要求就是加强向农村居民收缴水费,并明确了农村水费收缴三年攻坚战的责任人、任务书、时间表和路线图,其中包括对"三特"(特殊地区、特殊工程和特殊人群)给予财政补贴。这些措施或许能一定程度上缓解问题,但难以从根本上解决问题,在有些地方尤其是南方农村地区反而会形成"逆向刺激"、造成更加严重的后果。其原因有两条:一是收水费不能新增用户,反而会逼走部分用户,导致农村饮水市场更加凋零。收缴水费只能针对用了水没交费的农村居民,对根本不用水的居民没有丝毫作用力(既没有约束力也没有吸引力),大面积强力度催收水费反而可能形成"排挤效应",导致更多居民弃用自来水,用水人口降低,供水工程的产能闲置率会更高;二是鉴于政治、社会等因素综合考虑,农村饮水工程设计的"不交费就停水"的制度没有执行力,也就是说百姓不交水费也得不到相应的惩罚。多年的实践证明,当百姓的基本用水需求受到干旱、污染等威胁时,政府有责任不计成本地为老百姓免费送水,在农村地区要真正执行"不交费就停水"制度,前提就是要先无偿保障百姓的基本饮水需求。

7.2.3 运管主体制度失灵分析

民营投资的农村供水工程虽然也为解决百姓的饮水安全问题做出了贡献,但因产权限制,不仅享受不到项目建设补助,也难以获得运管方面的制度关照,命运同小型分散供水工程一样,基本处于"自生自灭"状态。有的地方还有规制约束,需要支付特许经营的"牌照"成本,这也是民营经济参与农村饮水工作数量极少的制度根源。从规模角度看,城市供水工程具有一定的规模效益,且用户的支付能力较强,用户越多效益越好;但农村供水工程因为用户居住分散且用水规模小、供水成本高且用户支付能力弱,规模效益不太明显,甚至反而出现"规模不经济"状况,这就意味着规模越大可能亏损越多;处于两者之间的城镇供水工程,规模大小和支付能力适中,有实现规模效益获得盈利的机会,如通过对全国典型地区的调查发现,同一地区同种类型的供水工程,规模较大工程的单方制水成本普遍不到小规模工程制水成本的80%,个别地区甚至不到30%。基于这种情况,政府出面通过各种方式经营大量农村集中供水工程,尤其是覆盖人口比较多的场镇供水工程,这切实妥善解决了城镇人口的饮水难题,但对占数量绝对优势、直接面向真正农户的村级小型供水工程,却直接委托给无力承担运管责任的村社或百姓管理,其实质就是"嫌贫爱富"和"挑肥拣瘦"。并且受条件限制,规模小的供水工程在农村占比非常高,前面已有不少论述。以河北为例(见图7-9、图7-10),规模化供水工程(Ⅰ-Ⅲ型)约1 262处、受益人口982万,分别仅占其总数的3.7%和23.1%,小型集中供水工程(Ⅳ、Ⅴ型)33 173处、受益人口3 259万人。分别占其总数的96.3%和76.9%。

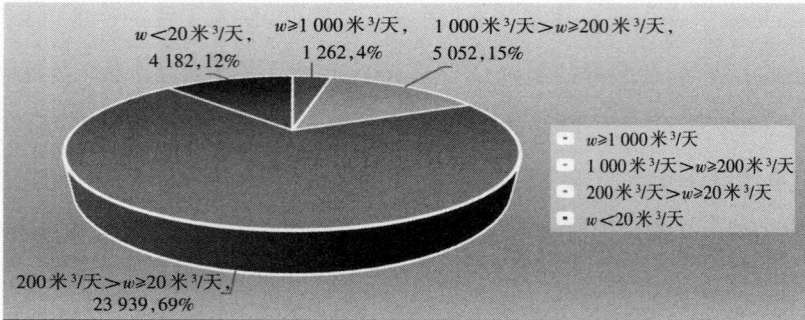

图7-9　河北省农村集中供水工程现状

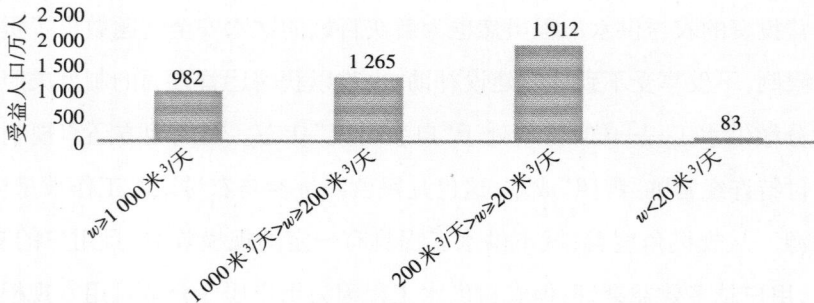

图7-10　河北省农村饮水受益人口分布

政府对镇村供水工程应根据条件区别对待,探索建立起"以大带小""以强扶弱"的运管制度,逐步实现"大小互济"和"强弱互助"的运管体系。

7.3 责任制度创新的基本思路

7.3.1 分段定责制度创新(CS-CS制度)

7.3.1.1 创新的基本思路

公共产品究竟由谁来生产和提供较为有效? 政府还是市场? 公营还是私营? 已有不少国内外专家学者从不同角度进行解答,答案不统一也不唯一,既有相同、相似的,也有相左的;各个地方也有不同的应对之策,有成功的,而更多的是失败的,至今尚未找到一个最佳的策略。但也形成了共识,即政府要对公共产品提供负首要责任。但首要责任并非全部、全程负责任,这也已成为共识。埃莉诺·奥斯特罗姆认为集体行动可以解决上述问题;张应良等(2013)构建了一种政府诱导、居民参与、第三方介入、社区组织协调的"公导民办"的以"民营化"配置理念为核心的"政府诱导型"农村社区公共产品供给新制度;具体到农村饮水工程方面,魏君英、朱信凯(2012)认为应该逐步建立以政府为主导的水利建设投入机制和引导农民、社会各方面力量参与水利建设管理的激励机制。

农村饮水分段定责制度就是对此问题的制度创新,其基本思路是在分区定性基础上,分三种情况进行区别对待。一是对农村居民饮水的非基本需求部分,由市场主体按市场原则供给或者居民自我供给、村民联合供给或者村集体供给,政府可以不参与、不干预。二是对农村居民饮水基本需要中市场有效的部分,还权于市场,由市场主体按照市场法则进行配置。三是把农村居民饮水的基本需求中市场失灵部分确定为政府责任,不考虑资源禀赋、成本高低、距离远近、用户贫富等因素。尤其是资源匮乏、地处偏远、成本畸高而经济落后的地区和用户,政府更应该履行主体责任兜底保障。

对政府兜底保障的农村居民饮水基本需求市场失灵部分,政府和市场究竟应该如何分工合作呢?本书提出探索建立"政府保基本建市场、大家建工程占市场"供水制度(实质就是 CS - CS 制度),其制度目标在于在厘清政府和市场的职责边界的基础上,充分发挥政府和市场"两只手"的积极作用,从而破解融资主体空心化等问题。具体思路是:明确政府的核心任务,即在建立的分区定性制度(明确水量)、需求侧补贴制度(明确对象)、阶段水价制度(明确价格)等基础上,采用发放"专用水票"补贴等方式保障百姓的基本饮水需求,从而利用百姓的饮水刚性需求构建起比较稳定的农村饮水需求市场,解决农村饮水"有人买"的问题,而企业则投资兴建饮水工程提供合格的产品,解决"有水卖"的问题,供需两者之间实现有机链接、互利共赢。在这个过程中,强调政府借助市场手段、利用市场法则调配资源以满足农村饮水需求,这样既可减轻政府负担,又可发挥市场效率优势,既在减轻政府负担中压实政府责任,又在放开供给中增强市场活力。

7.3.1.2 应关注的三个关系

一是政府公营和企业私营的关系。经历了城市水务"私有化潮"和"复市政化运动"之后,人们已经认识到:政府公营和企业私营均有各自的优势和劣势(见表7-1),不能单纯或绝对地评判政府公营好还是企业私营好,也不能单纯依靠政府公营或者企业私营。政府能确保公平但缺乏效率,市场有效率但缺乏公平。政府和企业联手建立一种既可发挥政府公营的平等优势、保障穷人的用水权利,又可发挥企业私营的效率优势,提高供水效率的制度,是一种正确的选择,这在世界各地已有成功案例。如,法人单位模式(如达卡模式、中国曾普遍盛行的自来水公司模式)、特许经营模式(法国模式)、公有私营模式(荷兰模式)。在操作层面上,还有BT(建设—移交)、BOT(建设—运行—移交)、TOT(购买—运行—移交)等多种交易和合作方式。但这些都多适用于人口聚集、市场稳定且具有规模效益的城市,而农村地区人口分散、市场起伏不定、可能还存在规模不经济的现象,因此,需要进行改进和完善。

值得注意的是,政企联手过程中,政府负责与否非常关键,因为在所有失败的案例中,不论是公营还是私营,都有政府失职的影子;而在所有成功的案例中,不论是公营还是私营,都缺不了强有力的负责任的政府的作用。

表7-1 政府公营与企业私营饮水工程的优劣势

分类	主要优点	主要缺点
政府公营	公共财政作后盾; 不追求经济利益,价格便宜; 服务相对公平,不排斥穷人; 供给基本稳定; 不计较成本; 可调配其他相关资源作保障; 有利于统一标准和长远规划。	财政负担重; 资金短缺,发展慢; 官僚主义,服务态度差; 创新不足,技术水平落后; 机构臃肿,效率低; 水资源配置效率不高; 有廉政风险。

续表

分类	主要优点	主要缺点
企业私营	减轻公共财政负担; 利用社会资金,加快水利事业发展; 引入竞争激励机制,改善服务质量; 利用先进技术,提高服务水平; 改善管理,提高运行效率; 提高水资源配置效率。	前期投入大,后期资金回收慢; 进去不容易,退出更难; 供应垄断,竞争力弱,价格上涨; 追求利益,嫌贫爱富,排斥穷人; 偷工减料降低服务标准; 急于回收成本,短期性强; 有规制或牌照约束,公关成本高。

相比而言,利用了市场法则、借助了市场手段,比当前"政府直接投资建水厂,然后低价或免费供水给村民"的做法更利于扩大社会融资范围。按照现行制度和做法,假设政府准备投资1 000亿元建设农村饮水工程(实际已投入上万亿元),经营20年通过收水费可回收1 000亿元,那就意味着这20年里共有2 000亿元投入到农村饮水工程中。按照新制度的设计,政府把拟投资的1 000亿元变成专用水票按20年均分给老百姓,这就意味着农村已有2 000亿元的饮水期货市场,理论上持续时间为40年(因政府补贴水费对百姓水费具有挤出效应,假设其为50%,水费则可持续使用30年),在这个庞大而稳定市场诱惑下,企业会主动投资竞争参与新建供水工程,投资额度至少是1 000亿元,这意味着,全社会投资农村饮水的经费达到2 500亿—3 500亿元(政府投资1 000亿元维持经营20年,年均投资额为50亿元,按企业经营30年计算则为1 500亿元,因企业投资效率更高,按政府投资浪费率50%计算,可扣去500亿元),同比增长了25%—75%,农村百姓的饮水有效供给时间延长了10年,同比增长50%,新制度的比较优势十分明显。

二是有效工程和无效工程的关系。对国家已投资建成的农村饮水工程,可分三类情况处置:对市场稳定均衡、经营主体明确、效益比较好的饮水工程,可继续由国有企业或事业单位继续经营;对经营主体不明确、人员不稳定的,可采取逆向BT、BOT、BOOT、BOO、BLT、BOOST、BTO等多种方式,交给市场主体按CS-CS制度经营。对市场不均衡、经营不稳定、人员不固定、效益不好的农村饮水工程,可采取"资产股份化"或"资产补贴化"方式,转移给市场主体,采用CS-CS制度经营。其中，实施"资产补贴化"方式的前提是要改革当前的国有资产管理制度，把国有投资资产转化为水费，按照水票补贴机制分年度补助给百姓，这既是政府筹措部分补助资金的重要方式，也有利于通过"资产补贴化"唤醒"沉睡"在农村的大量农村人饮工程资产，吸引社会资本注入，不仅盘活存量，而且刺激增量，在处置"僵尸水厂"的过程中实现CS－CS制度创新目标。

三是中央政府和地方政府的权责关系。中央、省市区和基层政府的权责配置关系到主体责任基层化问题的破解。制度创新要充分调动中央和地方政府的积极性，防止权责错配带来制度效率损耗。创新农村饮水有效供给制度体系就应按照有权必有责、权责相统一的原则划分财权、事权，用制度安排保障权责对等。须明确两点：其一是明确兜底层级，大家都负责会导致责任制不落地或者全部落到乡镇（街道）的问题，可参照"米袋子"省长负责制、"菜篮子"市长负责制和"河长制"，结合各地实际情况来确定。例如我国南方水源丰沛，可明确为市长负责制；而西部地区尤其是落后山区，需要在更大范围内统筹力量、配置资源，则实行省长负责制。其二是明确一个基本原则，即农村饮水的"任务可以分解，责任不能下放"，杜绝通过层层签订责任书下放主体责任，防止把"省长负责制"变成"乡长负责制"甚至"村主任负责制"。在具体操作中，中央补贴资金的方式可以不变，但省（或市）级及以下实行农村饮水项目申报制，工程需要多少经费就申请多少经费，在全省（市）范围内统筹和调配资金，不足部分由省（市）级财政补充。这样不仅有利于提高融资能力和资金使用效率，而且可提高工程建设质量和农户饮水保障率。当然这种方式也有弊端：项目集中会降低办事效率。可探索采取委托地区或县级审定方案、省级负责后期决算审计和调剂资金支付等分段方式提高效率，配套措施强化被委托单位的审核责任，对徇私舞弊弄虚作假甚至贪赃枉法者，按照"只罚人不罚事"或"重罚人轻罚事"原则给予严处，确保不负责的人受到该有的惩治，而当地的发展和百姓福祉不会被影响。

7.3.2 创新绩效评价制度

7.3.2.1 创新的必要性

按照"卡尔多改进"标准,任何一种制度创新都需要按照"成本—收益"原则考察其效率。只有当制度改进创新的收益大于改进创新制度的成本时,制度才可能被创新。当然,这里的收益不仅仅是经济效益或资源配置效益最大化,还包括符合主导集团主观偏好或意识形态的社会收益等,即主导集团自身偏好的特定价值目标最大化。因此,在创新农村饮水安全制度体系压实各方责任的同时,也应按照我国当前面临的实际情况和具体目标,建立农村饮水制度创新的绩效评价制度,从制度涉及各方的成本—收益情况全面分析和考察农村饮水制度创新的成本—收益状况,看其能否真正实现全社会的总收益大于制度创新的总成本,尤其是参与者的个体目标和主导集团的主流目标能否真正实现,确保制度改进和创新具有一定的效益(包括外部溢出效益等)。

7.3.2.2 成本—收益分析

从农村饮水制度涉及各方的具体成本—收益分析看(见表7-2),在创新的农村饮水制度体系中,增加的成本只有政府的财政补贴,可由中央政府、地方政府和基层政府共同分担;而"部分农村居民增加超额水费"只在理论上可能存在,在农村居民实际生活常态下出现的概率非常小。从收益角度看,不论政府、供给主体还是农村居民,受益都十分明显,同时还有一系列正外部效益,包括经济的、政治的、农村文化的、生态环境的,溢出效益非常明显。如仅从百姓经济收益角度看,按照之前论述农村饮水安全的溢出效益测算,一方面每户农村居民年医药费将节省200多元,部分地方农村居民节省高达400多元;另一方面,从挑水中解放出来的劳动力投入到务工中去,每户每年将节省53个取水工日,按照目前日均500元报酬和42%用于务工概率计算,每年户均可增收近1万元。由此,我们可以判定,创新的农村饮水制度体系实现了"卡尔多改进",不仅增强了百姓的福祉和全社会的总福利,而且也实现了主导集团的主流目标和参与者的个体目标。

表7-2　农村饮水有效供给制度创新成本—收益分析

受益主体	增加成本	主要收益	成本—收益
政府	增加财政补贴	1.100%解决农村居民的饮水困难； 2.100%解决供水工程的运行困难； 3.100%降低行政成本和廉政风险； 4.100%提高前期饮水投资效益； 5.新增财政支农有效渠道	内部收益为正
供给主体	无	1.从目前的49%可持续到100%可持续； 2.市场从不稳定到稳定； 3.运行从不规范到规范； 4.效益从基本亏损到基本不亏损； 5.盘活国有存量资产	
农村居民	部分农村居民支出超额水费	1.从无直接补贴到有直接补贴； 2.从无水权收益到有水权交易收益； 3.得到质量稳步提高的工程供水； 4.解放找水挑水劳动力； 5.提高农村生活质量和生产效率； 6.提高部分农家吸引力和生产力	外部效益为正
社会	无	1.节约用水意识逐步提高； 2.分质供水氛围逐步形成； 3.水权交易机制逐步建立； 4.农村饮水市场逐步有效； 5.饮水融资能力逐步增强； 6.城乡供水差距逐步缩小； 7.市场供给主体逐步完善； 8.农村涉水疾病逐步减少； 9.农村用水家电逐步增多； 10.农村生态环境逐步改善	

7.3.2.3 最大支出者和最大受益者

除了表中所列多重收益外,创新农村饮水安全制度体系的"卡尔多改进"还有利于打破政府、市场主体和农民居民三者之间长期形成的博弈关系,把政府从长期的"两难"困境中解放出来。

目前,政府、供给主体即供水企业和消费者即农村居民在农村供水的活动中互相制约和相互影响,形成三方博弈的关系:首先从供给主体即供水公司看,其因为拥有网络垄断的资源而在博弈中处于较为优越的地位,可以利用政府和消费者都不熟悉行业专门知识、企业运营状况的信息不对称的情形,并动用远多于一般消费者的企业资源,对政府管理部门展开公关活动,以达到虚高报价、提高水价的目的。其次从政府角度看,其因拥有最终决策权,所以在三方博弈中是最强大的,但其决策者的强势地位受到以下几个因素影响而被削弱,甚至偏离代表公共利益的立场。一是信息不对称,政府对企业的运行状况缺乏详细具体的了解;二是减轻财政负担、增加国有供水公司收益的倾向,三是方便自身管理,出于惰性和惯性,政府选择性放弃创新制度,这样既不会增加自身工作量,又规避了创新风险;四是难以根除个别管理者、代言人利用手中权力进行寻租,为企业谋取不正当利益而放弃公共利益。再者从消费者角度看,单个消费者对供水市场影响很小,但千万的消费者形成群体后就能左右市场,他们将权力委托给政府,有权对政府的决策行为提出批评、建议和意见,政府应对他们负责,对他们的呼声给予关注,积极回应对他们的心声。作为供给产品的消费者,他们可以跟供给主体讨价还价,实在不行可以选择"用脚投票"而不受干预。

在这个博弈中,政府一方面是农村居民委托权力的执行者、福祉的提供者,又是国有供水企业的投资人、管护者,当供给主体和需求主体两者发生矛盾或冲突时,政府常常陷入左右为难的境地,具体如:

一是从总体效益上看,面临实现居民个体最优和社会集体最优的两难选择,个体最优不等于集体最优,集体最优也不等于个体最优,两者之间常常发生冲突,比如阶段水价制度对部分用水量少的个体肯定是最优的,但极少数用水大户则要多支付成本。

二是从水价上看,面临减轻百姓经济负担和鼓励企业回收成本的两难选择,低价或降价有利于增强百姓获得感、幸福感,高价或涨价有利于企业逐步回收成本良性运行,于是在水价的高低涨跌中纠结,在"累进制"和"累退制"中徘徊。

三是从水量上看,面临鼓励百姓节约用水和消费用水的两难选择,一方面从面上看我国水资源有限,亟须引导全社会珍惜和节约水资源,但从另一方面看,大量农村供水工程使用不饱和,有水供不出去,无法形成供给的规模效益,需要鼓励大家用水。

四是从水质上看,面临鼓励企业降低成本和要求企业提高水质的两难选择,水质是影响当前农村饮水效益和成本的重要因素,提高供水水质必然增加制水成本,必将转移到企业经营成本或百姓水费中。

五是从规模上看,面临规模效益和规模不经济两难选择,扩大规模化供水工程覆盖面必然增加工程建设投入,其数量可能远远高于就近就地建设分散供水工程的投入,但后者保障率低效益差。

六是从效益上看,面临经济效益和社会效益的两难选择,在特定的相同情况下,农村饮水的供给成本是一定的,要保证经济效益就要压低成本、多收费用,最好的路径就是按照市场法则办事,随行就市按边际成本收取水费,但必定造成水价参差不齐甚至差距巨大,出现"同网不同价""同厂不同价""同村不同价"等问题,影响村民心理平衡感和获得感、幸福感,进而影响社会稳定和政府形象。

7.4 本章小结

本章以38个农村饮水安全制度为对象,梳理和剖析了造成农村饮水市场失灵的责任制度,并提出了制度创新这一对策。通过制度设计在减轻政府责任中压实责任、在放开供给中繁荣市场,从而把政府从农村饮水安全制度中涉及的三方博弈中解放出来。

第8章 农村饮水安全融资投入制度的两难困境及创新

本章参照第6、7章的方法,对农村饮水安全融资投入制度进行分析,从投入资金分配、水费定价和收取、政府补贴及发放方式等方面找出导致农村饮水市场失灵的制度根源,并针对主要矛盾进行制度改进和创新。

8.1 融资投入两难的主要表现

8.1.1 资金分配均等化:数人头的投入制度

从农村饮水工程项目资金的分配制度看,"按人头分不按人头用"的分配制度导致项目实施不精准。农村饮水工程项目与其他工程不一样,不是项目资金"需要多少就给多少"。从制度上看,现行农村饮水项目资金分配主要分两段、有两种方式,一是县以上的农村饮水资金基本是按人头进行"无差别"的"定额补助",如《全国农村饮水安全工程"十二五"规划》中虽然在一定程度上实现了差额补助,但只是不同区域的"地方差",跟人头无关,如国家财政就按照东部省份补贴33%、中部省份补贴60%、西部省份补贴80%三个标准执行,但在一定范围内人头费用相同。有的地方把资金统筹权限下放到乡镇,就意味着到乡镇之上的资金也是这种分配模式。二是在项目具体实施阶段,就以工程量分配资金,从表面上看是项目"需要多少给多少"，但因经费不足等原因，往往是"有多少钱办多少事"。我国农村疆域辽阔，地貌奇特，工程的建设条件、环境和基础不同，建设成本差距很大，如河北部分山区建设集中连片供水工程人均投资700—1 000元，广西大石山严重缺水区域人均投资超过2 200元，陕西、甘肃、青海等省涉及沟壑区和山丘区项目人均投资1 100元，内蒙古牧民建设分散供水工程人均投资3 500元。每个工程实际获得的经费也大相径庭，基本与上级拨付资金的人数无关。如A、B两地均为100万人，上级按人头标准分别拨给两地相同的建设经费，在上级的账册上，就算已经解决了200万人的饮水安全问题。可实际上A地海拔差距大、水资源匮乏，项目工程造价高，用完经费只解决了30万人的饮水问题，而B地属于平原，水源丰沛，工程造价低，用这些资金可以解决120万人的饮水问题，按常理，这两笔资金至少可顺利解决150万人的饮水安全问题，但实际上只解决了130万人，其中A地30万人，B地100万人。这是由于上级的财政补贴是无偿的，在上下级的博弈中，B地即使经费充足，也不会扩大规模提前解决其他20万人的饮水问题，而会提高建设标准解决纳入上级补助的100万人的饮水问题，剩余的20万人会纳入下年计划继续争取上级支持。相应地，A地只解决30万人饮水问题，因为A既无经费补充，也无力调节B的多余资金。

8.1.2 产品定价市场化："以水养水"的定价制度

从农村供水工程的产品定价制度看，"以水养水"定价原则让基层陷入两难境地。水费是维护农村饮水安全工程长期良性运行的主要资金来源，通过多年引导，农村饮水不论南北和贫富也应缴纳水费已成为社会共识，但交多少、怎么交、交给谁等制度安排值得探索。从纳入考察的制度可见，目前农村饮水定价制度大体相同，主要包括政府定价、政府指导定价、协商定价等，具体的定价方法包括平均成本定价法、边际成本定价法、全成本定价法、影子价格法等多种（见表8-1）。定价大多要求根据供水成本、费用等变化，并充分考虑用水户承受能力等因素适时合理调整，基本原则是"补偿成本、合理收益、节约用水、公平负担"，同时提倡分类定价,生活用水定价坚持"保本+微利",非生活用水按照"成本+利润",对有条件的地方,要求逐步推行阶梯水价、两部制水价、用水定额管理与超定额加价制度,总体期望是实现供水工程"自负盈亏"甚至"略有结余",实质就是"以水养水"。但考察现实情况不难发现,这些政策几乎难以落地,目前农村供水工程水费不仅单价低,而且回收率更低,"低上加低"导致大量工程难以为继。水利部灌排水发展中心的调研显示我国东中西部农村水价情况不一(见表8-2),水利部另外的专项调研数据也显示全国农村供水工程全成本水价约为2.6元/米³,运行成本水价约为1.8元/米³。执行水价为1.6元/米³,分别仅为全成本和运行成本的61.5%和88.9%,执行水价低于全成本水价的工程占95.5%,低于运行成本水价的工程占80%,也就是说,即使在水费回收率达到100%的情况下,95.5%的工程难以良性运行,80%的工程难以保证基本运行。但雪上加霜的是,统计显示,全国农村集中式供水工程水费回收率不足75%,约70%的工程水费回收率不足90%。如黑龙江省农村集中供水工程的供水成本为3.47元/米³,运行成本为2.97元/米³,但62%的用户支付水价在2元/米³左右,仅为运行成本的约67.9%。贵州省的供水成本为1.74元/米³,运行成本为1.46元/米³,约50%的用户支付水价约1元/米³,仅为运行成本的约68.5%。新疆大部分农村饮水工程供水价格仅为成本的50%—70%,一些使用水处理设备的工程供水价格仅为成本的20%,部分县市还不收水费。河北省农村集中供水工程运行的全成本水价约为每立方米3.1元,运行成本水价为每立方米1.69元,执行水价为每立方米1.64元,执行水价低于运行成本水价,占全成本水价的约52.9%,11个地市中有7个水费回收率低于90%,未达到《村镇供水工程运行管理规程》相关指标,最低的承德仅为54.2%,实现工程可持续运行的难度较大。究其原因,农村饮水工程在收费问题上陷入了"谁受益、谁付费""谁使用、谁维护""谁污染、谁治理""谁破坏、谁恢复"等市场法则困境,其中4个省级和4个地市级饮水制度中规定的"不交费就停止供水"措施根本无法执行。

表8-1 农村饮水定价方法及其主要特点

理论方法	要素构成	主要特点
平均成本定价法	主要由水资源成本、利润和税金等构成	是垄断部门常见定价方法,其定价基础是平均成本的估计数,其中利润一般取社会平均利润率
边际成本定价法	根据用水消耗的动态变化确定供水成本进而确定水价	通过价格信号向用户提供系统供水的边际成本信息,确保用户用水所产生的边际收益等于系统供水的边际成本,实现供水利益最大化
完全成本定价法	由水资源自身价值、生产成本、水资源利用的外部性成本和相应的社会机会成本等构成	所谓水资源的完全成本是指人们开发利用水资源所支付的各种成本的总和,是从另一个角度来说明可持续发展的水价制定方法
影子价格法	其他约束不变条件下,水资源每增加一个单位带来的追加收益	在其他资源不变的条件下,水资源在最优产出水平时所具有的社会价值。反映了产品的供求状况和资源的稀缺程度,资源越丰富其影子价格越低,反之亦然
CGE模型法	通过投入-产出表计算在经济均衡条件下水资源的相对价格	称为"可计算一般均衡模型"。能有效模拟宏观经济运行情况,可用来研究计算部门和商品以及资源的生产、消费情况,并能够计算部门和商品的价格

表8-2 我国农村集中饮水工程平均水价及示范县千吨万人工程平均水价

单位:元/米³

区域	农村集中供水工程			示范县千吨万人工程平均执行水价
	平均全成本	平均运行成本	平均执行水价	
全国	2.8	1.9	1.8	1.9
东部	2.2	1.3	1.5	1.8
中部	2.7	1.8	1.9	1.8
西部	3.2	2.2	1.8	2.2

8.1.3 运管补贴低效化:逆向刺激的补贴制度

从农村饮水工程运管补贴制度看,"供给侧补贴"带来社会损失和水资源浪费。已有研究表明农村公共设施维护需要一定经费,其与工程的原始投资比值为r系数,根据r系数可测算不同类型公共设施的维护成本,需要纳入财政预算或通过其他方式筹集。拉马克里斯南(Ramakrishnan,1985)发现,从1976年至1983年,肯尼亚水利开发活动的r系数在16%—44%,比其他很多项目的r系数都高(见表8-3)。长江科学院在C市选取R、L、F、Q、S、B 6个区县的18个典型工程作为样本开展测算,结果证实了这一现象。其中:一、二、三级农村供水工程的运行管护经费标准分别占工程投资的20%、10%和6%,工程越大r系数越高,而从人均标准看,则分别为59.6元/人、85.4元/人和140.0/人,工程越小分摊金额越大,有力地证明了规模越小的农村饮水工程,后期维护更加困难,结论与现实相符合。我国农村饮水制度中也要求"落实管护经费,确保长期发挥效益",但在"以水养水"思想指导下,几乎从中央到地方都没有统筹考虑农村饮水工程的管养经费问题,现行制度中只要求"水费收入低于工程运行成本的地区,要通过财政补贴、水费提留等方式,加快建立县级农村饮水安全工程维修养护基金,专户存储,统一用于县域内工程日常维护和更新改造"。本书考察的38个农村供水制度中,有21个提到类似补贴或补助问题,其中省级制度有8个(见表8-4)。

表8-3　各类工程项目的r系数

项目	r系数	项目	r系数
林业	0.04	小学	0.06—0.70
家畜	0.14	中学	0.08—0.72
农业开发	0.08—0.43	大学	0.02—0.22
地区医院	0.11—0.30	总医院	0.18
支线公路	0.06—0.14	干线公路	0.03—0.07
资料来源:Heller(1979)			

表8-4　各地农村饮水安全工程补贴制度情况

四川省村镇供水条例	村镇供水水价不能弥补供水成本的,县级人民政府给予适当补贴。
江苏省农村饮水安全工程管理办法	为减轻农村居民用水负担,县级人民政府可以对农村生活用水价格实行补贴。
浙江省农村供水管理办法	设区的市、县(市、区)人民政府应当根据需要,设立农村供水工程维修养护资金,专项用于农村供水工程运行、维修和养护的补贴。
湖北省农村供水管理办法	供水价格低于合理成本的,应当依法调整价格或者由政府给予适当补贴。
陕西省城乡供水用水条例	供水价格低于合理成本的,应当按照法定程序调整价格或者由政府给予补贴。
内蒙古自治区农村牧区饮用水供水条例	旗县级以上人民政府对分散居住不宜实施集中供水、自备取水水质又达不到生活饮用水卫生标准的用水户,应当推广户用水处理设备,并给予补助。
山东省农村公共供水管理办法	边远贫困山区的农村居民,供水单位应当在供水水价上给予一定优惠;供水水价低于成本的部分,由县级以上人民政府给予适当补助。

续表

C市村镇供水条例	因供水扬程高、管网长等客观原因造成村镇供水水价高于城市供水水价的,市、区县(自治县)人民政府应当给予适当补贴,缩小城乡水价差额。
C市Q区农村饮水安全工程运行管理办法	对供水成本高、水费收入难以保障正常运行的城市管网延伸工程、乡镇水厂及规模化集中式供水工程予以适当补贴。
C市Y区村镇集中供水工程管理办法	用水户为"五保户""特困户"的,应由本人申请,经所在镇(街)社会事务办公室审核,并公示无异议后,按户籍人口每人每月免收1立方米水费,超出部分按居民用水价格计收。村镇集中供水工程运行维护,实行区级定额补助,按照已建成并投入使用的村镇供水工程总投资3%—4%纳入年度预算分配到镇(街)。镇(街)可在各水厂之间调剂使用。
C市Y区村镇分散供水工程管理办法	各镇(街)应对集中供水工程未覆盖的、独立运行的分散供水工程运行维护进行适当补贴。
C市B区村镇集中式供水工程运行管理办法	村镇供水工程管护维修等运行管理补助资金由区财政每年安排区级专项补助资金400万元,并根据村镇供水工程运行管理实际情况,可调整安排补助资金额度。因供水扬程高、管网长等客观原因造成村镇供水水价高于城市供水水价的,应当给予适当补贴,缩小城乡水价差额。
C市T区分散式村镇供水工程管理办法	区政府通过财政补贴等方式,对分散式供水工程维修养护予以适当补助。
C市Y县农村供水工程运行管护办法	县政府设立农村饮水安全专项补助经费并纳入县财政预算或在有关资金中安排,用于农村供水工程信息化建设、水质监测、运行管护人员岗位培训、公益岗位管水员报酬、日常维修、抽水电费补贴和工程大修补贴等;资金缺口大而无力筹集的,由供水单位报县水利部门审核并商财政后,报县政府同意并予以适当补助。
C市Y县村镇分散式供水工程建设管理办法	县人民政府通过财政补贴等方式,落实村镇分散式供水设施的维修养护资金。
C市W县农村集中供水工程运行管理办法	对两级及以上提水、长距离主管道引水等供水成本高以及水费收入难以保障正常运行的农村集中供水工程,县财政给予供水单位适当补贴,由县水利局商县财政局制定补助办法。
C市W县2016年贫困村饮水安全巩固提升项目建设管理工作办法	成立用水户协会且工程运行良好、管理制度健全的每个贫困村各一次性补助5 000元。
C市P自治县农村饮用水安全工程运行管护办法	县政府设立农村饮水安全工程运行管护专项经费并纳入财政预算或在有关资金中安排,用于农村饮水安全工程信息化建设、水质监测、运行管护人员岗位培训、公益岗位管水员报酬、日常维修补贴、抽水工程电费补贴和工程大修补贴。农村饮水安全工程日常维修补贴按工程名录的受益人每人每年补贴2元,对抽水工程按实际使用电量每度电补贴0.2元。

综合分析上列制度,补贴内容或对象主要分三个方面,其一,补水价,如《江苏省农村饮水安全工程管理办法》规定:"为减轻农村居民用水负担,县级人民政府可以对农村生活用水价格实行补贴。"浙江、四川、陕西、山东、C市都是类似;其二,补设备费,如《内蒙古自治区农村牧区饮用水供水条例》规定:"旗县级以上人民政府对分散居住不宜实施集中供水、自备取水水质又达不到生活饮用水卫生标准的用水户,应当推广户用水处理设备,并给予补助"。其三,补维护经费。如C市《Y区村镇集中供水工程管理办法》规定:村镇集中供水工程运行维护,实行区级定额补助,按照已建成并投入使用的村镇供水工程总投资3%—4%纳入年度预算分配到镇(街)。镇(街)可在各水厂之间调剂使用。C市《Y区村镇分散供水工程管理办法》中规定:各镇(街)应对集中供水工程未覆盖的、独立运行的分散供水工程运行维护进行适当补贴。从补贴方法上看,有定额补助,如P自治县农村饮用水安全工程运行管护办法规定,农村饮水安全工程日常维修补贴按工程名录的受益人每人每年补贴2元,对抽水工程按实际使用电量每度电补贴0.2元。W县2016年贫困村饮水安全巩固提升项目建设管理工作办法对成立用水户协会且工程运行良好、管理制度健全的每个贫困村各一次性补助5 000元。也有定向补,如《Y县农村供水工程运行管护办法》规定县政府设立农村饮水安全专项补助经费用于农村供水工程信息化建设、水质监测、运行管护人员岗位培训、公益岗位管水员报酬、日常维修、抽水电费补贴和工程大修补贴等。

8.2　融资投入两难的内在机理

8.2.1　投入制度失灵分析

农村饮水工程点多面广线长量大,而单体工程量小投资少,省级以上层面很难走基本建设程序逐个先核定项目所需资金再划拨,而统统采取平均分配、包干使用的"无差别补助"方式,从宏观上讲这是可行的,但落实到每个地方、每个工程时,就显得既不科学也不精准,其问题核心是"一刀切"的投资补助政策与千变万化的基层情况形成难以调和的矛盾。"无差别补助"带来的相同投入，一边可建"豪华工程""形象工程""示范工程"，一边只能建"半拉子工程""豆腐渣工程""马拉松工程"。从全国的情况看，2004年至2016年，全国农村饮水人均投入总体呈上升趋势（见图8-1），但差别很大，最低为2008年，人均投入653.14元，最高为2016年，人均投入3 141.69元，增长了381%；以C市为例，2005年启动实施农村饮水安全工程时，中央财政补助标准仅220元/人，且无市级财政配套，2008年至2012年补助标准逐步提高到403元/人。然而当地组织专业人员测算，按现标准全面解决农村饮水安全的费用平均标准为810元/人，其中平坝地区只需400—500元/人，浅丘地区500—600元/人，深丘与低山地区600—800元/人，中山地区1 000—2 000元/人。如18个深度贫困乡镇人均投资达到885元/人（见图8-2），但P县DY乡达到1 262元/人，W县SL镇达到3 240元/人。这就意味着，按现行制度规定的平均标准投入下去，会产生11个A和7个B（指8.1.1节的A,B），项目投资精准率为0。对那11个A来说，"上头钱给完了，下头事没办完"的情况普遍存在，只能一而再、再而三地循环往复投资解决。

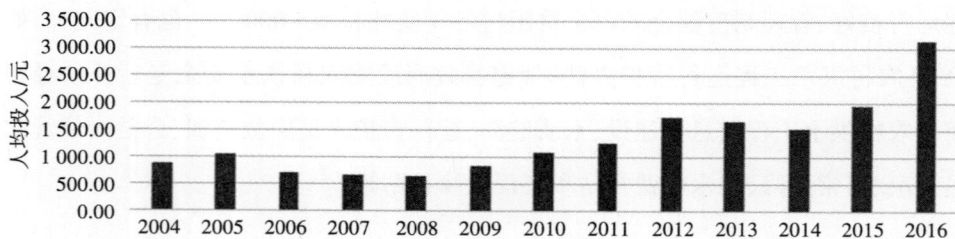

图8-1 2004—2016年全国农村饮水人均投入

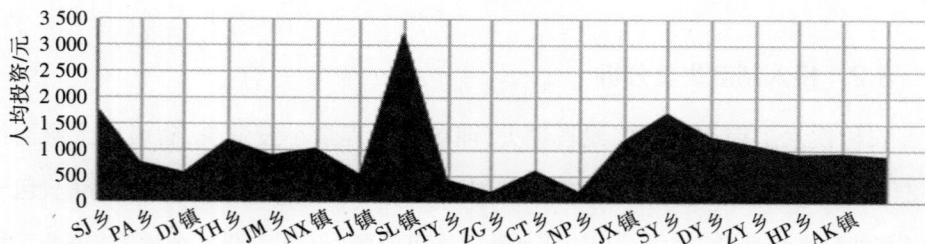

图8-2 C市18个深度贫困乡镇农村饮水工程人均投资情况

这种"一刀切"式的分配方式缺乏对基层实际需求的考量,表面上是公平的,但实际结果却是不精准、不公平的,降低了资金使用效率,降低了百姓收益,其实质是上级懒政怠政怕做事、推卸责任怕出事、回避矛盾怕担事的表现。针对各地基础不一、需求不一,而要求结果统一的实际情况,应参考精准扶贫战略的结果导向思路,变追求"补贴公平"为追求"结果公平",变设置"补助标准"为设置"结果标准",探索"注水式"资金分配模式。具体思路是,取消原来的补助标准,参照脱贫标准设置方法,重新设置农村饮水工作目标标准。即确保各地农村百姓饮水安全。发动各方力量,"盯着"这个标准线:不论当地基础条件如何,都要按照"差多少补多少"的原则给予持续的统筹投入,直到帮他们实现饮水安全目标为止。即:假设有基础条件不同的 A、B、C、D、E 村,其基数分别为 A=3、B=7、C=2、D=4、E=8,同时假设 10 为安全标准。按照之前统一补助标准的办法,补助标准设为 3,其结果就是 A=6,B=10,C=5,D=7,E=11,在这种"无差别补助"情形下,结果只有 B、E 实现了目标,其中 E 造成了资源浪费。"注水式"资金分配模式操作正好相反:先设定目标为 10,再针对各村基础不同的实际情况制定补助政策,于是 A、B、C、D、E 分别得到上级资金为 7、3、8、6、2,结果均为 10,不仅全部实现了安全目标,而且也提高了资源使用效率,杜绝了浪费。当然,这种方式不仅要增加上级的工作量,也容易滋长基层"衣来伸手,饭来张口"的"等靠要"思想,需要通过类似"结果导向"考核制度、奖惩制度等配套措施,引导基层把思维方式和行为目标从"争取了上级多少资金"向"解决了当地多少人的饮水问题"转变,激发基层解决实际问题的内生动力,消减其"补贴致富"的动机和"比钱多"的争资博弈动力。

8.2.2 定价制度失灵分析

从前面的分析我们可以看到,农村饮水的供给成本太高,不论是按"两部制"水价计算,还是按"阶梯水价"计算,一般都高于当地城镇水价、高于当地百姓的可承受能力,且水质也跟不上当地城市供水,因此百姓经济上承受不了、心理上接受不了,表现出来就是思想上不认账、行动上不买账:当地水量丰沛时,他们不下单,选择井水等自备水源,导致刚性需求与有效供给之间无法形成市场链接机制,工程有水无人用;当地干旱缺水时,他们不买单。政府处于"两难"境地:首先是定价困境,按企业成本定价,企业满意百姓不满意;按百姓可承受力定价,百姓满意企业难维持。大量分散供水工程采取的"一事一议"定价方式其实是供给与需求之间的一场"零和博弈"游戏。其次是执行困境,不交水费就中止供水,政府为民服务的职责不允许;不交水费不停水,形成的"传感效益"会让企业难以为继,使制度丧失权威性和执行力。于是政府设计制度,把定价权委托给企业或社会、下放给协会或百姓,其中最困难的农村分散供水定价权,无一例外地全部下放给了百姓通过"一事一议"方式协商确定。

改变立场、转变观念,要明白农村饮水定价不是一个简单的会计学算账问题,也不是一个单纯的水资源配置技术问题,更不是一个纯粹的经济学模型问题,而是一个政治问题,需要综合考虑政治背景、经济发展、文化根源、社会风俗、生态环境等众多因素、平衡定价。当前最重要的是要彻底放弃"羊毛出在羊身上"的"以水养水"定价原则,实现两个转变:首先是从"以物为本"到"以人为本"的转变,不能只站在供水工程的角度思考问题,这与"以人民为中心"的发展理念格格不入。其次是从"可回收成本"到"可承受能力"的转变,多思考百姓的"支付能力"和"支付意愿"。要明白,保障百姓的基本公共服务尤其是满足饮水这种基本需求,是政府的主要职责和核心义务,没有选择和退路,更不是恩赐和给予,可以犹豫和含糊。只有这样,才可能建立起百姓刚性需求与工程供给之间的市场链接机制,将百姓需求转化为工程需求。实际操作中,可以探索尝试城乡饮水联动联调定价制度。

8.2.3 补贴制度失灵分析

一是制度执行力不强,资金筹集能力弱。中央一级费用很少,2020年首次只安排14.5亿元,远远达不到r系数的底线要求,杯水车薪,只能小范围、小额度地对特殊地区、特殊用户等给予适当补贴,从一定程度上看,中央农村饮水维养制度的实质就是"只点菜不买单",把责任都压给了地方;地方筹集的经费也不乐观,如C市38个区县2017年筹集到的补贴经费总额只有8 380.36万元,这是历史最高水平,但总量仍然偏少,大量区县筹资量在200万元以内,最少的只有几万元(见图

8-3),跟实际需求差距甚远。

(单位:万元)

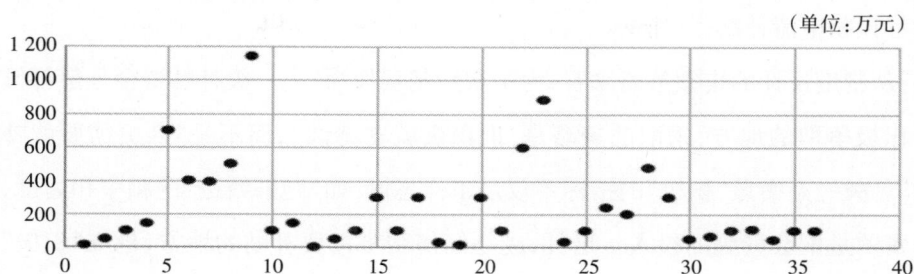

图8-3 C市各区县2017年落实农村饮水工程运行管护财政补贴情况

二是制度执行有偏差,补贴效果不明显。从制度设计的补贴对象来看,农村供水工程大多实行的"供给侧补贴",即将这些筹集到的维养资金绝大多数都直接补给了因为各种原因水价比较低的供水工程,用途主要集中在水价补贴和维修管护方面。根据价格补贴原理,这类补贴会导致资源浪费,出现"补贴失灵"现象,主要体现在三个方面。一是社会损失。如图8-4所示(左图为公共产品分析模型,右图为本书构建的分析模型,分析结果相同):假设 S 为农村供水工程的需求曲线,D 为供给曲线,a 为基本需求,如果我们采用供给侧补贴方式,D 曲线将移动到 D',此时,供给价格将从 P_d 下降到 P_d',供给数量将增加,从 Q_1 增长到 Q_2,于是导致出现社会损失C(图中三角形部分)。二是浪费用水,政府只负责百姓的基本需求部分,即 Q_a 对应的D部分,而图中A、B部分均属于市场需求,也享受了政府补贴,其中更为严重的是,A部分需求是政府补贴刺激带来的超额需求,造成水资源浪费。三是刺激亏损,供给侧补贴逆向刺激供水工程不断加大亏损,因为亏损是争

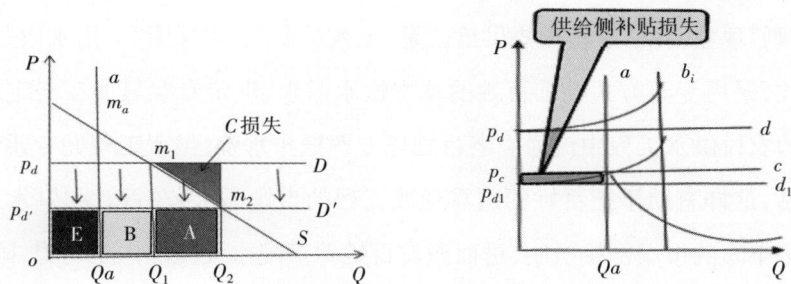

图8-4 农村饮水供给侧补贴造成社会损失分析图

取补贴的前置条件,为此它们的注意力不在提高服务百姓的质量上,而致力于做大亏损和申请补贴。

从制度设计的申领策略来看,为了激励基层作为,上一级补贴资金一般都倾向于积极争取的地方,采取的策略是"谁积极就支持谁",而不是"谁更需要就补贴谁"。关键是衡量"积极"的指标不仅是工作态度,如"跑部钱进"的频率和力度,而更多的是配套资金的投入。这样,越是经济困难需要补贴的地方,越难"积极"起来,因此获得的补贴就越少,而经济发达的地方资金富足,自有财力预算多,对上面的补贴依赖程度低,反而会得到更多的补助,因为富裕地方并不会因为自由财力充足而放弃上面的无偿补贴。于是,"谁积极就支持谁"的实质就是"谁有钱就支持谁",补贴的财富效应明显,实质是劫贫济富,锦上添花的多,雪中送炭的少。

当前应探索建立"谁点菜谁买单"机制,消除当前广泛存在的"只点菜不买单""只出题不答题"制度设计,只有给"点菜人"赋予"买单"或共同买单责任,才能减少"乱点菜"现象,杜绝只喊口号不干实事、只出标准不出实招。其次,要彻底摈弃"谁积极就支持谁"的补贴模式,农村饮水安全涉及全国各地、千家万户,是覆盖面最广的农村公共事务,从受益区域看,是全局而不是局部,从受益群众看,是全民所有而不是少数人或个别人的专享权,政策应带有普惠性,由中央和地方共同负责。在分配中不能本位主义,更不能嫌贫爱富,要从制度上进行流程再造,阻断资金分配的"财富效益"和"逆向选择",这样有利于杜绝照顾关系户和搞利益输送,以确保有限的资金用在最需要的地方,提高资金使用效率。再者,要从制度上改变当前单一的供给侧补贴方式,现阶段常态下的农村饮水工程存在结构性相对"供给过剩"现象,补贴这些无效供给就是"无效补贴"。可探索"专用水票"需求侧补贴方式,采用专票方式补助百姓的基本饮水需求,规定专票只能在一定时间和范围内的农村供水工程中流通。老百姓凭专票抵扣水费,供水工程凭专票到政府兑现补贴,这样有助于把百姓的刚需变成工程的市场需求,在百姓和供水工程间形成稳定牢固的市场链接机制,进而激发百姓保护配水设施的内生动力,同时,允许老百姓节省的专票在一定范围内交易,还有助于形成全民节约用水氛围,促进水权交易。

8.3　融资投入制度创新思路

8.3.1 "阶段水价"制度创新

8.3.1.1 基本思路

农村水价既是调节农村饮水供需双方关系的杠杆,也是反映农村饮水资源稀缺程度的晴雨表,其是否合理不仅关系到农村饮水市场的稳定与繁荣程度,而且也关系到农村饮水资源的配置效率。水价太高或太低都会影响到农村饮水市场的效率,导致资源错配。这也是导:致目前农村饮水市场乱象繁生的根源。现行定价制度及其弊端已论述,并提出了"两个转变"的建议,即从"以物为本"定价到"以人为本"定价、从"可回收成本"定价到"可承受能力"定价。结合本书提出的"分区分段分量"供给制度,建议建立农村饮水阶段水价制度。所谓"阶段水价"就是根据前面确立的"分区分段分量"供给机制,按"公益水量"和"市场水量"两个阶段确定水价。前阶段水量按公共物品在当地百姓可承受能力范围内确定公益价格,包括福利水价甚至0元水价;后阶段水量按市场法则确定水价,包括全成本水价甚至惩罚性水价。其目的在于既要通过政府行为保障百姓的基本饮水权利,又要发挥市场在资源配置中的决定性作用,提高政府补贴资金和农村水资源的配置效率。

8.3.1.2 比较效益

"阶段水价"与"阶梯水价"看似有相同之处:都是根据水量把水价分为几个部分,不同的用量缴纳不同的水费。但两者有本质的区别:从定价立场看,阶段水价是以人为本,以保障百姓基本需求为先,阶梯水价以物为本,是促进水资源节约利用为重。从定价主体上看,阶段水价是政府定价和市场定价相结合,前阶段以政府为主,充分考虑当地百姓的可承受能力,后阶段以市场为主,充分考虑当地水资源的承载能力,而阶梯水价主要以政府定价为主。从价格关系上看,现行阶梯水价制度规定阶梯设置应不少于三级且水价按不低于 $1:1.5:3$ 的比例安排,而阶段水价的两个阶段只在水量上划界,水价上没有关系,后者完全遵从市场法则、真实反映水资源的稀缺程度,后阶段水价可能是前阶段水价的几倍甚至更高,这样也有利于供水工程回收成本，实现饮水市场内部交叉补贴，即可弥补政府补贴不足，也可杜绝现行供给侧补贴制度无差别特性导致的"以穷补富"现象，实现饮水市场的先富带后富问题。目前阶梯水价在我国部分城市已经落地，在促进水资源节约等方面起到了一定作用，但离国家发改委等确定的"2015年底前，设市城市原则上要全面实行居民阶梯水价制度；具备实施条件的建制镇，也要积极推进居民阶梯水价制度"的目标相差甚远，目前城市尚未完全实施，建制镇几乎没有启动。

"阶梯水价"可参照"阶段水价"制定一种特殊的定向补助模式，即把第一阶梯的价格范围控制在百姓的基本水量范围内、价格定在百姓的可承受能力范围内（见图8-5）。从表面上看，与"阶段水价（1）"具有一样的效果，即：在 Q_a 用水范围内，百姓按 P_c 支付水费。但在激励节约用水和水权交易方面，是有实质性区别的：前者把第一阶梯水价直接定为 P_c，百姓只要用水量小于 Q_a，就按照 P_c 付费；而后者虽然也把交易水价定为 P_a，但政府先给百姓补贴了 (P_a-P_c) 部分，百姓的实际支付仍是 P_c，但因为基本水量的补贴已以水票形式转移到百姓手中，百姓有支配权，可能就会形成"阶段水价（2）"：百姓只使用了 Q_a 范围内的 A 部分，而把 B 部分按照低于市场价（P_a）卖给了更需要的人，由此就形成了水权交易，百姓发现节余的水票可以变现，就会激发其更加节约用水的动力，进而还会在供水工程间形成竞争，倒逼供水工程不断提高服务质量。由此可见，阶段水价比阶梯水价更加有效。

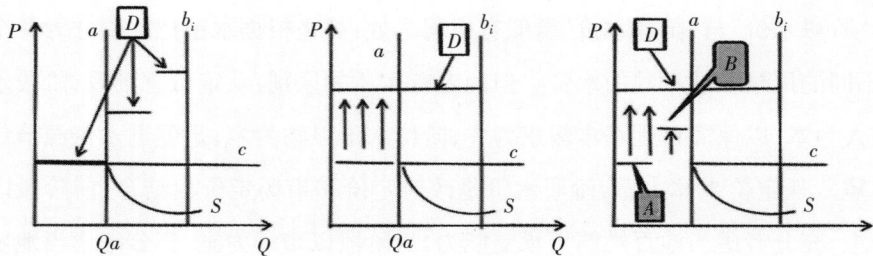

图8-5　阶梯水价的特殊情形与阶段水价的比较

相比之下，以回收成本为核心的"两部制"水价更是难以落地。现行制度规定"两部制"水价包括"基本水价"和"计量水价"两部分：基本水价按补偿供水直接工资、管理费用和50%的折旧费、修理费的原则核定；计量水价按补偿基本水价以外的水资源费、材料费等其他成本费用以及计入规定利润和税金的原则核定。其实质是按照"全成本(运行成本+固定成本)+利润+税收"定价,定价的出发点和落脚点均为保障企业的经济权益、回收工程成本,没有统筹考虑农村供水工程的政治意义、社会意义,更没有考虑农村百姓的基本权益、可承受能力和支付意愿。这也是若干年来农村饮水收费制度难以落地的强大阻碍,而农村饮水定额管理和超定额累进加价制度更是成了农村饮水市场凋零的催化剂和加速器。从下面简单列出的三种定价制度比较分析看(见表8-5),实施"阶段式水价"值得探索。

表8-5 阶梯水价、两部制水价、阶段水价比较分析

	阶梯水价	两部制水价	阶段式水价
水价构成	一阶+二阶+三阶……	基本水价+计量水价	公益水价+市场水价
定价立场	以物为本	以物为本	以人为本
定价原则	节约用水+成本回收	成本回收	百姓福利+节约用水
定价主体	政府	政府	比较内容
交费主体	百姓自费(局部补贴)	百姓自费(局部补贴)	百姓交费+全员补贴
水权交易	不能形成交易	不能形成交易	能形成交易
节水动力	中	小	大
经济收益	无	无	可能有(节约归己)

现阶段我国农村饮水的公益水价定价方式可结合当地农村居民的可支配收入情况确定一个与当地城镇互动的可承受水价,具体而言是按照城乡统筹原则建立"城乡供水联动联调定价制度",即:以当地城乡居民可支配收入为基础,建立农村供水水价与当地城镇供水水价的联动机制,两者同比例升高或降低。计算方法为:农村水价/农村居民可支配收入等于当地城镇水价/当地城镇居民可支配收入。这样可形成水价的"同城待遇"(注:这里形成"同城待遇"水价不等于同城水价,而是同承受力水价),这样有利于把农村水价与农村居民可支配收入和当地城镇水价三者有机结合起来,与居民可支配收入结合起来可确定农村饮水的经济价格,解决农村居民的经济承受能力问题,与当地城镇居民水价结合起来可确定农村饮水的心理价格,解决农村居民的心理接受能力问题,消除城乡居民的攀比心理。一般情况下,城镇居民人均可支配收入高于当地农村居民人均可支配收入,所以

原则上农村居民水价不会高于当地城镇水价,但也会有例外,如华西村等少数农村居民可支配收入高于当地城镇居民的地方。

阶段水价既有利于保障居民的基本饮水需求,又有利于"节水优先"思路的落实。据统计,目前我国水费支出占可支配收入的比例不到0.4%,高收入者水费支出占可支配收入的比例甚至低于0.2%,导致消费者对水费的敏感度不高,城镇人均日用水量不断增长,从2010年的193升增长到2017年的221升,这与我国长期执行的单一低水价和阶梯水价的第一阶梯水价过长有关。

8.3.1.3 经验借鉴

根据居民收入收取水费的办法在美国已有先例:经过多年发展,美国约有11 000个农村社区饮用水供给系统,供给1.6亿人,农村社区的饮水安全问题不突出。但费城的贫困群体带来的过期水费问题促使他们对水费救助进行立法,建立了基于居民收入的水费收取办法,即"分层援助计划"(TAP):该法遵循联邦贫困标准,主要考虑家庭税前收入和人数,确保每月水费只占收入的一小部分:贫困线50%范围内的家庭所支付的水费占每月收入的2%,贫困线51%到100%的支付2.5%,贫困线以上101%到150%的支付3%。此计划能明显降低贫困家庭的水费开支:如一个3口之家年收入2万美元,属于贫困线51%到100%的家庭,每月需支付41.66美元水费,根据数据费城家庭平均每月用于家庭用水、污水处理和雨水排泄方面的花费是70.87美元,降低了41.2%。

比利时的用水收费因地区、供水公司不同而异,但机制基本相同。北部弗拉芒区收费分两个部分,一是固定收费,类似我国的开户费,与用水量无关;二是超过基本水量的水费,每个家庭每年有15吨免费用水,这是政府免费提供的确保百姓基本饮水需求的,在此范围内不计费用,超过部分则按2欧元/米³左右收取,超过量越大价格越贵。这样的水价制度一方面保障了居民的基本需求,另一方面刺激和鼓励了百姓节约用水,同时实现了供水工程内部交叉补贴,由用水大户分担了用水少的低收入家庭的水费。这与我们创新设计的饮水收费制度很相似,对基本需求部分是否免费我们建议根据市场效率情况和百姓收入情况区别对待,不一定是全部免费,对市场有效的地区由市场决定,百姓能够承担的地区适当交费,如我国东部发达地区。只有对市场无效、百姓无力承担的地方,如我国中西部农村地区、高山地区、干旱地区、贫困地区、少数民族地区等,才采取免费或低价提供福利水的方式给予解决,以减轻政府的负担。

8.3.2 "需求侧补贴"制度创新

8.3.2.1 创新基础

在前面我们讨论到政府现行的补贴制度是无效或低效率的,为什么还在对策中提到"补贴"呢?首先从农村饮水内部看,投入不足是制约农村饮水有效供给的核心原因之一,也是关键要素,截至目前,我国除对缺水地区解决群众饮水困难有资金补助外,对其他地区(约70%的农村人口)发展农村供水,一直缺乏有力支持。邓宗兵、封永刚在农村的调查访问显示:46.1%的受访者认为当地饮用水存在"资金投入不足"问题,40.4%的受访者家庭存在"未接通自来水"问题。其次从外部看,考察农村交通、医疗卫生等的发展历程可以看到,它们也分别经历了"以路养路""以药养医"等的畸形发展阶段,损害百姓利益、损伤干群关系,最后在政府的大力支持和大额补贴下,"乱收过路费""天价医药费"等问题得到遏制,由此可见,政府补贴的农村公共服务福利化是发展趋势。农村饮水作为涉及农村居民最广泛的必需品,也是当前农村反映最集中、百姓需求最迫切的基础性服务,应该成为下一个财政支农的重点领域。再者从需求看,农村居民总量已从历史上最高值85 947万人(1995年)下降到目前的56 401万人(2018年)(见图8-6),农村居民占总人口比例从历史最高87.54%(1952年)下降到目前的40.42%(2018年)并且还将不断下降(见图8-7),并且在我国65岁及以上老人占比逐步增多并且还将不断增多(见图8-8)的大背景下,农村留守老人的人数占比将更高,他们挑水的能力在逐渐减弱,更需要从制度上进行关怀,所以当前应该抛弃农村饮水"以水养水"的惯性思维和市场法则,否则农村饮水就会陷入农村交通、教育、医疗等经历过的"由乱到治"的发展歧途。政府补贴作为解决农村饮水市场失灵问题的重要路径和关键措施,需要精心设计更加有效的补贴制度、采用更加有效的补贴方式。

前面在分析"供给侧补贴"无效或低效率时，建议通过发放农村饮水专票方式建立"需求侧补贴"制度值得探索和推广。

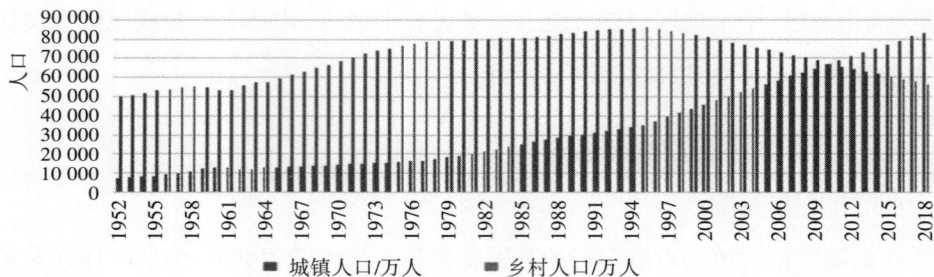

图 8-6　1952—2018年我国城乡人口变化情况

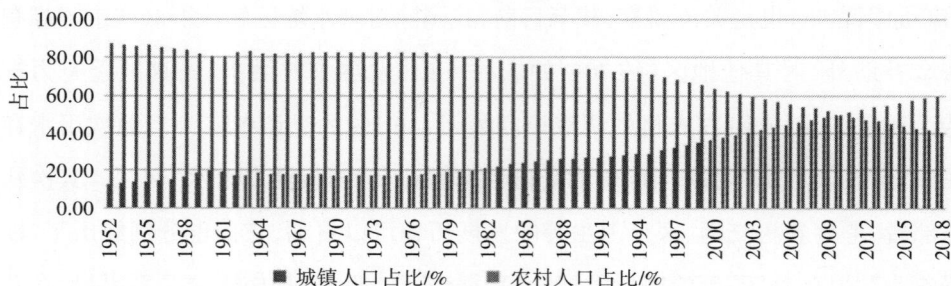

图 8-7　1952—2018年我国城乡人口占比变化情况

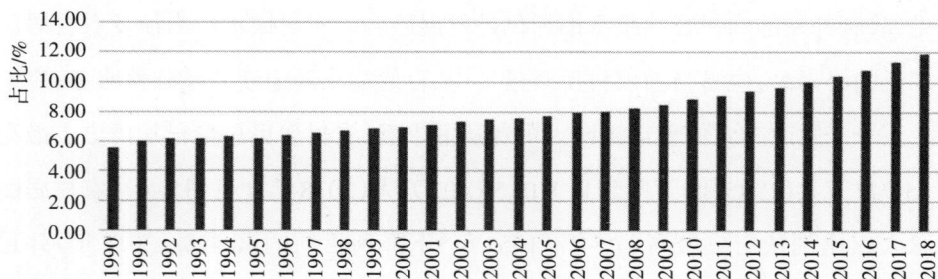

图 8-8　1990—2018年我国65岁以上老人占比

8.3.2.2 基本思路

"需求侧补贴"制度设计就是政府把之前给企业的水价补贴变成水票直接发放给百姓（类似种粮直补），百姓用这个水票去供水工程抵扣水费，企业收到水票去找政府换成现金补贴，其基本程序如下图所示（见图8-9）。其中注意五点：一是只能发放在一定范围内使用的专用水票,不能发放现金或其他类似代金券(单位为米³,不为元),不然财政的饮水补贴就会产生"外溢"效益,老百姓就会拿去购买其他东西甚至作为赌资或酒资;二是只能按人头发放一定额度的水票,最理想也是最高值为百姓的基本饮水需求,量太大不仅会增加财政的补贴负担,也浪费水资源;三是能在一定地域(如本村、本乡、本县等)流通,百姓节约的水票可以卖给更需要的人(如办红白喜事的人),既可增加百姓收益,又可使其养成节水意识,如不能流通则会产生"自助餐现象";四是要有一定的有效期限,控制在半年、一年内使用(如可把3月的水票节约到5月办长辈生日宴使用),如没有固定的期限,补贴就会变成"放在桌子上的现金(Cash on the Table)",丧失其时间价值(TVM),也可能出现"挤兑"现象,如果期限太短,不仅会影响流通速度、距离和价值,也会影响百姓自我调剂。五是发放方式要简便,最好利用现在的智能化手段,有利于交换和交易,减少政府"行政成本""监督成本"和供需双方"皮鞋成本""交易成本",如可定期(每月、每季度或每年)通过供水工程交费系统发放电子证、券等,用户既可直接转付给供水工程抵扣相应水量的水费,也给转卖给其他用户(交易价格由双方自行商定),超过一定时间后自动作废,但有效时间不能太短。

8.3.2.3 优势分析

与"供给侧补贴"制度相比(见图8-9),"需求侧补贴"制度至少实现了四个转变(从间接补贴向直接补贴转变,提高补贴效率;从工程类补贴向市场类补贴转变,形成稳固的供需关系;从局部补贴向全员补贴转变,扩大受益面和公平性;从一次性补贴向持续性补贴转变,永葆农村饮水发展动力、促进持续发展),制度比较优势十分明显:

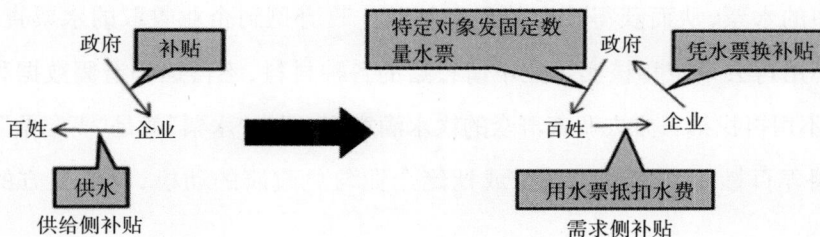

图8-9　供给侧补贴和需求侧补贴比较图

一是建立起每户百姓与供水工程之间的市场链接机制。农村居民与城市居民不同,他们用水可能有两条路径:市场供给即购买供水工程的水,自主供给即通过自备井等自我解决。在百姓的刚性饮水需求可以通过其他途径(如自备水井)获得满足时(有的地方通过限制百姓掘井等方式约束,取消国有农村供水工程的"替代供给",这是值得商榷的),农村居民和农村供水工程之间缺乏有效的市场链接机制,供需双方很难建立起稳固的市场关系,这也是南方农村地区出现大量饮水工程"撂荒"的主要原因。如果采取"需求侧补贴","专用水票"只有在与供水工程交易中才能"变现",就可诱导百姓主动与供水工程建立市场关系,从而使百姓的饮水刚需变成供水工程的市场刚需。

二是提高用水户参与农村饮水管理的积极性、话语权和自主权,增加获得感。如图8-9所示,"供给侧补贴"是政府直接把补贴现金拨付给企业,企业给百姓供水,在这个互动中,百姓处于被动地位,既没有话语权也无约束力。供水企业要获得补贴,只要能让政府(其实质就是管这个事的少数人或个别人)满意就行,这种制度会诱导企业把主要心思花在补贴"公关"上,不仅导致供水质量和效率低下,而且还可能导致利益输送和廉政风险;为了拿到更多的补贴,企业会不断地做大供水数据、做亏企业财务,对百姓浪费用水的行为会采取"置若罔闻"的策略甚至鼓励,而百姓也会有"少用就吃亏"的心态。"需求侧补贴"直接把水费补给老百姓,老百姓从补贴的"局外人"变成了直接"参与者",有实实在在的获得感,同时对供水企业有约束力,一旦企业服务不好,可"用脚投票"惩罚企业,而且"节约归己"的政策也会刺激百姓节约用水。

三是减轻政府和企业负担。新的补贴制度倒逼企业提高服务质量去赚老百姓手中的水票,从而获得政府的现金补贴。政府见到企业收取的水票直接"买单",不用再去审定和核实企业申请补贴的各种材料,不再担心造假数据和假证据,也不用再找第三方去调查群众的饮水满意度,因为"水票"就是"满意票",企业不敢糊弄百姓。当然也可减少或杜绝企业勾兑政府的动机,降低双方的廉政风险。

四是加快农村水权交易和节约用水。刘一明、罗必良(2011,2014)基于农户行为模型的理论分析,利用边际分析方法分析可交易的农业用水定额对农户行为的影响,证实可交易的水权安排将提高水资源的配置效率,可激励农户节约用水。需求侧补贴运用这一理论,规定水票可在用户之间交易且可在一定范围内不同供水工程中流通,这样可增强供水工程间的竞争(假设a、b两用户是邻居,他们每月都获得政府支付的3立方米水票补贴,可抵扣3立方米的水费,超过部分将付高价。a在A工程用水、b在B工程用水,如果A服务不好,a就节约用水只抵扣了1立方米的水票,把节约的2立方米水票卖给办喜事需要6立方米水的b,b可支付给B工程5立方米的水票和1立方米的高价水费),一方面激励百姓节约用水,把节省的水票通过交易等方式变成现金,另一方面也可使具有网络垄断性的供水工程间产生竞争,倒逼它们提高服务水平。

五是杜绝了"供给侧补贴"带来的社会损失。这部分已讨论过。

六是可实现饮水市场内部交叉补贴。能够实现多大范围内的内部交叉补贴取决于供水市场统筹的范围和力度,主要包括两种方式:一是管网互联互通,二是统一供给主体。如某县实现城乡供水一体化或城乡供水管网互联互通,即可实现以城补乡;如同一供水工程负责工业供水与农村用水,即实现以工补农;如采取居民可支配收入法确定水价,穷人少收或不收,即可实现以富补穷;如实行平均水价,即可实现以近补远(因为远距离输水成本高于近距离输水);如实行累进制阶梯水价,即可实现以多补少(见表8-6)。

总之,需求侧补贴比较优势明显,除了上述外还有很多,我们进行简单梳理和部分罗列(见表8-7)。

表8-6　供水市场内部交叉补贴类型及具体方式

交叉补贴类型	以城补乡	以工补农	以近补远	以多补少	以富补穷
具体方式	城镇管网延伸或城镇供水主体统一	统一工业和农村供水的管网或供给主体	采取平均水价	采取累进制阶梯水价	采取居民可支配收入法确定水价,特殊人群如贫困户、五保户等水费减免

表8-7　农村饮水工程供给侧补贴和需求侧补贴优势比较

项目	供给侧补贴	需求侧补贴
发放方式及方便程度	按项目到企业/不方便	按人头到百姓/方便
百姓获得感/满意度	高	更高
百姓直接参与度/话语权	不高	高（100%）
百姓维护管网的积极性	不高	高
补贴精准度	不精准/不高	精准/高（100%）
水权交易	不可促进	可促进
节约用水	不可促进	可促进
增加百姓收益	不增加	可增加
供需关系	不稳固	稳固
廉政风险	高	不高
补贴效率/社会损失	不高/有	高/没有

　　需要特别说明的是，对农村饮水采取需求侧补贴并不是今天的制度创新。我国从2001年就开始尝试对农村居民进行直接补贴，目前已经建立起了比较系统的对农直接补助体系（见表8-8），包括农业直接补贴等生产性补贴，还包括对医疗卫生、义务教育、扶贫等公共服务的补贴，并延伸到家电采购等生活领域的补贴，取得了比较成熟的经验和成功的做法，有的补贴项目年均资金超过1 000亿元。林万龙（2018）研究发现，这些补贴对农户实际收入的贡献率明显，2003年起步时只有0.5%，10年后的2012年提高到5.22%。

表8-8　中国农村主要直接补贴项目概况

分类	项目	内容	承办单位	补助范围	起始年
农业生产	农业直接补贴	良种补贴	农业部	全国农村	2002
		粮食生产直接补贴	财政部	全国农村	2002
		农机具购置补贴	农业部	全国农村	2004
		农业生产资料综合直补	财政部	全国农村	2006
	农业保险	农业保险补贴	财政部	全国农村	2004
农村公共服务	义务教育	两免一补	教育部	全国农村	2001
		农村义务教育学生营养改善计划		全国农村	2011
	医疗	新型农村合作医疗	卫生部	全国农村	2003
	社会保障	医疗救助	民政部	全国农村	2003

续表

分类	项目	内容	承办单位	补助范围	起始年
农民生活	生活设施	农村低保		全国农村	2007
		新型农村养老保险	人社补	全国农村	2009
		户用沼气补贴	农业部	全国农村	2003

同时对农村饮水进行需求侧直接补助也是公共财政支农的新路径。浙江大学中国农村发展研究院、公共管理学院(黄祖辉,2020)等利用城乡居民基本养老保险的政策特点,采用 RD－IV(断点回归结合工具变量)识别策略估计了转移支付收入对农民公共品供给意愿的影响。研究结果显示,农民获得的转移支付收入每提高 1 000 元,其愿意参与公共品供给的概率平均提升约 16%。国家加大对农民的转移支付力度,对形成完善的农村公共品多元供给体系具有重要意义。另,从城乡公共产品服务均等化角度看,在不考虑服务质量和方便程度的前提下(如农村医疗、教育、交通、文化等与城市差距悬殊),财政补贴的公共产品或服务项目城乡差别很大。农村要么没有供给,如博物馆、文化馆、体育馆、科技馆、公园、公共场所 WiFi 信号等根本无法"下乡",要么没有政策,如城市 65 岁以上老人免费乘坐公交等,C 市主城公共场所还提供免费直饮水,而农村没有这些政策。对这些城市专享而农村不太适用或无法普及的项目(见表 8-9),可以不强求城乡一体化、均衡化,但对那些农村地区急需且覆盖面广的基本公共服务项目,如农村饮水安全项目,政府应该给予更多关注甚至不遗余力地优先安排、重点倾斜。

表8-9　城乡居民享受政府补贴公共产品差异(部分项目)

	城市居民		农村居民
部分免费项目	65 岁以上免费乘坐公交; 65 岁以上免费游览景区(部分)		无
部分补贴项目	城市公共交通		
全免费项目	博物馆/图书馆/文化馆/科技馆/公园/动物园/公共场所 WiFi /直饮水(C 市为例)		

需要特别说明的是，在执行农村饮水需求侧补贴时，一是可以借鉴农村教育、医疗等先试点后普及的办法，补贴可以先照顾中西部落后地区，在贫困地区、高山地区、干旱地区试点，也可优先照顾建档立卡贫困户、五保户、低保户等，取得一定经验后再推广实施。二是在农村直补等已全部覆盖的地方，可以借助财政部、农业农村部等已有补助途径，"搭车"开展农村饮水补贴，减少摸底调查、审查审核等程序，降低行政成本，提高行政效率，减轻基层和群众负担。

8.4 算例

本书以四川省南充市蓬安县某村一个小型集中供水工程为例进行测算。此地为四川盆地的丘陵地带，常年雨量丰沛但也经常出现干旱情况，2017年前当地人以自备水井解决饮水问题，2017年政府投资18万元修建了小型供水工程，覆盖9户农村居民，户籍人口51人、常住人口20人，由于水源在储水设施下方60米左右，需用水泵抽水存储，但采用自流方式进户，运行的直接成本即电费。2018年共用水168吨，电费65元，平均每吨水耗电费0.39元；2019年共用水371吨、电费189.50元，平均每吨水耗电费0.51元。

8.4.1 现行制度导致工程被废弃

按照"以水养水"的制度，我们按全成本计算水价：建设成本分摊到20年内，即"18/20=0.9（万元/年）"，以2019年供水数据371吨计算，每吨水费的固定成本为："9 000/371=24.3（元）"；需要1个人负责日常看护、抽水和维修等，年计人工成本3 600元（每月300元，相当于一个建筑小工1天的收入），忽略其他包括管道维修等费用。每吨水费为："24.3+0.51+3 600/371=34.5（元）"，而同期当地县城自来水费为每吨3.5元，两者相差约9倍。在这种制度下，工程被抛荒的概率为100%。

按"两部制"水价计算，每户每月的基本水费为："（9 000+3 600）/（9×12）=116.7（元）"，绝大部分家庭水费比全成本水价还高，如王××家年平均每吨水费为："（116.7×12+17.20）/33=43.0（元）"，比全成本水价费用还高"[43.0-34.5=8.5（元）]"。

因此,"两部制"水价制度也是不可行的,必将导致工程被遗弃。

8.4.2 现行制度保基本运行

据实地走访调查结果,目前该饮水工程由百姓自己管理,确定由当地一位热心人义务负责抽水和管护,水费直接按运行成本收缴,即只收取电费,2018年每吨水计费0.39元,2019年每吨水计费0.51元,远远低于当地城镇水价。市场供给有效、百姓普遍收益,运行基本情况比较理想(见表8-10)。但也有弊端:一是水价过低,容易刺激消费,从2018、2019年用水量看,增量明显,总量从168吨上涨到371吨,7户家庭用水量增加。二是缺乏可持续性,负责抽水和管护的人完全是尽义务,没有任何收益,在市场经济条件下,这只是权宜之计绝不是长久之计。

表8-10　四川省南充市蓬安县某村饮水工程运行情况

用户姓名	2018年		2019年	
	用水量/吨	水费/元	用水量/吨	水费/元
王××	21	8.2	33	17.2
吕××	25	9.75	31	16.2
邓×1	17	6.63	18	9.4
邓×2	17	6.63	44	22.9
陈×1	37	14.43	34	17.7
陈×2	21	8.2	14	7.3
陈×3	29	11.31	183	95.2
陈×4	1	0.39	12	6.3
陈×5	0	0	2	1
合计	168	65.54	371	193.2

8.4.3 创新制度多方受益

按CS-CS制度测算。此项目的全成本水价为34.5元/吨,远远高于当地城市水价,市场肯定是失灵的,需要政府出面干预。为此政府:一是按照城乡联动联调制度核定此工程水价低于3.5元/吨,比如为3元/吨;二是通过"资产补贴化"制度给予农村居民饮水补贴,最简单的方法就是20年内不计收固定成本水价(视饮水工程的前期投入为"沉没成本");三是按"分区分段分类供给制度",通过2018、

2019年人均用水量确定当地居民的基本用水量为人均每年10吨,发放免费水票,即农户基本水量不计收水费,防止他们"用脚投票",从而把百姓的基本饮水需要转化为市场刚性需求,在供需之间形成稳定的市场链接机制,而非基本水量按全成本计收水费(为保证计算效果和百姓福利,暂不考虑惩罚性水价);四是按"阶段水价"收取水费,在这种情况下,除用水大户陈×(小酒坊老板)外,其他每家每户均不用交费,即使有超额的也极其有限可忽略不计,而用水大户陈×需缴纳水费:(183−30)×34.5=5 278.5元;五是通过委托等方式雇佣当地人兼职管护工程,全年人工成本为3 600元。收支结算可知:此饮水工程年净节余1 678.5元。这意味着在新制度激励下,即使绝大部分农户不缴纳水费也能保障基本水量,工程实现了市场内部交叉补贴,年节余比现在收取总费用还高769%,不仅实现了供需均衡和市场有效,还确保了工程有人管、有钱管,长期良性运行,也摆脱了国有投资效率低下困境,可彻底破解"僵尸水厂"困境。

8.5 本章小结

本章接着第6、7章的分析,继续以38个农村饮水安全制度为对象,从投入制度、水价制度、补贴制度等方面入手,梳理和剖析了造成农村饮水市场失灵的融资投入制度,并针对性进行了制度创新,回答了长期困扰农村饮水安全工作中的钱从哪里来、水价如何定、政府如何补贴等基本问题。

第 9 章　结论与展望

9.1　研究结论

本书针对我国已投入 1.5 万亿元建设的农村饮水安全工程近 50% 不可持续的问题,创新农村饮水安全制度体系,期望彻底解决 1 100 多万处农村饮水安全工程的有效供给问题和近 10 亿农村居民的基本饮水问题。总结前面分析,本书初步取得了以下 3 个结论。

9.1.1 提出农村公共产品和农村饮水安全分区治理理论

本书按照覆盖范围和缺失危害程度标准,提出了农村公共产品分区(ABCD)设计理论,有利于确定农村饮水安全的优先保障地位,明确政府在农村饮水安全供给中的权责范围。在这个标准中,农村饮水安全处于 A 区,具有优先地位。按照供需关系和市场原则,对农村公共产品供给市场进行分区(ABCD),划分了市场和政府在公共产品供给中的职责界限,将无效需求、有效需求的市场有效部分划分给市场,政府主要在供给无效区域履行主体责任,强调了农村饮水安全刚需部分(acC)在农村公共产品保障中的特殊地位。实现农村饮水安全分区治理后,有利于在减轻政府负担时增加政府责任,在开放供给中增强市场活力。

9.1.2 构建融"价格控制"和"供求干预"于一体的农村饮水市场分析模型

本书利用分析模型对农村饮水市场可能存在的360种情形进行分析，区分了市场有效和市场失灵情况，为划分农村饮水安全有效供给中政府和市场边界提供了依据，并找到其中存在的基本类型、发展的基本规律和导致市场失灵的主要原因和类型，提高了制度创新的针对性。有利于从市场角度对农村饮水安全供给有效性进行准确判断，为创新农村饮水安全"双通道"决策机制和"决策树"型流程图提供理论依据。

9.1.3 按照"卡尔-希克斯标准"对现行农村饮水安全制度进行"卡尔多改进"

创新了农村饮水安全有效供给制度体系，其中包含7个制度，如图9-1。

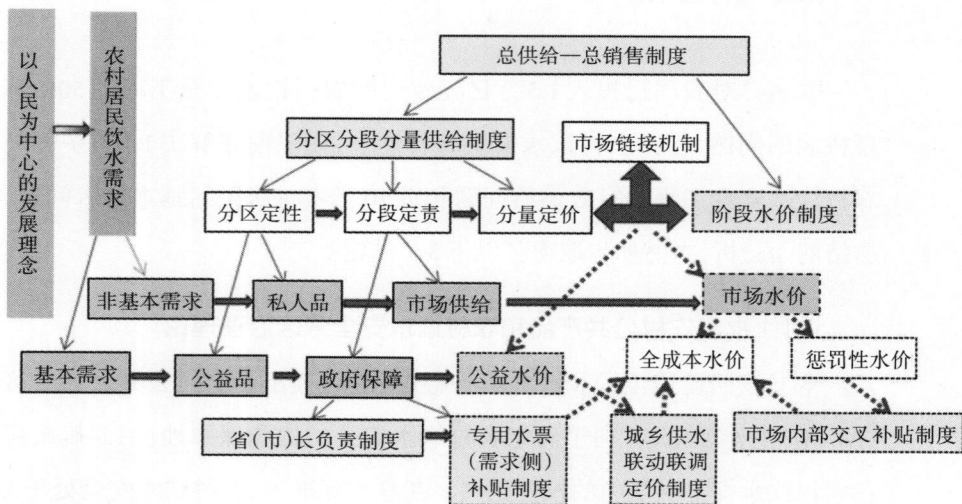

图9-1　农村饮水安全有效供给创新制度体系

此制度体系具有以下功能：一是在左右关系中彻底厘清了政府和市场在农村饮水安全供给中的职责和边界，杜绝两者相互揽权和推责；二是在上下关系中厘清了中央政府、地方政府和基层政府的关系，杜绝了层层分解任务变成层层推卸责任；三是在内外关系中形成了完整的农村饮水安全价格体系，明确政府、供水主体、用水户三者在水价保障中的分摊机制，确保工程的基本收益。

9.2 研究展望

本书创新的制度体系虽然有利于破除当前制约农村饮水安全有效供给的部分核心问题,尤其是面临的主要矛盾的主要方面,但还有很多明显的不足之处,一些关键性问题还没有回答。

(1)虽然本书在农村饮水安全的基本需求和非基本需求间划了一条分界线(实质是政府和市场职责的分界线),但基本量究竟多少合适? 仅仅满足百姓基本需求供给的农村饮水安全工程是否能达到供需平衡点? 南北地区如何区别?

(2)虽然在农村水价缴纳中给百姓支付和政府补贴间划了一条分界线,但究竟如何计算才更加科学? 补贴制度会不会刺激本身有效的农村饮水市场失灵? 政府会不会因此背上更加沉重的包袱?

(3)虽然在农村饮水安全责任体系中给中央和地方政府划了一条分界线,但省市县责任如何划分? 经费该如何筹集? 智能制造背景下成本如何变化? 城乡统筹背景下标准如何设置? 城镇化加速推进背景下农村居民如何转移?

这些问题牵涉面广,既有政治、经济和社会学问题,也有公共管理、制度及心理学问题,需要接下来继续研究和完善。

需要特别说明的是,本书研究的结果和政策建议也不一定完全适用于各个地方的具体实践,只是为决策者提供一种解决问题的思路或思维方式。

主要参考文献[①]

[1]严宏,田红宇,祝志勇.农村公共产品供给主体多元化:一个新政治经济学的分析视角[J].农村经济,2017(2):25-31.

[2]罗必良,凌莎.目标、效率与制度选择——以中国农地制度变迁为例[J].贵州社会科学,2014(6):52-58.

[3]罗必良,凌莎,钟文晶.制度的有效性评价:理论框架与实证检验——以家庭承包经营制度为例[J].江海学刊,2014(5):70-78.

[4]黄一平,曾寅初.供求关系与农产品价格政策[J].农业技术经济,1987(5):36-39.

[5]周洪文,张应良.农田水利建设视野的社区公共产品供给制度创新[J].改革,2012(1):93-100.

[6]张应良,官永彬.政府供给乡村社区公共产品的动机与行为分析——基于诺思国家模型的理论视角[J]中南财经政法大学学报,2009(3):26-30.

[7]张应良,王钊.农村公共产品供给的制度绩效:一个分析框架[J].改革,2008(11):141-146.

[①] 本书参考的文献资料非常多,若全部列出会导致参考文献部分体量庞大,无法做到和正文篇幅比例的协调,故只列出了主要参考文献。

[8]张应良,官永彬.市场参与供给乡村社区公共产品的动机与行为分析[J].农村经济,2008(6):7-11.

[9]张应良,丁惠忠,官永彬.政府诱导型农村公共物品供给制度研究[J].农村经济,2007(5):11-15.

[10]张应良.重庆市农村公共服务发展研究[J].重庆社会科学,2004(1):24-28.

[11]张应良,张建峰.乡村社区公共产品供给:因由政府、市场与农民[J].重庆社会科学,2012(9):16-24.

[12]徐佳,冯平,杨鹏,等.区域农村供水工程运行评价研究[J].水利水电技术,2015,46(3):123-129.

[13]谈昌莉.对水利供水特殊供水价格的探讨[J].人民长江,1999,30(9):46-48.

[14]高兴佑.我国水价制度存在的问题及改革路径[J].人民长江,201647(4):103-107.

[15]李波.新疆最严格水资源管理制度下的水价形成机制与定价模式解析[J].水利发展研究,2016(1):44-46,56.

[16]李秉祥,黄泉川.节水型社会水价机制研究[J].中国水利,2005(13):163-165.

[17]项贤国.可持续利用视阈下城市水资源阶梯定价机制研究[J].新疆社科论坛,2015(2):79-82.

[18]王艳,袁宏图,陈明宇.水价形成机制研究[J].纳税,2018(5):194.

[19]张硕,林进文,陈金木.地方农村饮水安全立法的经验与启示[J].水利发展研究,2015(9):19-24,56.

[20]孙荪,曹建邺,倪一品,等.淮安市新一轮农村饮水安全工程建设的实践和思考[J].水利发展研究,2018(1):66-69,73.

[21]张汉松."十三五"时期农村饮水安全巩固提升现状、问题与对策[J].水利发展研究,2017(11):57-60,81.

[22]埃莉诺·奥斯特罗姆,杨立华,徐超,等.诺贝尔之路和共用资源的自治之道——埃莉诺·奥斯特罗姆在北京航空航天大学的演讲与问答[J].北京航空航天大学学报(社会科学版),2011,24(6):10-17.

[23]王亚华,胡鞍钢.中国水利之路:回顾与展望1949—2050[J].清华大学学报(哲学社会科学版),2011,26(5):99-112.

[24]陈敏,王钊.新时代南方农村人饮供水工程水价制定原则研究[J].长江技术经济,2019(2):28-38.

[25]陈敏,王钊.邓小平带动发展战略探析[N].光明日报,2012-05-03(13).

[26]陈敏,王钊.抓住关键环节 转变政府职能[N].人民日报,2011-12-13(07).

[27]陈敏.农水难 如何解——一位水利干部的农情手记[N].人民日报,2014-02-16(11).

[28]陈敏.农村饮水有效供给的结构性矛盾与制度创新[J].探索,2020(4):156-168.

[29]陈敏,谢佳.乡村振兴中农村供水工程市场有效性分析模型设计及其现实意义[J].西南大学学报(自然科学版),2020(11):22-30

[30]张应良,王晓芳,官永彬,等.农村社区公共产品有效供给与制度创新[M].北京:中国农业出版社,2013.

[31]邓宗兵,封永刚,张俊亮.西部农村公共服务供给效率评价与改进研究[M].北京:科学出版社,2018.

[32]傅涛.水价二十讲[M].北京:中国建筑工业出版社,2011.

[33]章二子,陈丹,郑卫东,等.江宁区农业水价综合改革研究[M].郑州:黄河水利出版社,2017.

[34]姬鹏程.中国城市水价改革研究[M].北京:知识产权出版社,2010.

[35]贾绍凤,刘俊.大国水情——中国水问题报告[M].武汉:华中科技大学出版社,2014.

[36]温桂芳,张群群.中国价格理论前沿(2)[M].北京:社会科学文献出版社,2014.

[37]倪红珍,王浩,李继峰,等.供水价格体系研究[M].北京:中国水利水电出版社,2016.

[38]周芳.基于物质平衡模型的水价理论与实证研究[M].北京:中国环境出版社,2016.

[39]王红.循环经济条件下的水定价与管理研究[M].北京:经济管理出版社,2017.

[40]姬鹏程,张璐琴.珍惜生命之水,构建生态文明——供水价格体系研究[M].北京:北京科学技术出版社,2015.

[41]埃莉诺·奥斯特罗姆.公共资源的未来:超越市场失灵和政府管制[M].北京:中国人民大学出版社,2015.

[42]埃莉诺·奥斯特罗姆,罗伊·加德纳,詹姆斯·沃克,等.规则、博弈与公共池塘资源[M].王巧玲,任睿,译.西安:陕西人民出版社,2011.

[43]埃莉诺·奥斯特罗姆.公共事物的治理之道:集体行动制度的演进[M].余逊达,陈旭东,译.上海:上海译文出版社,2012.

[44]埃莉诺·奥斯特罗姆,拉里·施罗德,苏珊·温.制度激励与可持续发展——基础设施政策透视[M].上海:上海三联书店,2000.

[45]中华人民共和国水利部.2004—2018年中国水利发展报告[R].北京:中国水利水电出版社.(此为多本报告合集,非单本)

[46]马中.中国水价政策研究[M].北京:中国环境出版社,2014.

[47]水利部水情教育中心.基础水情百问[M].武汉:长江出版社,2014.

[48]沈大军,陈雯,罗健萍.水价制定理论、方法与实践[M].北京:中国水利水电出版社,2006.

[49]曼瑟尔·奥尔森.集体行动的逻辑[M].陈郁,郭宇峰,李崇新,译.上海:格致出版社;上海人民出版社,2014.

附 录

附件1 典型制度比较分析

	国家层面	省级层面	地市层面
主要内容	《农村饮水安全工程建设管理办法》(2013)	《C市村镇供水条例》(2016)	Q区农村饮水安全工程运行管理办法(试行)(2019),C市Q区村镇分散式供水工程建设管理办法(2017)
管理范围	纳入全国农村饮水安全工程规划、使用中央预算内投资的农村饮水安全工程项目。包括有关省(自治区、直辖市)县(不含县城城区)以下的乡镇、村庄、学校,以及国有农(林)场、新疆生产建设兵团团场和连队饮水不安全人口。因开矿、建厂、企业生产及其他人为原因造成水源变化、水量不足、水质污染引起的农村饮水安全问题,按照"污染者付费、破坏者恢复"的原则由有关责任单位和责任人负责解决。	利用村镇供水工程向村镇居民和单位等用水户供应生活用水和生产用水的活动。规模化供水工程指设计日供水一千立方米以上或者设计供水人口一万人以上的村镇供水工程)和小型集中供水工程指供水人口在二十人以上,但是未达到规模化供水工程标准的村镇供水工程。区县(自治县)人民政府应当加强供水人口在二十人以下的村镇供水工程的规划、建设和管理,具体办法由区县(自治县)人民政府制定。	乡镇街道辖区内除城市供水以外的所有供水工程,包括城市管网延伸工程、乡镇水厂及规模化集中式供水工程、小型集中式供水工程和分散式供水工程。
责任主体	农村饮水安全保障实行行政首长负责制,地方政府对农村饮水安全负总责,中央给予指导和资金支持。农村饮水安全项目管理实行分级负责制。要通过层层落实责任制和签订责任书,把地方各级政府农村饮水安全保障工作的领导责任、部门责任、技术责任等落实到人。	市、区县(自治县)人民政府应当制定本行政区域村镇供水发展目标,将其列入国民经济和社会发展计划,落实所需资金。乡(镇)人民政府、街道办事处负责本辖区村镇供水有关工作。村民委员会应当做好本村村镇供水相关工作。	农村饮水安全运行管理实行地方行政首长负责制,按照"区负总责、乡镇街道抓落实"的工作机制,乡镇人民政府、街道办事处履行农村饮水安全工程运行管理主体责任。

续表

资金来源	中央补助地方农村饮水安全工程项目投资为定额补助性质,由地方按规定包干使用、超支不补。在中央下达建设总任务和补助投资总规模内,各具体项目的中央投资补助标准由各地根据实际情况确定。 农村饮水安全工程投资,由中央、地方和受益群众共同负担。中央对东、中、西部地区实行差别化的投资补助政策,加大对中西部等欠发达地区的扶持力度。地方投资落实由省级负总责。入户工程部分,可在确定农民出资上限和村民自愿、量力而行的前提下,引导和组织受益群众采取"一事一议"筹资筹劳方式进行建设。鼓励单位和个人投资建设农村供水工程。解决规划外受益人口饮水安全问题、提高工程建设标准以及解决农村安全饮水以外其他问题所增加的工程投资由地方从其他资金渠道解决。对中央补助投资已解决农村饮水安全问题的受益区,如出现反复或新增的饮水安全问题,由地方自行解决。	村镇供水工程建设以政府投入为主,鼓励社会资本和受益群众投资、捐资、投劳建设村镇供水工程。 区县(自治县)人民政府应当通过财政补贴等方式落实村镇供水工程维修养护资金,专项用于村镇供水设施的维修养护。 市人民政府应当对区县(自治县)村镇供水工程维修养护给予补助。 因供水扬程高、管网长等客观原因造成村镇供水水价高于城市供水水价的,市、区县(自治县)人民政府应当给予适当补贴,缩小城乡水价差额。	建立农村饮水安全工程区级运行管护专项经费,专项用于非人为原因造成损毁工程的修复,对供水成本高、水费收入难以保障正常运行的城市管网延伸工程、乡镇水厂及规模化集中式供水工程予以适当补贴。 区级运行管护经费由上级专项补助资金、区级财政资金、水费提留等方式筹集。
工程建设	农村饮水安全工程建设实行项目法人责任制。对"千吨万人"以上的集中供水工程,要按有关规定组建项目建设管理单位,负责工程建设和建后运行管理;其他规模较小工程,可在制定完善管理办法、确保工程质量的前提下,采用村民自建、自管的方式组织工程建设,或以县、乡镇为单位集中组建项目建设管理单位,负责全县或乡镇规模以下农村饮水安全工程建设管理。 鼓励推行农村饮水安全工程"代建制",通过招标等方式选择专业化的项目管理单位负责工程建设实施,严格控制项目投资、质量和工期,竣工验收后移交给使用单位。	规模化供水工程,应当按照有关规定组建项目法人,负责工程建设和建后运行管护。 小型集中供水工程可以在完善管理办法、确保工程质量的前提下,采取村民委员会、农民用水合作组织或者村民自建、自管的方式组织工程建设,或者以区县(自治县),乡(镇)、街道为单位集中组建项目建设管理单位负责建设管理。	使用财政补贴、社会捐资的村镇分散式供水工程由乡镇人民政府、街道办事处负责建设管理。对单户供水工程等小规模工程,或使用受益村民自筹资金的分散式供水工程,在完善管理办法、确保工程质量的前提下,可由村民委员会或者村民通过自建自管的方式组织实施。

续表

工程验收	项目建设完成后，由地方发展改革、水利部门商卫生计生等部门及时共同组织竣工验收。省级验收总结报送水利部。验收结果将作为下年度项目和投资安排的重要依据之一。对未按要求进行验收或验收不合格的项目，要限期整改。	村镇供水工程由区县（自治县）水行政主管部门会同有关部门按照规定组织验收。	村镇分散式供水工程由乡镇人民政府、街道办事处组织乡级验收，乡级验收合格后，区水行政主管部门按规定组织区发展改革、财政等相关部门进行区级验收
运行管理	农村饮水安全工程项目建成，经验收合格后要及时办理交接手续，明晰工程产权，明确工程管护主体和运行管理方式，完善管理制度，落实管护责任和经费，确保长期发挥效益。以政府投资为主兴建的规模较大的集中供水工程，由按规定组建的项目法人负责管理；以政府投资为主兴建的规模较小的供水工程，可由工程受益范围内的农民用水户协会负责管理；单户或联户供水工程，实行村民自建、自管。由政府授予特许经营权、采取股份制形式或企业、私人投资修建的供水工程形成的资产归投资者所有，由按规定组建的项目法人负责管理。在不改变工程基本用途的前提下，农村饮水安全工程可实行所有权和经营权分离，通过承包、租赁等形式委托有资质的专业管理单位负责管理和维护。对采用工程经营权招标、承包、租赁的，政府投资部分的收益应继续专项用于农村饮水工程建设和管理。 各地原则上应以县为单位，建立农村饮水安全工程管理服务机构，建立健全供水技术服务体系和水质检测制度，加强水质检测和工程监管，提供技术和维修服务，保障工程供水水量和水质达标。要全面落实工程用电、用地、税收等优惠政策，切实加强工程运行管理，降低工程运行成本。加强农村饮水安全工程从业人员业务培训，提高工程运行管理水平，保障工程良性运行。	村镇供水工程产权所有者应当确定运行管护主体。国有独资或者控股的规模化供水工程应当由专业供水企业负责运行管护。鼓励区域性、专业化供水组织运行管护村镇供水工程。入户水表、水表至用水户的供水设施由用水户负责管护。 运行管护主体应当建立管护制度，落实管护措施，明确管护责任，做好运行管护与安全生产，保证正常供水。 区县（自治县）水行政主管部门负责本行政区域规模化供水工程运行管护的监督管理。乡（镇）人民政府、街道办事处负责辖区内小型集中供水工程运行管护的监督管理。 规模化供水覆盖区域内的原有供水工程（含企业事业单位自备水厂）由区县（自治县）人民政府限期整合。	农村饮水安全工程产权所有者为工程的运行管护主体，应落实运行管理单位或人员，依法保护供水经营者、用水户的合法权益，督促指导工程运行管理单位建立健全运行管理制度。 城市管网延伸工程、乡镇水厂及规模化集中式供水工程实行专业化运行管理，由乡镇街道组建专业化运行管理机构运行管理，也可委托区润民农村水利工程有限公司、区泰来宏达自来水公司、区小南海水电开发有限公司等供水企业负责运行管理。 农村小型集中式供水工程和分散式供水工程按照"谁受益，谁管理"原则，以村（社区）或供水系统组建运行管理机构或落实专职运行管理人员负责运行管理。

水价水费	农村饮水安全工程水价,按照"补偿成本、公平负担"的原则合理确定,根据供水成本、费用等变化,并充分考虑用水户承受能力等因素适时合理调整。有条件的地方,可逐步推行阶梯水价、两部制水价、用水定额管理与超定额加价制度。对二、三产业的供水水价,应按照"补偿成本、合理盈利"的原则确定。 水费收入低于工程运行成本的地区,要通过财政补贴、水费提留等方式,加快建立县级农村饮水安全工程维修养护基金,专户存储,统一用于县域内工程日常维护和更新改造。	规模化供水工程的水价由政府定价,小型集中供水工程的水价由政府指导定价或者供用水双方协商定价。因供水扬程高、管网长等客观原因造成村镇供水水价高于城市供水水价的,市、区县(自治县)人民政府应当给予适当补贴,缩小城乡水价差额。	农村饮水安全工程按照"谁受益、谁负担"原则,实行有偿供水。农村饮水安全工程全面实行"基本水价+计量水价"的两部制水价,对水源紧张的供水工程实行超定额累进加价制。农村饮水安全工程供水价格按照"补偿成本、合理盈利、优质优价、公平负担"的原则,合理制定工程供水水价并适时调整。城市供水管网延伸工程、乡镇水厂和规模化集中式供水工程实行政府定价或政府指导价。农村小型集中式供水工程和分散式供水工程,通过受益群众"一事一议"确定水价,确定的水价应确保工程正常运行。
水源保护	各级水利、环境保护等部门要按职责做好农村饮水安全工程水源保护和监管工作,针对集中式和分散式饮用水水源地的不同特点,依法划定水源保护区或水源保护范围,设置保护标志,明确保护措施,加强污染防治,稳步改善水源地水质状况。 农村饮水安全工程管理单位负责水源地的日常保护管理,要实现工程建设和水源保护"两同时",做到"建一处工程,保护一处水源"。	市、区县(自治县)人民政府及环境保护等有关部门应当依法划定村镇供水水源保护区或者保护范围,定期开展村镇供水水源安全评估,制定落实村镇供水水源保护和整治措施,确保水源水质达到国家规定的标准。	各乡镇街道要对农村饮水安全工程水源及水源地保护区和保护范围设置明显标志和安全防护设施,定期巡查。卫健委负责农村饮水安全工程卫生监督和水质监管,并按照水质监测相关要求开展水质监测。供水单位是供水水质安全管理的责任主体。

续表

应急处理		市、区县（自治县）人民政府以及乡（镇）人民政府、街道办事处应当制定村镇供水应急预案。 因发生灾害或者紧急事故致使供水中断的，供水单位应当积极组织抢修，及时通知用水户，并报告区县（自治县）水行政主管部门和乡（镇）人民政府、街道办事处。 规模化供水发生供水突发事件时，供水单位应当立即采取处置措施，加强应急监测，并及时向区县（自治县）人民政府及卫生、水利、环保等行政主管部门报告。 区县（自治县）人民政府应当启动应急预案，有关部门、供水单位及用水户应当予以配合。 小型集中供水工程发生供水突发事件，由乡（镇）人民政府、街道办事处负责处置，并及时向区县（自治县）人民政府报告并通报卫生、水利、环保等行政主管部门。	
产权界定、资产管理	农村饮水安全工程项目建成，经验收合格后要及时办理交接手续，明晰工程产权。	区县（自治县）人民政府应当确定村镇供水国有资产监管机构，负责村镇供水国有资产监督管理。 农村集体所有的村镇供水工程，由农村集体经济组织或者村民委员会按照农村集体资产管理的有关规定管理。	农村饮水安全工程按照"谁投资、谁所有"的原则或者按照出资人意愿确定产权。 国家投资兴建的城市管网延伸工程、乡镇水厂和规模化集中式供水工程，其产权归国家所有，由工程所在乡镇人民政府或街道办事处负责履行国有资产管理。 国家投资兴建的小型集中式供水工程和分散式供水工程，其产权归工程所在村（社区）集体所有。 社会资本投资兴建的农村饮水安全工程，其产权归投资者所有。

| 行政处罚 | | | 本条例规定的行政措施和行政处罚,属于规模化供水工程的,由区县(自治县)水行政主管部门实施;属于小型集中供水工程的,由所在乡(镇)人民政府街道办事处实施。 | |

附件2 中央一号文件、国务院政府工作报告涉农饮情况

及当年完成数(2002—2020)

年份/(年)	解决人数/万人	饮水投入/亿元	水利投入/亿元	中央一号文件内容	国务院政府工作报告内容
2020				在普遍实现"两不愁"基础上,全面解决"三保障"和饮水安全问题。提高农村供水保障水平。全面完成农村饮水安全巩固提升工程任务。统筹布局农村饮水基础设施建设,在人口相对集中的地区推进规模化供水工程建设。有条件的地区将城市管网向农村延伸,推进城乡供水一体化。中央财政加大支持力度,补助中西部地区、原中央苏区农村饮水安全工程维修养护。加强农村饮用水水源保护,做好水质监测。	
2019	6 000(计划)			推进农村饮水安全巩固提升工程,加强农村饮用水水源地保护,加快解决农村"吃水难"和饮水不安全问题。	加快实施农村饮水安全巩固提升工程,今明两年要解决好饮水困难人口的饮水安全问题,提高6 000万农村人口供水保障水平。

续表

年份/(年)	解决人数/万人	饮水投入/亿元	水利投入/亿元	中央一号文件内容	国务院政府工作报告内容
2018	7 800	74.89（中央）		推进节水供水重大水利工程,实施农村饮水安全巩固提升工程。	改善供水、供电、信息等基础设施。
2017	5 500	436	7 134.65	实施农村饮水安全巩固提升工程和新一轮农村电网改造升级工程。开展农村地区枯井、河塘、饮用水、自建房、客运和校车等方面安全隐患排查治理工作。	加强农村公共设施建设。提高农村饮水安全供水保证率。
2016	3 900	1 225.26	6 102.49	实施农村饮水安全巩固提升工程。推动城镇供水设施向周边农村延伸。	1."又解决6 434万农村人口饮水安全问题"。2.过去五年,我国发展成就举世瞩目。人民生活水平显著提高。农村贫困人口减少1亿多,解决3亿多农村人口饮水安全问题。3.改善农村公共设施和服务。实施饮水安全巩固提升工程。
2015	6 709	1 316.57	5 456.84	确保如期完成"十二五"农村饮水安全工程规划任务,推动农村饮水提质增效,继续执行税收优惠政策。推进城镇供水管网向农村延伸。	1.人民生活有新的改善,6 600多万农村人口饮水安全问题得到解决;2.新农村建设要惠及广大农民。突出加强水和路的建设,2015年再解决6000万农村人口饮水安全问题。
2014	6 710	1 029.11	4 088.52	提高农村饮水安全工程建设标准,加强水源地水质监测与保护,有条件的地方推进城镇供水管网向农村延伸。	1.新解决农村6 300多万人饮水安全问题。2.今年(指2014年)再解决6 000万农村人口的饮水安全问题,经过今明(指2014年和2015年)两年努力,要让所有农村居民都能喝上干净的水。
2013	6 343	1 061.41	3 763.22	加大公共财政对农村基础设施建设的覆盖力度,逐步建立投入保障和运行管护机制。"十二五"期间基本解决农村饮水安全问题。	加强农村水电路气等基础设施建设,解决了3亿多农村人口的饮水安全和无电区445万人的用电问题,农村生产生活条件不断改善。

续表

年份/ (年)	解决人 数/万人	饮水投入/ 亿元	水利投入/ 亿元	中央一号文件内容	国务院政府工作报告内容
2012	7 294	1 277.09	3 969.39		解决了6 398万农村人口的饮水安全和60万无电地区人口的用电问题，农村生产生活条件进一步改善。
2011	6 397	815.02	3 121.34	1.继续推进农村饮水安全建设。到2013年解决规划内农村饮水安全问题，"十二五"期间基本解决新增农村饮水不安全人口的饮水问题。积极推进集中供水工程建设，提高农村自来水普及率。有条件的地方延伸集中供水管网，发展城乡一体化供水。加强农村饮水安全工程运行管理，落实管护主体，加强水源保护和水质监测，确保工程长期发挥效益。制定支持农村饮水安全工程建设的用地政策，确保土地供应，对建设、运行给予税收优惠，供水用电执行居民生活或农业排灌用电价格。2.实行防汛抗旱、饮水安全保障、水资源管理、水库安全管理行政首长负责制。	农业农村基础设施加快建设，完成7 356座大中型和重点小型水库除险加固，解决2.15亿农村人口饮水安全问题，农民的日子越过越好，农村发展进入一个新时代。
2010	6 717	736.27	2 373.75	加大农村饮水安全工程投入，加强水源保护、水质监测和工程运行管理，确保如期完成规划任务。鼓励有条件的地方推行城乡区域供水。	1."三农"工作进一步加强。继续改善农村生产生活条件，农村饮水安全工程使6 069万农民受益。2.进一步增加农村生产生活设施建设投入。今年（指2010年）再解决6 000万农村人口的安全饮水问题，实施农村清洁工程，改善农村生产生活条件。

续表

年份/ （年）	解决人 数/万人	饮水投入/ 亿元	水利投入/ 亿元	中央一号文件内容	国务院政府工作报告内容
2009	7 295	617.81	2 003.34	1.2009年起国家在中西部地区安排的病险水库除险加固、生态建设、农村饮水安全、大中型灌区配套改造等公益性建设项目，取消县及县以下资金配套。2.调整农村饮水安全工程建设规划，加大投资和建设力度，把农村学校、国有农（林）场纳入建设范围。	1.解决4 800多万农村人口的饮水安全问题。2.再解决6 000万人安全饮水问题。
2008	5 378	351.26	1 194.23	增加农村饮水安全工程建设投入，加快实施进度，加强饮水水源地保护，对供水成本较高的可给予政策优惠或补助，让农民尽快喝上放心水。	1.解决了9 748万农村人口饮水困难和饮水安全问题。加强农村饮水、道路、电网、通信、文化等基础设施建设，大力发展农村公共交通，改善农村人居环境。2.今年（指2008年）要再解决3 200万农村人口的安全饮水问题。3.加强农村饮用水水源地保护。
2007	4 468	301.17	1 017.56	"十一五"时期，要解决1.6亿农村人口的饮水安全问题，优先解决人口较少民族、水库移民、血吸虫病区和农村学校的安全饮水，争取到2015年基本实现农村人口安全饮水目标，有条件的地方可加快步伐。	1.农村道路、水利、电力、通信等基础设施建设得到加强，又有2 897万农村人口解决了安全饮水问题。2.加快农村水利、道路、电网、通信、安全饮水、沼气等设施建设。加快安全饮水设施建设，今年（指2007年）再解决3 200万人的安全饮水问题。

续表

年份/(年)	解决人数/万人	饮水投入/亿元	水利投入/亿元	中央一号文件内容	国务院政府工作报告内容
2006	2 945	208.23	877.65	1.在巩固人畜饮水解困成果基础上,加快农村饮水安全工程建设,优先解决高氟、高砷、苦咸、污染水及血吸虫病区的饮水安全问题。有条件的地方,可发展集中式供水,提倡饮用水和其他生活用水分质供水。2.重点解决农民在饮水、行路、用电和燃料等方面的困难。3.加强饮水安全、农田水利、乡村道路、农村能源等基础设施建设。	1.加强农村道路、饮水、沼气、电网、通信等基础设施和人居环境建设。2.着力抓好大型粮棉油生产基地、优质粮食产业、农田水利、饮水安全、公路、沼气和农村教育、文化、卫生建设等重点工程。
2005	1 104	116.52	851.41	在巩固人畜饮水解困成果的基础上,高度重视农村饮水安全,解决好高氟水、高砷水、苦咸水、血吸虫病等地区的饮水安全问题,有关部门要抓紧制定规划。	加强饮用水源地保护。我们的奋斗目标是,让人民群众喝上干净的水、呼吸清新的空气,有更好的工作和生活环境。
2004	1 473	130.79	894.23	人畜饮水、乡村道路、农村沼气、农村水电、草场围栏等"六小工程",对改善农民生产生活条件、带动农民就业、增加农民收入发挥着积极作用,要进一步增加投资规模,充实建设内容,扩大建设范围。	
2003	28 199（累计）	162.62	858.22		1.西部大开发开局良好。农村公路、中小型水利、人畜饮水和科技、教育设施建设加快。2.加快节水灌溉、人畜饮水、县乡公路、农村能源、农村教育和医疗卫生设施等建设。

续表

年份/ (年)	解决人 数/万人	饮水投入/ 亿元	水利投入/ 亿元	中央一号文件内容	国务院政府工作报告内容
2002			978.10		重点支持节水灌溉、人畜饮水、农村沼气、农村水电、乡村道路和草场围栏等设施建设。

注:数据来源于2004年至2018年《中国水利发展报告》和2019年国务院《政府工作报告》和水利部部长讲话稿,2003年为之前累计解决人数,2004—2018为当年实际解决人数。2019年为预计解决人数。

附件3　农村饮水安全供需有效性及其原因分析总表

序号	基本情况		有效性		利润		失效原因				对策建议			责任主体	
	供给一需求	成本一收益	有	无	超额利润	零利润	工程型	水质型	水源型	成本型	新建工程	新找水源	降低成本	政府	市场
1	$a_i<b_{1i}<b_{2i}$ $<b_{3i}$	$c_i>c_i{}'>d_i>d_i{}'$	1	0	1	0	0	0	0	0	0	0	0	0	1
2			1	0	1	0	0	0	0	0	0	0	0	0	1
3			0	1	0	0	0	0	0	1	0	0	1	1	0
4			1	0	1/3	0	0	0	0	0	0	0	0	0	1
5			1	0	1	0	0	0	0	0	0	0	0	0	1
6			0	1	0	0	0	0	0	1	0	0	1	1	0
7		$c_i>d_i>c_i{}'>d_i{}'$	0	1	0	0	0	0	0	1	0	0	1	1	0
8			1	0	0	0	0	0	0	0	0	0	0	0	1
9			1	0	0	0	0	0	0	0	0	0	0	0	1
10			0	1	0	0	0	0	0	1	0	0	1	1	0
11		$c_i{}'>c_i>d_i>d_i{}'$	1	0	0	0	0	0	0	0	0	0	0	0	1
12			1	0	0	0	0	0	0	0	0	0	0	0	1
13			0	1	0	0	0	0	0	1	0	0	1	1	0
14			1	0	1/3	0	0	0	0	0	0	0	0	0	1
15			1	0	1	0	0	0	0	0	0	0	0	0	1
16			0	1	0	0	0	0	0	1	0	0	1	1	0
17		$c_i{}'>d_i>c_i>d_i{}'$	1	0	0	0	0	0	0	0	0	0	0	0	1
18			1	0	0	0	0	0	0	0	0	0	0	0	1
19			0	1	0	0	0	0	0	1	0	0	1	1	0
20			1	0	1/3	0	0	0	0	0	0	0	0	0	1
21			1	0	1	0	0	0	0	0	0	0	0	0	1
22			0	1	0	0	0	0	0	1	0	0	1	1	0

续表

序号	基本情况		有效性		利润		失效原因				对策建议			责任主体	
	供给—需求	成本—收益	有	无	超额利润	零利润	工程型	水质型	水源型	成本型	新建工程	新找水源	降低成本	政府	市场
23		$c_i'>d_i>d_i'>c_i$	1	0	1	0	0	0	0	0	0	0	0	0	1
24			1	0	1	0	0	0	0	0	0	0	0	0	1
25			0	1	0	0	0	0	0	1	0	0	1	1	0
26			1	0	1/3	0	0	0	0	0	0	0	0	0	1
27			1	0	1	0	0	0	0	0	0	0	0	0	1
28			0	1	0	0	0	0	0	1	0	0	1	1	0
29		$d_i>c_i>c_i'>d_i'$	0	1	0	0	0	0	0	1	0	0	1	1	0
30			1	0	0	0	0	0	0	0	0	0	0	0	1
31			1	0	0	0	0	0	0	0	0	0	0	0	1
32			0	1	0	0	0	0	0	1	0	0	1	1	0
33		$d_i>c_i'>d_i'>c_i$	0	1	0	0	0	0	0	1	0	0	1	1	0
34			1	0	0	0	0	0	0	0	0	0	0	0	1
35			1	0	0	0	0	0	0	0	0	0	0	0	1
36			0	1	0	0	0	0	0	1	0	0	1	1	0
37		$d_i>c_i'>c_i>d_i'$	0	1	0	0	0	0	0	1	0	0	1	1	0
38			1	0	0	0	0	0	0	0	0	0	0	0	1
39			1	0	0	0	0	0	0	0	0	0	0	0	1
40			0	1	0	0	0	0	0	1	0	0	1	1	0
41		$c_i>d_i>d_i'>c_i'$	0	1	0	0	0	0	0	1	0	0	1	1	0
42			0	1	0	0	0	0	0	1	0	0	1	1	0
43		$d_i>c_i>d_i'>c_i'$	0	1	0	0	0	0	0	1	0	0	1	1	0
44			0	1	0	0	0	0	0	1	0	0	1	1	0
45		$d_i>d_i'>c_i>c_i'$	0	1	0	0	0	0	0	1	0	0	1	1	0
46			0	1	0	0	0	0	0	1	0	0	1	1	0
47		$d_i>d_i'>c_i'>c_i$	0	1	0	0	0	0	0	1	0	0	1	1	0
48			0	1	0	0	0	0	0	1	0	0	1	1	0
49	$a_i<b_{2i}<b_{1i}$ $<b_{3i}$	$c_i>c_i'>d_i>d_i'$	1	0	1	0	0	0	0	0	0	0	0	0	1
50			1	0	1	0	0	0	0	0	0	0	0	0	1
51			0	1	0	0	0	0	0	1	0	0	1	1	0
52			1	0	1/3	0	0	0	0	0	0	0	0	0	1
53			1	0	1	0	0	0	0	0	0	0	0	0	1
54			0	1	0	0	0	0	0	1	0	0	1	1	0
55		$c_i>d_i>c_i'>d_i'$	0	1	0	0	0	0	0	1	0	0	1	1	0
56			1	0	0	0	0	0	0	0	0	0	0	0	1
57			1	0	0	0	0	0	0	0	0	0	0	0	1
58			0	1	0	0	0	0	0	1	0	0	1	1	0
59		$c_i'>c_i>d_i>d_i'$	1	0	1	0	0	0	0	0	0	0	0	0	1
60			1	0	1	0	0	0	0	0	0	0	0	0	1
61			0	1	0	0	0	0	0	1	0	0	1	1	0
62			1	0	1/3	0	0	0	0	0	0	0	0	0	1
63			1	0	1	0	0	0	0	0	0	0	0	0	1
64			0	1	0	0	0	0	0	1	0	0	1	1	0
65		$c_i'>d_i>c_i>d_i'$	1	0	1	0	0	0	0	0	0	0	0	0	1
66			1	0	1	0	0	0	0	0	0	0	0	0	1

续表

序号	基本情况 供给—需求	基本情况 成本—收益	有效性 有	有效性 无	利润 超额利润	利润 零利润	失效原因 工程型	失效原因 水质型	失效原因 水源型	失效原因 成本型	对策建议 新建工程	对策建议 新找水源	对策建议 降低成本	责任主体 政府	责任主体 市场
67			0	1	0	0	0	0	0	1	0	0	1	1	0
68			1	0	1/3	0	0	0	0	0	0	0	0	0	1
69			1	0	1	0	0	0	0	0	0	0	0	0	1
70			0	1	0	0	0	0	0	1	0	0	1	1	0
71			1	0	1	0	0	0	0	0	0	0	0	0	1
72			1	0	1	0	0	0	0	0	0	0	0	0	1
73		$c_i'>d_i>d_i'>c_i$	0	1	0	0	0	0	0	1	0	0	1	1	0
74			1	0	1/3	0	0	0	0	0	0	0	0	0	1
75			1	0	1	0	0	0	0	0	0	0	0	0	1
76			0	1	0	0	0	0	0	1	0	0	1	1	0
77			0	1	0	0	0	0	0	1	0	0	1	1	0
78		$d_i>c_i>c_i'>d_i'$	1	0	0	0	0	0	0	0	0	0	0	0	1
79			1	0	0	0	0	0	0	0	0	0	0	0	1
80			0	1	0	0	0	0	0	1	0	0	1	1	0
81			0	1	0	0	0	0	0	1	0	0	1	1	0
82		$d_i>c_i'>d_i'>c_i$	1	0	0	0	0	0	0	0	0	0	0	0	1
83			1	0	0	0	0	0	0	0	0	0	0	0	1
84			0	1	0	0	0	0	0	1	0	0	1	1	0
85			0	1	0	0	0	0	0	1	0	0	1	1	0
86		$d_i>c_i'>c_i>d_i'$	1	0	0	0	0	0	0	0	0	0	0	0	1
87			1	0	0	0	0	0	0	0	0	0	0	0	1
88			0	1	0	0	0	0	0	1	0	0	1	1	0
89		$c_i>d_i>d_i'>c_i'$	0	1	0	0	0	0	0	1	0	0	1	1	0
90			0	1	0	0	0	0	0	1	0	0	1	1	0
91		$d_i>c_i>d_i'>c_i'$	0	1	0	0	0	0	0	1	0	0	1	1	0
92			0	1	0	0	0	0	0	1	0	0	1	1	0
93		$d_i>d_i'>c_i>c_i'$	0	1	0	0	0	0	0	1	0	0	1	1	0
94			0	1	0	0	0	0	0	1	0	0	1	1	0
95		$d_i>d_i'>c_i'>c_i$	0	1	0	0	0	0	0	1	0	0	1	1	0
96			0	1	0	0	0	0	0	1	0	0	1	1	0
97			1	0	1	0	0	0	0	0	0	0	0	0	1
98			1	0	1	0	0	0	0	0	0	0	0	0	1
99			0	1	0	0	0	0	0	1	0	0	1	1	0
100		$c_i>c_i'>d_i>d_i'$	1	0	1/3	0	0	0	0	0	0	0	0	0	1
101	$a_i<b_{2i}<b_{3i}<b_{1i}$		1	0	1	0	0	0	0	0	0	0	0	0	1
102			0	1	0	0	0	0	0	1	0	0	1	1	0
103			0	1	0	0	0	0	0	1	0	0	1	1	0
104		$c_i>d_i>c_i'>d_i'$	1	0	0	0	0	0	0	0	0	0	0	0	1
105			1	0	0	0	0	0	0	0	0	0	0	0	1
106			0	1	0	0	0	0	0	1	0	0	1	1	0

续表

序号	基本情况		有效性		利润		失效原因				对策建议			责任主体	
	供给—需求	成本—收益	有	无	超额利润	零利润	工程型	水质型	水源型	成本型	新建工程	新找水源	降低成本	政府	市场
107		$c_i'>c_i>d_i>d_i'$	1	0	1	0	0	0	0	0	0	0	0	0	1
108			1	0	1	0	0	0	0	0	0	0	0	0	1
109			0	1	0	0	0	0	0	1	0	0	1	1	0
110			1	0	1/3	0	0	0	0	0	0	0	0	0	1
111			1	0	1	0	0	0	0	0	0	0	0	0	1
112			0	1	0	0	0	0	0	1	0	0	1	1	0
113		$c_i'>d_i>c_i>d_i'$	1	0	1	0	0	0	0	0	0	0	0	0	1
114			1	0	1	0	0	0	0	0	0	0	0	0	1
115			0	1	0	0	0	0	0	1	0	0	1	1	0
116			1	0	1/3	0	0	0	0	0	0	0	0	0	1
117			1	0	1	0	0	0	0	0	0	0	0	0	1
118				1	0	0	0	0	0	1	0	0	1	1	0
119		$c_i'>d_i>d_i'>c_i$	1	0	1	0	0	0	0	0	0	0	0	0	1
120			1	0	1	0	0	0	0	0	0	0	0	0	1
121			0	1	0	0	0	0	0	1	0	0	1	1	0
122			1	0	1/3	0	0	0	0	0	0	0	0	0	1
123			1	0	1	0	0	0	0	0	0	0	0	0	1
124			0	1	0	0	0	0	0	1	0	0	1	1	0
125		$d_i>c_i>c_i'>d_i'$	0	1	0	0	0	0	0	1	0	0	1	1	0
126			1	0	0	0	0	0	0	0	0	0	0	0	1
127			1	0	0	0	0	0	0	0	0	0	0	0	1
128			0	1	0	0	0	0	0	1	0	0	1	1	0
129		$d_i>c_i'>d_i'>c_i$	0	1	0	0	0	0	0	1	0	0	1	1	0
130			1	0	0	0	0	0	0	0	0	0	0	0	1
131			1	0	0	0	0	0	0	0	0	0	0	0	1
132			0	1	0	0	0	0	0	1	0	0	1	1	0
133		$d_i>c_i'>c_i>d_i'$	0	1	0	0	0	0	0	1	0	0	1	1	0
134			1	0	0	0	0	0	0	0	0	0	0	0	1
135			1	0	0	0	0	0	0	0	0	0	0	0	1
136			0	1	0	0	0	0	0	1	0	0	1	1	0
137		$c_i>d_i>d_i'>c_i'$	0	1	0	0	0	0	0	1	0	0	1	1	0
138			0	1	0	0	0	0	0	1	0	0	1	1	0
139		$d_i>c_i>d_i'>c_i'$	0	1	0	0	0	0	0	1	0	0	1	1	0
140			0	1	0	0	0	0	0	1	0	0	1	1	0
141		$d_i>d_i'>c_i>c_i'$	0	1	0	0	0	0	0	1	0	0	1	1	0
142			0	1	0	0	0	0	0	1	0	0	1	1	0
143		$di>di'>ci'>ci$	0	1	0	0	0	0	0	1	0	0	1	1	0
144			0	1	0	0	0	0	0	1	0	0	1	1	0
145	$b_{1i}<a_i<b_{2i}<b_{3i}$	$c_i>c_i'>d_i>d_i'$	0	1	0	0	1	0	0	0	1	0	0	1	0
146			0	1	0	0	1	0	0	0	1	0	0	1	0

续表

序号	基本情况		有效性		利润		失效原因				对策建议			责任主体	
	供给一需求	成本一收益	有	无	超额利润	零利润	工程型	水质型	水源型	成本型	新建工程	新找水源	降低成本	政府	市场
147		$c_i'>c_i>d_i>d_i'$	0	1	0	0	1	0	0	0	1	0	0	1	0
148			0	1	0	0	1	0	0	0	1	0	0	1	0
149		$c_i'>d_i>d_i'>c_i$	0	1	0	0	1	0	0	0	1	0	0	1	0
150			0	1	0	0	1	0	0	0	1	0	0	1	0
151		$c_i'>d_i>c_i>d_i'$	0	1	0	0	1	0	0	0	1	0	0	1	0
152			0	1	0	0	1	0	0	0	1	0	0	1	0
153		$d_i>c_i'>d_i'>c_i$	0	1	0	0	1	0	0	1	1	0	1	1	0
154			0	1	0	0	1	0	0	1	1	0	1	1	0
155		$d_i>c_i>d_i'>c_i'$	0	1	0	0	1	0	0	1	1	0	1	1	0
156			0	1	0	0	1	0	0	1	1	0	1	1	0
157		$d_i>c_i>c_i'>d_i'$	0	1	0	0	1	0	0	1	1	0	1	1	0
158			0	1	0	0	1	0	0	1	1	0	1	1	0
159		$d_i>c_i'>c_i>d_i'$	0	1	0	0	1	0	0	1	1	0	1	1	0
160			0	1	0	0	1	0	0	1	1	0	1	1	0
161		$c_i>d_i>d_i'>c_i'$	0	1	0	0	1	0	0	1	1	0	1	1	0
162			0	1	0	0	1	0	0	1	1	0	1	1	0
163		$c_i>d_i>c_i'>d_i'$	0	1	0	0	1	0	0	1	1	0	1	1	0
164			0	1	0	0	1	0	0	1	1	0	1	1	0
165		$d_i>d_i'>c_i>c_i'$	0	1	0	0	1	0	0	1	1	0	1	1	0
166			0	1	0	0	1	0	0	1	1	0	1	1	0
167		$d_i>d_i'>c_i'>c_i$	0	1	0	0	1	0	0	1	1	0	1	1	0
168			0	1	0	0	1	0	0	1	1	0	1	1	0
169		$c_i>c_i'>d_i>d_i'$	0	1	0	0	1	1	1	0	1	1	0	1	0
170			0	1	0	0	1	1	1	0	1	1	0	1	0
171		$c_i'>c_i>d_i>d_i'$	0	1	0	0	1	1	1	0	1	1	0	1	0
172			0	1	0	0	1	1	1	0	1	1	0	1	0
173		$c_i'>d_i>d_i'>c_i$	0	1	0	0	1	1	1	0	1	1	0	1	0
174			0	1	0	0	1	1	1	0	1	1	0	1	0
175		$c_i'>d_i>c_i>d_i'$	0	1	0	0	1	1	1	0	1	1	0	1	0
176			0	1	0	0	1	1	1	0	1	1	0	1	0
177	$b_{1i}<b_{2i}<b_{3i}$ $<a_i$	$d_i>c_i'>d_i'>c_i$	0	1	0	0	1	1	1	1	1	1	1	1	0
178			0	1	0	0	1	1	1	1	1	1	1	1	0
179		$d_i>c_i>d_i'>c_i'$	0	1	0	0	1	1	1	1	1	1	1	1	0
180			0	1	0	0	1	1	1	1	1	1	1	1	0
181		$d_i>c_i>c_i'>d_i'$	0	1	0	0	1	1	1	1	1	1	1	1	0
182			0	1	0	0	1	1	1	1	1	1	1	1	0
183		$d_i>c_i'>c_i>d_i'$	0	1	0	0	1	1	1	1	1	1	1	1	0
184			0	1	0	0	1	1	1	1	1	1	1	1	0
185		$c_i>d_i>d_i'>c_i'$	0	1	0	0	1	1	1	1	1	1	1	1	0
186			0	1	0	0	1	1	1	1	1	1	1	1	0

续表

序号	基本情况		有效性		利润		失效原因				对策建议			责任主体	
	供给—需求	成本—收益	有	无	超额利润	零利润	工程型	水质型	水源型	成本型	新建工程	新找水源	降低成本	政府	市场
187		$c_i>d_i>c_i'>d_i'$	0	1	0	0	1	1	1	1	1	1	1	1	0
188			0	1	0	0	1	1	1	1	1	1	1	1	0
189		$d_i>d_i'>c_i>c_i'$	0	1	0	0	1	1	1	1	1	1	1	1	0
190			0	1	0	0	1	1	1	1	1	1	1	1	0
191		$d_i>d_i'>c_i'>c_i$	0	1	0	0	1	1	1	1	1	1	1	1	0
192			0	1	0	0	1	1	1	1	1	1	1	1	0
193		$c_i>c_i'>d_i>d_i'$	0	1	0	0	1	1	0	0	1	1	0	1	0
194			0	1	0	0	1	1	0	0	1	1	0	1	0
195		$c_i'>c_i>d_i>d_i'$	0	1	0	0	1	1	0	0	1	1	0	1	0
196			0	1	0	0	1	1	0	0	1	1	0	1	0
197		$c_i'>d_i>d_i'>c_i$	0	1	0	0	1	1	0	0	1	1	0	1	0
198			0	1	0	0	1	1	0	0	1	1	0	1	0
199		$c_i'>d_i>c_i>d_i'$	0	1	0	0	1	1	0	0	1	1	0	1	0
200			0	1	0	0	1	1	0	0	1	1	0	1	0
201		$d_i>c_i'>d_i'>c_i$	0	1	0	0	1	1	0	1	1	1	1	1	0
202			0	1	0	0	1	1	0	1	1	1	1	1	0
203	$b_{1i}<b_{2i}<a_i<b_{3i}$	$d_i>c_i>d_i'>c_i'$	0	1	0	0	1	1	0	1	1	1	1	1	0
204			0	1	0	0	1	1	0	1	1	1	1	1	0
205		$d_i>c_i>c_i'>d_i'$	0	1	0	0	1	1	0	1	1	1	1	1	0
206			0	1	0	0	1	1	0	1	1	1	1	1	0
207		$d_i>c_i'>c_i>d_i'$	0	1	0	0	1	1	0	1	1	1	1	1	0
208			0	1	0	0	1	1	0	1	1	1	1	1	0
209		$c_i>d_i>d_i'>c_i'$	0	1	0	0	1	1	0	1	1	1	1	1	0
210			0	1	0	0	1	1	0	1	1	1	1	1	0
211		$c_i>d_i>c_i'>d_i'$	0	1	0	0	1	1	0	1	1	1	1	1	0
212			0	1	0	0	1	1	0	1	1	1	1	1	0
213		$d_i>d_i'>c_i>c_i'$	0	1	0	0	1	1	0	1	1	1	1	1	0
214			0	1	0	0	1	1	0	1	1	1	1	1	0
215		$d_i>d_i'>c_i'>c_i$	0	1	0	0	1	1	0	1	1	1	1	1	0
216			0	1	0	0	1	1	0	1	1	1	1	1	0
217		$c_i>c_i'>d_i>d_i'$	0	1	0	0	0	1	1	0	0	1	0	1	0
218			0	1	0	0	0	1	1	0	0	1	0	1	0
219		$c_i'>c_i>d_i>d_i'$	0	1	0	0	0	1	1	0	0	1	0	1	0
220			0	1	0	0	0	1	1	0	0	1	0	1	0
221	$b_{2i}<b_{3i}<a_i<b_{1i}$	$c_i'>d_i>d_i'>c_i$	0	1	0	0	0	1	1	0	0	1	0	1	0
222			0	1	0	0	0	1	1	0	0	1	0	1	0
223		$c_i'>d_i>c_i>d_i'$	0	1	0	0	0	1	1	0	0	1	0	1	0
224			0	1	0	0	0	1	1	0	0	1	0	1	0
225		$d_i>c_i'>d_i'>c_i$	0	1	0	0	0	1	1	1	0	1	1	1	0
226			0	1	0	0	0	1	1	1	0	1	1	1	0

续表

序号	基本情况 供给—需求	成本—收益	有效性 有	无	利润 超额利润	零利润	失效原因 工程型	水质型	水源型	成本型	对策建议 新建工程	新找水源	降低成本	责任主体 政府	市场
227		$d_i>c_i>d_i'>c_i'$	0	1	0	0	0	1	1	1	0	1	1	1	0
228			0	1	0	0	0	1	1	1	0	1	1	1	0
229		$d_i>c_i>c_i'>d_i'$	0	1	0	0	0	1	1	1	0	1	1	1	0
230			0	1	0	0	0	1	1	1	0	1	1	1	0
231		$d_i>c_i'>c_i>d_i'$	0	1	0	0	0	1	1	1	0	1	1	1	0
232			0	1	0	0	0	1	1	1	0	1	1	1	0
233		$c_i>d_i>d_i'>c_i'$	0	1	0	0	0	1	1	1	0	1	1	1	0
234			0	1	0	0	0	1	1	1	0	1	1	1	0
235		$c_i>d_i>c_i'>d_i'$	0	1	0	0	0	1	1	1	0	1	1	1	0
236			0	1	0	0	0	1	1	1	0	1	1	1	0
237		$d_i>d_i'>c_i>c_i'$	0	1	0	0	0	1	1	1	0	1	1	1	0
238			0	1	0	0	0	1	1	1	0	1	1	1	0
239		$d_i>d_i'>c_i'>c_i$	0	1	0	0	0	1	1	1	0	1	1	1	0
240			0	1	0	0	0	1	1	1	0	1	1	1	0
241	$b_{2i}<b_{1i}<a_i<b_{3i}$	$c_i>c_i'>d_i>d_i'$	0	1	0	0	1	1	0	0	1	1	0	1	0
242			0	1	0	0	1	1	0	0	1	1	0	1	0
243		$c_i'>c_i>d_i>d_i'$	0	1	0	0	1	1	0	0	1	1	0	1	0
244			0	1	0	0	1	1	0	0	1	1	0	1	0
245		$c_i'>d_i>d_i'>c_i$	0	1	0	0	1	1	0	0	1	1	0	1	0
246			0	1	0	0	1	1	0	0	1	1	0	1	0
247		$c_i'>d_i>c_i>d_i'$	0	1	0	0	1	1	0	0	1	1	0	1	0
248			0	1	0	0	1	1	0	0	1	1	0	1	0
249		$d_i>c_i'>d_i'>c_i$	0	1	0	0	1	1	0	1	1	1	1	1	0
250			0	1	0	0	1	1	0	1	1	1	1	1	0
251		$d_i>c_i>d_i'>c_i'$	0	1	0	0	1	1	0	1	1	1	1	1	0
252	$b_{2i}<b_{1i}<a_i$		0	1	0	0	1	1	0	1	1	1	1	1	0
253	$<b_{3i}$	$d_i>c_i>c_i'>d_i'$	0	1	0	0	1	1	0	1	1	1	1	1	0
254			0	1	0	0	1	1	0	1	1	1	1	1	0
255		$d_i>c_i'>c_i>d_i'$	0	1	0	0	1	1	0	1	1	1	1	1	0
256			0	1	0	0	1	1	0	1	1	1	1	1	0
257		$c_i>d_i>d_i'>c_i'$	0	1	0	0	1	1	0	1	1	1	1	1	0
258			0	1	0	0	1	1	0	1	1	1	1	1	0
259		$c_i>d_i>c_i'>d_i'$	0	1	0	0	1	1	0	1	1	1	1	1	0
260			0	1	0	0	1	1	0	1	1	1	1	1	0
261		$d_i>d_i'>c_i>c_i'$	0	1	0	0	1	1	0	1	1	1	1	1	0
262			0	1	0	0	1	1	0	1	1	1	1	1	0
263		$d_i>d_i'>c_i'>c_i$	0	1	0	0	1	1	0	1	1	1	1	1	0
264			0	1	0	0	1	1	0	1	1	1	1	1	0
265	$b_{2i}<b_{3i}<b_{1i}$	$c_i>c_i'>d_i>d_i'$	0	1	0	0	1	1	1	0	1	1	0	1	0
266	$<a_i$		0	1	0	0	1	1	1	0	1	1	0	1	0

续表

序号	基本情况		有效性		利润		失效原因				对策建议			责任主体	
	供给—需求	成本—收益	有	无	超额利润	零利润	工程型	水质型	水源型	成本型	新建工程	新找水源	降低成本	政府	市场
267		$c_i'>c_i>d_i>d_i'$	0	1	0	0	1	1	1	0	1	1	0	1	0
268			0	1	0	0	1	1	1	0	1	1	0	1	0
269		$c_i'>d_i>d_i'>c_i$	0	1	0	0	1	1	1	0	1	1	0	1	0
270			0	1	0	0	1	1	1	0	1	1	0	1	0
271		$c_i'>d_i>c_i>d_i'$	0	1	0	0	1	1	1	0	1	1	0	1	0
272		$c_i'>d_i>c_i>d_i'$	0	1	0	0	1	1	1	0	1	1	0	1	0
273		$d_i>c_i'>d_i'>c_i$	0	1	0	0	1	1	1	1	1	1	1	1	0
274			0	1	0	0	1	1	1	1	1	1	1	1	0
275		$d_i>c_i>d_i'>c_i'$	0	1	0	0	1	1	1	1	1	1	1	1	0
276			0	1	0	0	1	1	1	1	1	1	1	1	0
277		$d_i>c_i>c_i'>d_i'$	0	1	0	0	1	1	1	1	1	1	1	1	0
278			0	1	0	0	1	1	1	1	1	1	1	1	0
279		$d_i>c_i'>c_i>d_i'$	0	1	0	0	1	1	1	1	1	1	1	1	0
280			0	1	0	0	1	1	1	1	1	1	1	1	0
281		$c_i>d_i>d_i'>c_i'$	0	1	0	0	1	1	1	1	1	1	1	1	0
282			0	1	0	0	1	1	1	1	1	1	1	1	0
283		$c_i>d_i>c_i'>d_i'$	0	1	0	0	1	1	1	1	1	1	1	1	0
284			0	1	0	0	1	1	1	1	1	1	1	1	0
285		$d_i>d_i'>c_i>c_i'$	0	1	0	0	1	1	1	1	1	1	1	1	0
286			0	1	0	0	1	1	1	1	1	1	1	1	0
287		$d_i>d_i'>c_i'>c_i$	0	1	0	0	1	1	1	1	1	1	1	1	0
288			0	1	0	0	1	1	1	1	1	1	1	1	0
289		$c_i>c_i'>d_i>d_i'$	0	1	0	0	1	1	1	0	1	1	0	1	0
290			0	1	0	0	1	1	1	0	1	1	0	1	0
291		$c_i'>c_i>d_i>d_i'$	0	1	0	0	1	1	1	0	1	1	0	1	0
292			0	1	0	0	1	1	1	0	1	1	0	1	0
293		$c_i'>d_i>d_i'>c_i$	0	1	0	0	1	1	1	0	1	1	0	1	0
294			0	1	0	0	1	1	1	0	1	1	0	1	0
295		$c_i'>d_i>c_i>d_i'$	0	1	0	0	1	1	1	0	1	1	0	1	0
296			0	1	0	0	1	1	1	0	1	1	0	1	0
297	$b_{2i}<b_{1i}<b_{3i}$	$d_i>c_i'>d_i'>c_i$	0	1	0	0	1	1	1	1	1	1	1	1	0
298	$<a_i$		0	1	0	0	1	1	1	1	1	1	1	1	0
299		$d_i>c_i>d_i'>c_i'$	0	1	0	0	1	1	1	1	1	1	1	1	0
300			0	1	0	0	1	1	1	1	1	1	1	1	0
301		$d_i>c_i>c_i'>d_i'$	0	1	0	0	1	1	1	1	1	1	1	1	0
302			0	1	0	0	1	1	1	1	1	1	1	1	0
303		$d_i>c_i'>c_i>d_i'$	0	1	0	0	1	1	1	1	1	1	1	1	0
304			0	1	0	0	1	1	1	1	1	1	1	1	0
305		$c_i>d_i>d_i'>c_i'$	0	1	0	0	1	1	1	1	1	1	1	1	0
306			0	1	0	0	1	1	1	1	1	1	1	1	0

续表

序号	基本情况		有效性		利润		失效原因				对策建议			责任主体	
	供给—需求	成本—收益	有	无	超额利润	零利润	工程型	水质型	水源型	成本型	新建工程	新找水源	降低成本	政府	市场
307		$c_i>d_i>c_i'>d_i'$	0	1	0	0	1	1	1	1	1	1	1	1	0
308			0	1	0	0	1	1	1	1	1	1	1	1	0
309		$d_i>d_i'>c_i>c_i'$	0	1	0	0	1	1	1	1	1	1	1	1	0
310			0	1	0	0	1	1	1	1	1	1	1	1	0
311		$d_i>d_i'>c_i'>c_i$	0	1	0	0	1	1	1	1	1	1	1	1	0
312			0	1	0	0	1	1	1	1	1	1	1	1	0
313		$c_i>c_i'>d_i>d_i'$	0	1	0	0	0	1	0	0	0	1	0	1	0
314			0	1	0	0	0	1	0	0	0	1	0	1	0
315		$c_i'>c_i>d_i>d_i'$	0	1	0	0	0	1	0	0	0	1	0	1	0
316			0	1	0	0	0	1	0	0	0	1	0	1	0
317		$c_i'>d_i>d_i'>c_i$	0	1	0	0	0	1	0	0	0	1	0	1	0
318			0	1	0	0	0	1	0	0	0	1	0	1	0
319		$c_i'>d_i>c_i>d_i'$	0	1	0	0	0	1	0	0	0	1	0	1	0
320			0	1	0	0	0	1	0	0	0	1	0	1	0
321		$d_i>c_i'>d_i'>c_i$	0	1	0	0	0	1	0	1	0	1	1	1	0
322			0	1	0	0	0	1	0	1	0	1	1	1	0
323		$d_i>c_i>d_i'>c_i'$	0	1	0	0	0	1	0	1	0	1	1	1	0
324	$b_{2i}<a_i<b_{1i}<b_{3i}$		0	1	0	0	0	1	0	1	0	1	1	1	0
325		$d_i>c_i>c_i'>d_i'$	0	1	0	0	0	1	0	1	0	1	1	1	0
326			0	1	0	0	0	1	0	1	0	1	1	1	0
327		$d_i>c_i'>c_i>d_i'$	0	1	0	0	0	1	0	1	0	1	1	1	0
328			0	1	0	0	0	1	0	1	0	1	1	1	0
329		$c_i>d_i>d_i'>c_i'$	0	1	0	0	0	1	0	1	0	1	1	1	0
330			0	1	0	0	0	1	0	1	0	1	1	1	0
331		$c_i>d_i>c_i'>d_i'$	0	1	0	0	0	1	0	1	0	1	1	1	0
332			0	1	0	0	0	1	0	1	0	1	1	1	0
333		$d_i>d_i'>c_i>c_i'$	0	1	0	0	0	1	0	1	0	1	1	1	0
334			0	1	0	0	0	1	0	1	0	1	1	1	0
335		$d_i>d_i'>c_i'>c_i$	0	1	0	0	0	1	0	1	0	1	1	1	0
336			0	1	0	0	0	1	0	1	0	1	1	1	0
337		$c_i>c_i'>d_i>d_i'$	0	1	0	0	0	1	0	0	0	1	0	1	0
338			0	1	0	0	0	1	0	0	0	1	0	1	0
339		$c_i'>c_i>d_i>d_i'$	0	1	0	0	0	1	0	0	0	1	0	1	0
340			0	1	0	0	0	1	0	0	0	1	0	1	0
341	$b_{2i}<a_i<b_{3i}<b_{1i}$	$c_i'>d_i>d_i'>c_i$	0	1	0	0	0	1	0	0	0	1	0	1	0
342			0	1	0	0	0	1	0	0	0	1	0	1	0
343		$c_i'>d_i>c_i>d_i'$	0	1	0	0	0	1	0	0	0	1	0	1	0
344			0	1	0	0	0	1	0	0	0	1	0	1	0
345		$d_i>c_i'>d_i'>c_i$	0	1	0	0	0	1	0	1	0	1	1	1	0
346			0	1	0	0	0	1	0	1	0	1	1	1	0

续表

序号	基本情况		有效性		利润		失效原因				对策建议			责任主体	
	供给—需求	成本—收益	有	无	超额利润	零利润	工程型	水质型	水源型	成本型	新建工程	新找水源	降低成本	政府	市场
347		$d_i > c_i > d_i' > c_i'$	0	1	0	0	0	1	0	1	0	1	1	1	0
348			0	1	0	0	0	1	0	1	0	1	1	1	0
349		$d_i > c_i > c_i' > d_i'$	0	1	0	0	0	1	0	1	0	1	1	1	0
350			0	1	0	0	0	1	0	1	0	1	1	1	0
351		$d_i > c_i' > c_i > d_i'$	0	1	0	0	0	1	0	1	0	1	1	1	0
352			0	1	0	0	0	1	0	1	0	1	1	1	0
353		$c_i > d_i > d_i' > c_i'$	0	1	0	0	0	1	0	1	0	1	1	1	0
354			0	1	0	0	0	1	0	1	0	1	1	1	0
355		$c_i > d_i > c_i' > d_i'$	0	1	0	0	0	1	0	1	0	1	1	1	0
356			0	1	0	0	0	1	0	1	0	1	1	1	0
357		$d_i > d_i' > c_i > c_i'$	0	1	0	0	0	1	0	1	0	1	1	1	0
358			0	1	0	0	0	1	0	1	0	1	1	1	0
359		$d_i > d_i' > c_i' > c_i$	0	1	0	0	0	1	0	1	0	1	1	1	0
360			0	1	0	0	0	1	0	1	0	1	1	1	0
合计	12	144	72	288	44	4	144	192	96	216	144	192	216	288	72